Die Bernauer
Manuskripte über das
Zeitbewusstsein

胡塞尔著作集
第 8 卷
李幼蒸　编

贝尔瑙时间意识手稿

李幼蒸　译

中国人民大学出版社
· 北京 ·

总　序

中国新时期三十多年来，胡塞尔学从初始绍介到今日发展到初具规模，其学术理论的重要性以及对中国人文科学理论未来发展的意义，在此已毋庸赘叙。在中国人民大学出版社鼓励和支持下，在与出版社多年愉快合作、相互信任的背景下，译者欣然决定在个人余留时间及完成计划日益紧迫的迟暮之年，承担此"胡塞尔著作集"的编选和翻译的任务。"胡塞尔著作集"8卷包括：

卷1　《形式逻辑和先验逻辑》

卷2　《纯粹现象学通论》〔纯粹现象学和现象学哲学的观念　第一卷〕

卷3　《现象学的构成研究》〔纯粹现象学和现象学哲学的观念　第二卷〕

卷4　《现象学和科学基础》〔纯粹现象学和现象学哲学的观念　第三卷〕

卷5　《现象学心理学》

卷6　《经验与判断》

卷7　《第五、第六逻辑研究》

卷8　《贝尔瑙时间意识手稿》

第一批四部著作，收入了《观念1》、《观念2》、《观念3》以及《形式逻辑和先验逻辑》。其后的四部著作，也将逐年陆续推出。虽然著作集的部数是有限的，希望仍可较系统地展现胡塞尔理论中特别与逻辑学和心理学的关系问题有关的思想方式和分析方法。在译者看来，广义的"逻辑心理学"及"心理逻辑学"，实乃未来新人文科学理论建设的基础工作之一，而在此领域，至今尚无任何西方哲学家或理论家的重要性能够与胡塞尔本人的现象学理论相提并论。因此这一翻译计划的意义也就远不只是向中文地区读者再行提供一套哲学翻译资料了。

实际上，20世纪初胡塞尔哲学的出现，已可明确代表着康德、黑格尔古典哲学时代的结束。而胡塞尔与黑格尔的彻底切割，也与海德格尔和萨特与黑格尔的密切结合，形成了世纪性的认识论对比，也即是指现代西方哲学在理性和非理性方向上持续至今的对立。在某种限定的意义上，我们不妨提出一种更具深广度的理论思维大方向上的对比背景：康德-胡塞尔理性主义路线 vs 黑格尔-海德格尔非理性主义路线。而在理性派康德和胡塞尔之间的对比，则标志着在理性思维方式上古典形态（重"实体"）和现代形态（重"关系"）之间的分离。现代思维方式和古典思维方式之间的本质性差异还表现在：哲学思维的对象不在于人类精神的"关切"本身，而在于如何在"主题化"的方法论程序中有效地纳入所关切的对象。也就是，思维的效能将主要由"主题化方式"的程序之有效性来加以判断。胡塞尔之所以认为"人生观哲学"的主题已无须纳入自己的哲学视野，正是切实地直觉到了"人生观关切"本身尚未能有效地被纳入可供有意义地分析的主题化程序之内。胡塞尔对"基础问题"比对"价值性问题"更为关注一事，也反映着人类理性能力尚未达到有效处理此"含混论域"的程度，因此胡塞尔的主题系列选择本身，就体现着哲学"现代化"的阶段性思维之方向和风格。遗憾的是，比胡塞尔年轻一代的后继者们，却大多欠缺此种现代化的"思维方式感觉"，结果竟然纷纷不解其"理路"何在，甚至因此而转向了相反的、本质上属于"人生观式的"思想方向。而"人生观问题本身"虽然直接代表着人生之关切，却并非相当于"处理人生观问题"的有效方法。

20世纪是人类文明、社会、科学发展中承前启后的现代化开端之世纪，其中学术现代化的主要标志就是社会科学、人文科学、哲学在内容和方法方面的急剧演变。与科技发展的清晰轨迹不同，"文科"的现代化发展可以表现在正反两个方面：积极的学术成就表现和消极的学术危机暴露。当我们从21世纪审慎回顾20世纪"文科"现代化发展的后果时，必须全面、深刻地检视这两个方面。在"文科"世界中最值得并必须首先关注的就是哲学的演变，或者说西方哲学形态的演变。现代西方哲学演变的"剧情"，则主要相关于哲学和科学的互动关系。

我们看到，20世纪西方哲学史可以大分为第二次世界大战前后两个阶段：前一阶段西方哲学达到了两千多年哲学史的知识论顶峰，也就是达到了哲学和科学互动的高峰，而所谓"现代西方哲学"的美称，应该专指二战之前这四五十年的哲学主流成就；后一阶段哲学，也就是二战之后的哲学潮流，则每况愈下，以至于21世纪的今日我们必须对于哲学的身份和功能重新加以评估。要想理解上述评语，必须从文化、科学、人文社会科学的全局出发，在哲学和其他人文科学的错综复杂的互动互融中体察"哲学"的存在和作用。在此必须向中文读者申明，此"胡塞尔著作集"中译者的分析与今日西方学术主流的认知之间颇有差距。主要因为，今日西方人文学界的理论认知仍然拘于一种西方社会根深蒂固的职业化功利主义，以至于将一切历史上"业界成功者"均视为学术本身之"成绩"。学者个人尤其习惯于以业界之"共识"作为衡量学术"得失"的唯一标准，并用以作为个人在业界晋阶之渠道，因而自然会共同倾向于维护人文学术活动在社会与文化中的现有"资格"、功用和形象。按此功利主义的学术批判标准，时当全球商业市场化时代，当然不必期待他们会"自贬身价"地、不顾个人利害地朝向客观真理标准。这一今日世界人文学界的事实，要求我们中国学者能够更加独立地、批评地、非功利地探索人类人文科学和哲学的历史真实、现代真实和未来可能的真实。因为中华理性文明要想在日益狭窄的地球村时代实践"既独善又兼济"的文化大目标，就必须认真检视世界范围内的历史得失和勇于面对全人类的科学真理问题。人类社会不是只需要自然科学，它也需要社会科学和人文科学。实际上，在新世纪为了全面促进社会科学和人文科学的真正科学化发展，我们必须首先客观地观察和反省西方现代时期的哲学和人文科学的得失，其中尤为重要者是客观地研究和批评现代西方哲学的得失。这是我们从事引介和翻译现代西方哲学工作中应有的整体观和独立的治学目标。读者应该明确辨析两种根本不同的治学态度：为促进人类知识提升而探索西方哲学的真相和为个人名利而趋炎附势地将西方哲学当作个人或集团的现成致功名渠道。

关于现代西方哲学的问题，译者自中国新时期以来，曾不断表达意见，无须在此重复。至于为什么我们要特别关注"胡塞尔学"（而不是泛指的现象学运动），在本著作集的译序和附录中也多有继续的阐发，读者不妨参见。在此仅需补充两点。我们特别重视胡塞尔学并在世界学界首次提出明确的口号"重读胡塞尔"，并非只为了推崇哲学史上胡塞尔表现出的几乎无人可及的严谨治学态度（西洋风格的"诚学"），虽然这一点正是译者在 1978 年决定将胡塞尔的理论实践精神作为本人平生第一篇学术文章主题的意图所在。我们要指出的第一点是：胡塞尔学所代表的、所象征着的人类理论思维的理性主义大方向，在今日全球商业化物质主义压力下形成的"后现代主义非理性主义"泛滥的时代，更凸显了其时代重要性。第二点是：胡塞尔学的理性主义实践，由于最彻底地体现了"诚学"精神，能够较古人更真实地做到"大处着眼，小处着手"；它从方法论入手处理的"逻辑心理学"和"心理逻辑学"的"意识分析学"，为人类认知事业提供了有关心理世界理论分析的杰出典范。这一部分正是我们今后重建人文科学理论所必不可少的"基本材料"。顺便再强调一下，我们对胡塞尔学的推崇立场是在对其理论系统进行了批评性的"解释学读解"后的结果。我们对其重要性的强调方面，倒也并非可以等同于胡塞尔自己设定的学术评定标准。毋宁说，我们反而是在将其"系统"拆解后而重估其各部分的学术性价值的。为此我们也必须在理论视域和文化视域两方面首先超出胡塞尔本人仍然执守的西方哲学本位主义。对此，读者请继续参照译者在本著作集其他译序和附录文章中的相关阐释。

我们经常提到胡塞尔思想方式的"难以替代性"，甚至人们带有情绪性印象地称之为"空前绝后"。其实对此所要强调的是胡塞尔本人高度独创性的"思维理路"本身。因此，我们强调要尽量贴近"原文"对其理论进行读解，而避免对其"原貌"掺入使之稀释或松软的"水分"。在解读胡塞尔原文方面，我们首先当然要充分尊重西方专家的研究成果，因为他们对西方语文和学术史的技术方面的掌握是明显超过东方学者的。此外，尽管我们理解对原文忠实读解的重要性，却也认识到翻译艰难的现代西方理论，对于发展中国人文科学所具有的扩大的重要性和必要性（这是西方学者所不易理解的）。为不读原文的读者提供方便，只是进行翻译工作的理由之一。一个至今还未被人们充分领悟的更主要的理由是：中国人文科学未来必将成为人类另一人文科学理论的世界中心，为此我们一定要用百年来已证"足堪大任"的现代化的中文工具（顺便指出，从符号学角度看，今日海内外繁体字和简体字优劣之争，与中文作为思想感情表达工具的效能，可说没有任何关系。学界完全可以放心地使用简体字系统或简繁混合系统）来表达和创新人类文明中形成的一切思想和理论内容。换言之，胡塞尔的抽象而细腻的德文"心学"解析话语，应该在转换为中文话语系统后，创造性地继续发挥其促进思想方式精密化的作用。西方理论语言作品的翻译成果，均将逐渐成为未来从事世界规模人文科学研究的中国人文科学的有机组成部分。

新世纪中国人文科学和哲学的建设是一个必须向前看、向全世界看的特大任务。以往百年来中国文化现代化时期的得失，为我们提供了进行检讨和提升认知的参照根据，在充分掌握此思想史材料学的基础上，我们才有可能鉴往知来，朝向于远大目标。因此，我们绝不能抱残守缺，自限抱负；更不能在面对西学理论的艰难和挑战时"托古避战"。深化研究现代西方理论，不是为了"弘扬西方文明"，而是为了"丰富东方文明"（反之，阻止研习高端西学理论，其效果却只能是"弱化东方文明"）。一个民族的精神抱负和智慧程度，首先就体现在有没有兴趣和勇气学习其他民族的高端理论成就。此外，我们中华民族自然还应该以仁学应治天下学的伟大中华精神传统，于人类文明危机时代挺身而出，当仁不让地将天下之学"尽收眼底"，以为全人类的文化学术之提升，贡献中华民族的智慧和潜力。

不久前本人应邀为比利时列日大学的某一理论符号学刊物撰写有关符号学理论前景分析的文章（后改为在国际符号学学会会刊 *Semiotica* 发表）。在此文中，以及在南京国际符号学大会即将召开前夕，本人坦直陈言：未来中国的符号学和人文科学理论研究事业，不会盲目地按照现行西方学术制度的规范和轨道亦步亦趋，而是要本着中华伦理学传统中最高的仁学求真精神和人类各文明几千年来学术理性实践的经验总结，来重新创造性地组织中国新人文科学实践中的指导原则。我并在该文中列举了几项基本理性实践原则以作为我们沿着理性大方向进行跨学科、跨文化人文理论及符号学理论重建工作的方向性指南。这些原则也完全符合于我们对现象学和胡塞尔学应有的研究态度，现转录于此，供读者参考：

A. 希腊：原始科学理性主义（相关于人与自然关系的生存态度）
B. 英国：归纳逻辑经验主义（相关于自然的和社会的现实）
C. 德国：演绎逻辑基础主义（相关于逻辑系统性思维方式）
D. 法国：社会文化实证主义（相关于经验操作性认识论传统）
E. 中国：仁学伦理人本主义（相关于现世人际关系本位的伦理信仰）

这五种历史上不同类型的理性主义传统，是内含于"人类理性"总范畴的。而如何根据人类认知条件的变化来相应地综合组配这些原则以形成各种具体的人文社会科学方向和方式，则有待于我们继续创造性地发挥。按此，现象学和胡塞尔学的重估问题，也完全需要在不断更新的认识论、方法论的综合框架内加以进行。

译者在该文中没有提及的一项中国学者的特殊抱负是：所谓"中国人文科学"，今后将只是一个地域性学术活动的标称，而不会再是于地球村时代的今日只限于中国史地材料和仅为中文地区服务的地域性学术实践，而是在中文地区利用各种特殊史地资源条件所组织的、面向全人类文明改进目标的人文学术理论实践。为此，中国未来人文科学理论家将是在中文地区、使用中文工具来"经略"涵括古今中外一切重要学术遗产在内的世界人文科学建设事业。中国学者特有的"兼通"中西文理论语言的可能性，为此空前学术目标提供了实行的技术可能性。而理论翻译仅是此宏伟目标的一个部分而已。在此，让我们同样汲取胡塞尔治学的精神榜样：大处着眼，小处着手。古人治"经学"必从治"小学"着手。今日之"翻译"工作也相当于"现代小学"的一个部分。按此治学态度，我们的理论翻译工作，也是根据上述"学术战略"眼光加以选择和设定的。

20世纪90年代中期，译者游学德国波鸿大学哲学所时期，有幸前后会晤了《通论》的法译本导言和注释者保罗·利科和《通论》两版（1950，1976）的编者瓦尔特-比麦尔和卡尔·舒曼。两位编者对胡塞尔经典均有深入钻研，成绩显著。然而译者也注意到一个一向不甚理解的西方学人间并不乏见的特点：对感兴趣的理论文本的读解兴趣及技术性深度与其个人理论倾向及偏好之间的分裂性。同为胡塞尔学研究者，两位西方专业学者的认识论观点却与译者相当不同。译者当然首先关注他们对胡塞尔经典本文的解释性成绩，即使他们的研究成绩主要是相关于文献学方面的。我当然也意识到他们与我对胡塞尔理论的兴趣根源本来就并不相同。至于我自1980年起即与之通信交往并曾多次助我在法国扩大学术交往机会的利科教授，则是在现象学、解释学、符号学、结构主义等学术方面最使我感觉彼此方向一致的当代西方重要的哲学家。然而正是在此哲学观的最基本问题上，即形上学和本体论的"基础学"方面，利科固守的西方哲学本位立场，则是我没有并在符号学研究中对其特别要加以批评检讨者。就现象学界而言，大家甚至达到了在认识论和价值论（更不用说实践论）方面彼此分歧显著的地步。现在"胡塞尔著作集"头4部已译毕交稿，开始进行编辑，同时我们将在今年10月初"南京第十一届国际符号学大会"上，在此国际学术交流场合安排"重读胡塞尔"计划的若干节目，特别是有关胡塞尔和海德格尔哲学认识论对峙问题的国际性讨论，以促进中国和世界学界对人类理论思维大方向是非问题的讨论。不同文化历史背景和学术思想背景的学者之间，对于共同关注的具体西方哲学课题，在各自的重点、目的、方法的选择方面，也就会彼此歧异。

时当《通论》或《观念1》出版100周年前夕，在我们回顾和纵观百年来对胡塞尔理论的研究史时，尽管相关论述汗牛充栋，学者兴趣也日趋浓厚，应当说，总体而言，在"知其然"方面已积累了足够丰富的知识，在"知其所以然"方面，今日也较半个世纪前更为深入；而在"知其所应然"（评价和前瞻）方面则仍然"乏善可陈"，因研究者背景不同，甚至"各说各话"。按照译者的理解，这一现象也是非常自然的：这相关于人类历史上人文科学理论正面临着大转折的前夕，连"哲学"的身份都还难以明确，何况对专门的哲学理论进行的评价呢？对于中文地区研究者来说，我们尚处于要努力先完成"知其然"的初级目的的阶段，然而这并不妨碍我们同时对以后两个较高研究阶段的背景和要求预先有所了解，以避免今后多走弯路。

关于胡塞尔理论以及现代西方理论的研究和翻译问题，译者过去已多有说明和建言。关于西方哲学名词的翻译问题，在此再补充一点并非不重要的意见：这就是译者应争取译名在各具体语境中的可流通性。为此当然首先应该遵守一个俗常原则：凡是哲学界已经相当有效流通的，就应该尽量采用，不要随意变换新译法。许多译名本身其实都是可有若干"同义词"的，但我们不应因此而经常自行"安全而方便地"更换译法，以示本译具有独到性。所谓译词的准确性或恰当性，相当程度上取决于以往、现在和未来可能的约定俗成。读者对译词的理解往往不是直接连接于该译词的中文"本义"的，而是连接于其在西哲话语中的使用习惯的，此时如随意更换名词，特别是习见名词，就会无端造成混乱。译者本人在 70 年代末开始翻译理论文字时，记得都是尽量采用已在使用中的旧译词的，实在欠缺现成译名时才会另行杜撰，可以说根本没有一个企图通过轻易置换译名来标新立异的意识。

在本著作集翻译系列中，译者将 20 世纪 80 年代翻译《观念 1》（即《通论》）时编写的译名对照表，根据新的资料稍加整理后，纳入每卷中译本作为附录资料之一，读者需要时可以参照。这个译名对照表是译者自己采取的译名清单，当然并无主张其不容变通之意。

由于版权的考虑，我们不得不放弃将著作原版中原编者的序言直接翻译后纳入中译本的想法。本著作集中《观念 2》《观念 3》两卷翻译根据的原本是由 Marly Biemel 编辑的出版于 1952 年的初版。我在湾区几家图书馆中未曾发现两书原版，不想后来在巴黎找到。2009 年秋在开完西班牙国际符号学大会后决定去巴黎短暂停留购书。后来因不想再返回西班牙乘返程飞机回美，打算一方面体验一下由巴黎去伦敦的海底火车，另一方面可在伦敦改签直接回旧金山的班机。不想到伦敦后临时签票不成功，又发觉伦敦物价奇贵，遂于当晚重又原路赶回了巴黎北站曾多次旅宿的那家一星级小旅馆，不得不再在巴黎逗留两日。遂于次日上午先在圣米歇尔大街巴黎大学旁"学术书店"继续选购现象学方面的图书，中午在卢森堡公园对面麦当劳吃毕午餐。这才想到是否应该乘斜对面 83 路车再往高等社科院图书馆一行。到了该馆我才想到会不会能够在此借到在湾区未曾找到的《观念 2》和《观念 3》的原版书呢？结果如愿以偿。我于是在馆员教导机器如何使用后一口气将两卷书复印完毕带回了美国。版本的问题也就这样解决了。

同时带回的有新购到的该两卷书的法译本和若干本近年来法国人研究胡塞尔学的专著。这些图书都在著作集翻译计划中发挥了作用。不想此次巴黎的购书行，还直接有助于本著作集的翻译计划的实行。

译者在撰写几篇著作集译序期间，适逢两年前预订的爱尔兰大学胡塞尔学家莫兰等编写的新著《胡塞尔词典》寄到，遂暂停各项工作先将词典通读完毕，一方面用以再次检视自己对名词理解的正误，另外并立即推荐出版社购买此书版权，准备亲自将其再行译出，以作为此"重读胡塞尔"计划工作的一个部分。此外，我也在准备译序撰写期间获得了法国出版社和杂志社对我翻译保罗·利科60年前一篇有关"《观念2》导读"长文之准译权，于是也随即将其译出，以作为著作集《观念2》中译本的附录。在此谨对PUF出版社和《形上学和道德学评论》杂志社表示感谢。

现在将著作集翻译中使用的胡塞尔的几部主要著作的简称表示如下：

三卷"观念"简称：《观念1》，《观念2》，《观念3》。其中《观念1》有时按照该书中译本译名也称作《通论》。

《欧洲科学的危机和先验现象学》简称：《危机》。

《逻辑研究》第一卷可简称：《导论》。

《逻辑研究》第二卷中的六个"研究"划分，有时简称（例如）：《第六逻辑研究》等。

译文中的符号使用基本上遵照原书体例。原书使用的括弧符号为"（ ）"。中译者增加的括弧符号则用"〔 〕"（多为相关原文词语）。对于中译文中少数带有较长定语的专门名词，为中文读者方便计，中译者仍特用符号"「 」"标示，以凸显其词义关系。

在筹划和进行著作集计划的前后诸阶段中，译者得到中国人民大学出版社总编室领导、学术出版中心杨宗元主任的积极支持。在编译过程中胡明峰先生和责任编辑吴冰华女士长期予以惠助，极尽辛劳，译者谨在此一并致谢。

李幼蒸
2012年3月8日于旧金山湾区

中译者序言

　　胡塞尔现象学的主要研究对象是意识结构以及相关的意向性主客关系结构。此一关于"心"（意识世界）的哲学思考方向，遂与作为西方哲学史主要领域之一的"物"的哲学思考方向形成了在价值、方向与风格上的鲜明的思维形态对比。如果说"物"的存在形式是"时空二维"，那么"心"的存在形式则是"时间一维"。前者通过人的外知觉系统加以明确把握，而后者的"存在域"——时间，则只能在心之内、内意识之内加以体验和察知。此内意识之内容虽然含括外物，但其本身则只是时间内之存在者。意识与时间的关系，自然成为现象学本体论的核心主题之一。胡塞尔的逻辑—心理学方向的思想发展，自《逻辑研究》之后越来越朝向心理学之内域展开，其独具一格的思考方向越来越不为其早期跟随者所理解，以至于不久后其早期跟随者纷纷抱怨这位现象学学派创始人既偏离了 20 世纪初新时代流行的心物实在论方向，又偏离了新康德主义引导的精神科学价值观方向。等到《观念 1》出现后，胡塞尔现象学的"纯粹心之方向"使其不得不与早期现象学运动的同路人以及欧洲哲学主流拉开了认识论距离。《观念 1》作为奠定其"意识结构"研究基础的划时代作品，却没有包括本应与意识对象密不可分的时间问题。早自《观念 1》出现前的十年，胡塞尔对时间的思考已经开始了，并首次表现于1905 年的"内时间意识讲稿"中。从那时起直到 1911 年左右，此第一波时间思考也一直在进行中，同时这也正是《观念 1》的形成阶段。思维精密、逻辑严整的胡塞尔，意识到此一平行进行的时间理论思考框架虽然已经基本形成，但其与意识结构应有的关系问题还远远没有厘清。所以，为了保证《观念1》本身的完整性，他决定不将当时思考尚未成熟的时间理论纳入其中，甚至最后将同时布局的《观念2》和《观念3》均搁置一边。胡塞尔的思路是复线式的，毕生都在思想目标全面性和具体计划集中性的框架内，通过诸课题的相互编结与相继交替推进的方式对其予以处理。他当然充分意识到了意识研究和时间研究之间存在着结构性的内在关联性，所以在转至弗莱堡大学后他又继续考虑如何通过助手的帮助，将早先关于时间研究的阶段性成果加以整理并发表。杰出的女助手史泰因的到来，遂使若干手稿的整理获得了有效的成果。由于史泰因的优秀编辑、整理工作，早先的时间研究成果到了1917年时已经大体就绪。胡塞尔对这批早先的研究资料略予加工，准备出版。而与此同时，在重新检视了早先的时间思考后，胡塞尔对时间问题再次发生了系统深思的冲动，随之开始了他所谓的第二波时间思考，这就是他在黑森林贝尔瑙两次度假期间所完成的本书稿之来源。

1917—1918年两次在黑森林长假期间积成的文稿（此时期海德格尔曾经与胡塞尔同住多日，与其深入交谈，向其请教，因而提前了解了胡塞尔的时间思考之细节，不少研究者认为，这对于他日后的巨著的成型，在知识基础上是至关重要的），最初也同样由史泰因编辑整理，但没有完成。后来胡塞尔曾经期待由其他助手接替处理，未果。直到1928年芬克担任助手，胡塞尔才再次想到将"贝尔瑙手稿"编辑出版的问题。退休以后的胡塞尔立即投入毕生最后阶段的理论创发与思想推广的多种计划之中。

自1930年起他开始了所谓的第三波时间思考，至1934年已积累了一批新的速写手稿（后被鲁汶大学胡塞尔档案馆编为"C手稿"）。他于是考虑是否可将此稿与"贝尔瑙手稿"编为一套书，分别称之为"第一卷"和"第二卷"陆续出版。因胡塞尔当时无余力单独处理编辑事务，他曾经将此计划交给芬克完成，甚至考虑以两人的名义出版，至少先将第一卷"贝尔瑙手稿"出版。对于"贝尔瑙手稿"的整理工作，芬克发挥了重要作用，但是由于主题本身的抽象性和手稿随记的非连贯性，对文稿进行有效统一的工作十分困难，以至于直到胡塞尔去世后的几十年都未能完成。1969年，芬克干脆将手稿转交给了鲁汶大学胡塞尔档案馆。然而竟然又过了三十年，"贝尔瑙手稿"才被两位新一代的研究者贝尔奈特（R. Bernet）和洛马尔（D. Lohmar）整理编辑完毕，并于 2000 年作为《胡塞尔全集》第 33 卷出版。编者之一的贝尔奈特为鲁汶大学胡塞尔档案馆现任馆长，他也是中国人民大学出版社已出版的《胡塞尔思想概论》的第一作者。本书的德文原版书的两位编辑者，针对 80 年前完成的"贝尔瑙手稿"的来龙去脉和内容概要，撰写了内容丰富的长篇编序，可惜碍于版权问题，我们的中译本未将其收入。

由上可知，胡塞尔的时间研究，大体上集中于三个时期，它们分别凝结为三套专门手稿：（1）1905—1911 年手稿的结集，以 1905 年的讲演为基础；（2）1917—1918 年在贝尔瑙两次度假期间完成的研究手稿（所谓"L 手稿"，即"贝尔瑙手稿"）；（3）1930—1934 年的晚年手稿（所谓"C 手稿"）。第三期的"C 手稿"至今尚未编辑出版（就译者所知）。第一期的手稿后由海德格尔作为名义上的编辑者出版于 1928 年。以 1905 年的"内时间意识讲稿"为主干的该书，按照该书英译者布罗夫（Brough）的说法，"从《观念 1》的角度看，该讲稿尚未成熟"（《胡塞尔短篇论文集》，美国圣母大学出版社，1981 年，271 页），但仍应将其视为胡塞尔时间理论的奠基之作（有如《逻辑研究》对其现象学理论具有的奠基性作用）。在三波时间思考之中，"贝尔瑙手稿"无疑是最为成熟的。从史泰因与茵格尔顿的通信中可知，这是胡塞尔在壮年时期关于时间理论思考最集中（每日工作 9—10 小时）、最用心之作，是在史泰因将早期时间手稿大体编成后胡塞尔开始的一次关于时间问题的创造激情之再迸发，以至于胡塞尔后来在对茵格尔顿的信中称"贝尔瑙手稿"为其"主要的著作"（有如他曾将其第二波逻辑学思考结晶《形式逻辑和先验逻辑》称作其"最重要的著作"。这些评估话语，虽然不一定是基于严格标准的客观评比，却足可表明作者对相关著作之高度重视）。对于胡塞尔学的研究者来说，这两部已出版的胡塞尔时间理论著作，自然是彼此相关联的重要读物。

意识结构研究和时间理论研究在主题上其实密切相关，但是为了有序、有效地推进理论研究，必须设定不同的、分阶段的思考领域和方面，分别处置。对于二者的关联性思考过程须以"先分后合"的方式进行。

胡塞尔的"现象学理念"实际上含括着人类理性实践的一切方面，但是，不再采取古典哲学"大而化之的整体论思维"方式的胡塞尔，在其独自进行理论体系重新建构的过程中，当然难以使其一般宏观理想与诸个别研究实践达至充分契合。本着今日西方学界绝难再见到的严肃认真的态度，他坚持"大处着眼，小处着手"，在各个"可操作的"工作领域一一分头具体推进。由于其工作对象和方法是高度独创性的，因此也具有明显的探索性：一方面，各个不同领域之间的衔接远未完善；另一方面，每一领域内部的技术性细节处理也往往"详略不一"（原稿的编辑们不仅要解决阅读速写稿的文字识别问题，而且要将行文中各段衔接处尚有待充实的部分加以首尾一致地"复原"）。况且，就其思考的独创性而言，时间研究无疑是最具难度的主题领域之一，其重要性不仅相关于其当前现象学基础建构方面，而且可上溯至亚里士多德和奥古斯丁等古代哲学史上的早期时间研究。所以，作为胡塞尔名义上的"弟子"的海德格尔，虽然一开始就对胡塞尔的意识理论心怀敌对，却及时注意到了胡塞尔的时间思考所具有的独创性价值。这样，胡塞尔的时间理论研究后来竟然与海德格尔哲学在现代哲学史上发生了戏剧性的联系。

《内时间意识现象学》的最终出版也不无"戏剧性"。一直将海德格尔视为自己的"接班人"的胡塞尔其实并不了解海德格尔的思想背景和哲学方向。1926 年，胡塞尔看到海德格尔将要出版的《存在与时间》手稿后，才突然增强了应及时出版自己在先完成的时间手稿的念头。他曾要求当时作为其助手的海德格尔将史泰因基本编成的手稿最终完成后立即交付出版。海德格尔则答称需要先出版自己的专著，之后再处理史泰因未编辑完成的手稿。后来由海德格尔担任编辑的《内时间意识现象学》一书，经多位研究者考证，海德格尔对于该书的编辑工作着力有限，可以说该书实际的（颇具创造性的）整编工作主要是由史泰因完成的。自从海德格尔在胡塞尔的推荐下担任胡塞尔留下的弗莱堡哲学教席后，两人的关系渐行渐远，而胡塞尔已经了解到《存在与时间》大获成功的主因之一正是其中的"时间主题"的介入。但是，海德格尔在自己的哲学中将"时间主题"与意识研究彻底脱钩，特别是颠覆了胡塞尔意识研究的中心主题——"绝对自我"的概念。于是，海德格尔使用了大量的胡塞尔现象学词语，将其作为他的所谓存在本体论思辨的"技术性工具"，并在胡塞尔以"现象学"开创的思潮氛围中逆向跃起，直接阻碍了胡塞尔哲学思想的影响效力。碰巧此一情况又遇到了全面管控自由思想的纳粹时代的开始，可谓从政治与思想两方面堵塞了胡塞尔最后几年的理论创造之路。自从与海德格尔分离后，胡塞尔一度曾积极于马上出版"贝尔瑙手稿"。但是这样一部极为抽象的时间分析专著，不是芬克和兰德格里伯两位助手易于完成的。此时，胡塞尔在国难家仇（他的两个儿子在一战中一死一伤，为国奉献，而推行灭犹运动的纳粹却取消了他作为合法德意志公民的资格）的夹击下痛感时不我待，遂转向了与时代更为相关的最终课题的思考，纯粹理论性的时间研究也就被搁置了下来。但是，在中译者看来，胡塞尔的永恒理论价值，与其说在于其若干"理论体系"的完整性贡献方面，不如说在于其大多数手稿中的"创造性理论思维的活生生痕迹之记录"。胡塞尔思想的独特价值，与其说体现于其"逻辑系统"之中，不如说体现于其各条"意识体察和分析之思路"本身之中。

本书是一部手稿汇集，其原始文本为胡塞尔集中系统思考的逐次随记，如何据其重新进行段落划分和章节统一，当然只有德语学者中对于胡塞尔的思想与语言研究有素者才能胜任。按照两位编辑的说明，全书六大部分的中心主题分别是：（1）时间意识基本概念；（2）"原初意识过程"和"内时间对象"（区别于客观时间或"外时间"）；（3）关于"内容"与"统握"的关联（中译者发现：本节最微妙者为"统握"［Auffasung］概念的不同"主观性程度"分辨及其"前主观性层阶"的特点）；（4）质素的（hyletischer）时间性与自我的时间性（中译者认为：胡塞尔在本书中以及在《经验与判断》中始终细密地凝思于"主客观含混交界处"的意识之构成）；（5）详细的具体课题分析；（6）通过"再忆"分析展现了后期胡塞尔的所谓发生学现象学方向（此一方向与《观念1》的所谓静态结构分析的方向，彼此可谓相辅相成）。两位编辑在编序中指出，前三部分彼此之间的统一性较为明显，后三部分则是从"贝尔瑙手稿"（编为"L手稿"，含800页速记稿纸页）中选择性地编入的。全书还纳入了22个附录，分别是对作为文本主体的章节的补充。可以说本书已将"贝尔瑙手稿"的主要内容尽量多地收入了。

本书与前一个时间研究相比，在思考方向上的新路径相关于"理性本体论"意义的"时间与个体化关系"分析方向。"个体化"就是强调主观性时间框架与意识内各种具体个别项出现之间的关联性，其实就是时间与广义"事实性"的关系问题。在中译者看来，胡塞尔的"广义实证论"（心的实证论）在此抽象领域内一以贯之。换言之，所谓心与时间的"实证论立场"即凝聚于一切"经验性事实"的立场，长于内省分析的胡塞尔更善于将心的事实的微观性构成进一步解剖，遂得以最终呈现一个与意识界事实在认知上可分离的"纯粹主观时间的事实性"。本书因而呈现了一幅心的"时间世界"的图像，使得哲学家们瞥见了一个在内心世界中存在的"时间构架"。胡塞尔赋予本书的另一价值在于（主要在本书第四部分 Nr. 14，Nr. 15），他最终将时间思考与其"自我学"牵连起来，可以说对于"自我"功能的实态给予了极为清晰的描述。也正是此一部分可与他几年前发表的《观念 1》的主题直接联系起来。本书的"具体化"分析也是与其意向性理论和其独创的（至今尚未被专家们一致清晰把握的）"诺耶玛理论"密切相连的。"诺耶玛"作为广义"意识对象"概念是如何表现于纯粹主观时间域的，这些问题涉及的思维精微性正是其早期优秀的助手们尚难充分驾驭的课题。近几十年来胡塞尔学的复兴，的确导致学界对于胡塞尔学的复杂深细的思维轨迹的读解在技术上较前大为提高了。

我们的"胡塞尔著作集"的选编方向偏重于从逻辑学和心理学两个方向上统一地描述意识结构及其相关表现。在"胡塞尔著作集"最后一卷《贝尔瑙时间意识手稿》（德文原版初版于 2000 年）完成后，这八卷胡塞尔著作可以说比较全面地展示了胡塞尔学的意识学与自我学研究的方方面面。本书中出现的许多名词都是其他各卷中未曾使用过的，而且这些名词的"所指"都是汉语系统中欠缺现成对应词语的。这是对于本书以及胡塞尔关于时间的著作的读解比较困难的原因之一。本书的翻译原则仍然与前一致，并不强调孤立译名本身的绝对恰当性，而是强调与时间现象描述相关的译名的临时性，例如出现甚多的"持存"（Retention）与"预存"（Protention）等译词，都不是令中译者满意的译法。在现象学论述中术语的"确指"都须超出汉语对应词的单字意素之限制而直接诉诸原词所指。其实其他各种专门名词亦然,如一直使用的"侧显""充实"等译名。至于不得不采用的少数译音词,如"诺耶斯"和"诺耶玛"(在《观念1》的中译本初版时曾经参照日译法将其译为"意识作用"和"意识对象",但后来感觉到此汉字意译法不能充分体现原义,遂改为音译,至今感觉音译的确较为方便)反而在专业读者习惯后可以更好地起到准确传意的作用,尽管由其衍生的形容词和副词在汉译文句中仍然显得不自然。如中译者以前多次说明的,现当代德文在中译时的最主要的困难在于中德两种语言系统的语义构造本身存在固有的差异性,特别是抽象名词的处理难度直接牵扯到译者对于原文相关"意素"的察觉细致性。如一些德文抽象名词词尾表示的"词性"相当灵活,可兼含"词性"与"实指"两义,二者的准确分辨或"混合"只能体现于德文语境内。如果死板地为其选定固定对应的汉语词,就会忽略了词义、句义的细节差别。归根结底,中译者的意见与专业译界的急于制定统一标准译名对照表的想法不同,认为其对于哲学类、理论类的西文译汉文的目的和方法欠缺仔细思考,即忽略了西文语言的语义构造和汉语的语义构造存在很大的不同,以致彼此之间欠缺完善其词义对应的语义学上的可能性。对于现代西方哲学和理论术语,这类差异尤为明显。我们的译文主要是尽可能地间接呈现原始西文思想之内涵,而读者须知不可将这样的译文视为可以"以其为基础"进行独立理论构建的话语材料。比较来说,胡塞尔的理论话语属于最难通过直译充分把握的文本类型。这对于高校中许多打算仅只依据现代西方哲学中译本进行自身思想构建的研究生来说,一开始就须面对这样的语义结构上的障碍:中译文的术语并不充分恰当,据其直接组织自己的胡塞尔现象学研究是具有固有的限制性的。而如以这些基本上是临时性的术语译名作为自身学术思想话语建构的"砖石",则难免会发生各种偏离原义的想当然的结论。因此,中译文的主要作用在于,帮助读者在读解中尽量有效地靠近原义。

本书中译者努力在自己的译名体系内提供一个尽量使读者可以"读通"的译本,希望读者(即使初识德文或不会德文者)可据文中初遇时列出的原词,按照本书中特定的"专意"来把握,而不必过多受制于中译词中汉字的"本义"之限定。毫无疑问,读者应该也读过"胡塞尔著作集"的前几卷，并努力将著作集各卷乃至其他大量的胡塞尔著作和胡塞尔研究的中译本连贯起来合读，这样的综合理解效果将会更好一些。

虽然译者对现象学以及现代西方理论的译名的系统制定一直抱有谨慎的态度，但自从 1977 年翻译现象学家布洛克曼的《结构主义》起，也一直注意到为理论译著提供一套临时译名对照表是有用处的。自从 1986 年着手翻译《纯粹现象学通论》（《观念 1》）起，译者即编制了一套四国现象学术语对照表，其后再版时略有改动，并一直附于"胡塞尔著作集"各卷中。译者在承担本计划以来的几年里，对于相关文献及英、法、日的翻译情况不断增加了认识，本想对 30 年前编制的对照表做系统的增补和改进，但按照前述关于抽象译名翻译情况的看法（术语译名的相对适当性和临时暂用性），最终考虑到这样的系统做法，其意义毕竟不再像几十年前最初译介现当代西方理论文本时那么必要了。因为 30 年来已经陆续出现了相当多的现象学译著，尽管各人对译名的处理不同，但读者对于现象学文献的熟悉度已经大为提高。在最近几卷"胡塞尔著作集"的翻译过程中，译者对于对照表中的个别词语有所增删，而因在各卷翻译过程中，对于术语的翻译有所调整，故并非处处生硬固定地使用着对照表中的译名规定。有鉴于此，在结束"胡塞尔著作集"翻译任务时，最终放弃了重新修订对照表的设想。本卷仍将原对照表附于书后，仅供参考。

由于本书抽象性表述较多，为了有助于读者顺读，我仍采取了早先那种"笨拙"的方法，即将由多字词组成的"术语单位"加上引号，以方便读者读解时"断词断句"。不过这样一来此一符号表达法就与原著中原有的符号混同难分了。我将这样的有欠严格性的"翻译缺点"视为不得已的权宜之计。其理由为：本人本来不认为我们可以用汉语百分之百地转译德文文本。任何有志于提升对于现象学认知的学者都应当直接研读原著。而对于广大无此需要的理论类读者，达到基本"体悟文意"才是最重要的目的。为此，通过中译本的某些"翻译处理"而方便于顺读文本，自然为理论翻译的主要目的。

本书在翻译过程中仔细参照了 2010 年出版的法译本，在此对于法译本的译者 J. F. 佩斯土罗（Jean-François Pestureau）和 A. 马居（Antonino Mazzú）表示感谢。

这样，通过本书的完成，译者就结束了八卷本的"胡塞尔著作集"的翻译计划。非常感谢中国人民大学出版社对七年前提出承担著作集译事的、时已年届高龄的我本人的信任，这使我获得了进一步深入研读胡塞尔思想的机会，并得以继续将其思想的核心部分系统地介绍给中文地区的读者。特别感谢恰从出版"胡塞尔著作集"第一卷起开始担任学术出版中心主任的杨宗元编审，担任著作集多卷责编工作的吴冰华女士和王鑫女士。由于本书文字表述比较抽象，较少存在现成对应的汉语字词，因此译文初稿出现了较多不妥之处，王鑫编辑十分细心地发现了不少需要改正的问题并提出改正意见，对此非常感谢。最后，对于一直支持本计划以及本人其他计划的徐莉副总编，也在此表达诚挚的敬意。

李幼蒸
2018 年旧历年除夕于旧金山湾区

目　录

I　原初时间意识的基本结构：元现前、持存及预存之流动性关联体

Ⅱ 论元过程及其中被构成的时间客体之所与性，此时间客体具有其固定时间秩序及其流动性时间样态

Ⅲ　关于在原初性时间意识分析中的内容及统握的模式之运用以及关于无限后退之危险

IV　从发生学观点看的自我时间性和质素的时间性

V　个别化之现象学：有关经验对象、想象对象以及观念对象的时间性

Ⅵ　关于再忆的现象学

I

原初时间意识的基本结构：元现前、持存及预存之流动性关联体

Nr. 1 原初时间意识中持存与预存的交融。元现前与"新"意识

§1. 元现前的意向性。注意性朝向某种"现在的新物"、某种过去物或未来物

"朝向一知觉客体",即顺应于作为背景客体、作为构成中的客体的
一种刺激,即转向它;意味着,或者"一开始"即转向客体,或者在其
知觉所与过程中转向客体,例如由于注意力(作为主题性把握,以及对
另一客体的顺应,因另一客体施予了更强的刺激)阻止了此一立即转向。
那么"立即转向"是什么意思呢?"朝向"是一种注意之变化,此变化就
是某种对时间客体构成开端之顺从。此过程的起始点,元现前点,已经
转入持存,而且其中一小段已经被加入连续更新的元现前中,后者则处
于连续的元涌现中。于是,此注意的变化在于,目光通过持存流,准确
说,通过存于时间流内的"元时段连续体"〔Urstreckenkontinuum〕,朝
向时间段的第一部分,此连续体,只要它"短暂"存在,即可在其幅度
之内,容载上最初的注意力,而且对此而言,不连续的起始点更为有利。
可以说,只要自我守住此元时段流,一般而言,优先进入注意力的就是
"新来者";此注意力始终朝向开端处的新鲜存留者,而此开端总是流逝
着其新鲜性(持存变得更具间接性,统握内容变得更易模糊并刹那即逝,
因而丧失着其区别性)。但它不断地变化着。第一注意与第二注意的区别
在此显示为连续性的。"把握"〔Griff〕仍然是把握,但它渐渐变弱。而

对新来者的把握，因此即对出现在涌现的现前中的元现前之把握，标志着坚实把握之顶端，不过这仅只是一种言语形容。实际上我们可以说，终止于"新当下"的一极小时段，具有优先被注意性。

但是，目光，把握行为，如何达到"新当下"呢？例如只是事后达到的，就像在第一次转向时那样？显然不是那样。现在（或者元现前）是两种"准现前的"行为——持存和预存——之分界点。就像进行把握的自我已经嵌入知觉意识中那样，它不断地具有开放的未来视域、可能的实际期待之视域。实际的期待本身即注意力进入了此视域。转向知觉客体即积极地截住将要到来者，被截获者，此即以较优方式对未来意向之把握，此未来意向是空的并多多少少是被规定的，但无论如何，在充实化之刻是可被规定的。此新被把握者即充实化，于是特别被优先注意。此优先性随着连续衔接的持存之中间性及变化着的非清晰性而不断地弱化着。被把握者仍然在把握中，但此把握不断地变得越来越松弛。于是在知觉流中不存在无其意向性关联之点，而且特别是元现前化〔Urpräsentation〕因此始终不仅指元现前者之出现（此元现前〔Urpräsenzen〕只是事后具有了意向性），而且指其在期待意向充实化样式中之连续的出现。充实〔Fülle〕加附了意向形式，该意向于是成为进行直观把握者。充实性并非是两种相互一致的意向性体验间之相符性。当然，从时流相继性观点看我们可以说：首先是一空的期待，其后是这样的元知觉点，它本身是一意向性体验。而此体验只是由于元现前之出现才存在于时流中，此元现前即在先之空意向内的"进行充实的"〔füllende〕内容，此空意向因此在"进行元现前化的"〔urpräsentierende〕知觉内变化着。

显然也可能有另一种注意力分配的样式。一种主要的兴趣，甚至刚刚过去者的最初有意的牢固把握及牢固把持，可能继续穿越过持存流，而在构成中的事件继续前进着，最初的兴趣无须从新来者与通常被优选者上转离。而且同样可能的是，事件成为过去，对事件的注意力仍然保持着，并未转向新的事件。在此，再忆当然开始立即介入，而"仍然被意识者"〔Noch-Bewusste〕将被带入"再次准现前"〔Wiedervergegenwärtigung〕。于是再忆与空的全部持存相互符合。在这里应适用的是一原初性法则，即一空的、具体的持存（而且当然也适用于其时相，即元持存）只可能通过重新构成（或不妨说准构成）对同一事件具体知觉之再忆，即以“重新再意识”的方式来获得其充实化。相反，穿越中的充实化之所谓倒转〔Umstülpung〕是不可能的，至多是一种跳跃式的充实化，即我可将对一事件（例如一曲调）流逝的注意力，穿过空的全体持存，朝向曲调的不同部分，但其每一部分仅只以一准现前的、被变样的具体知觉形式达至重复的所与性，我在记忆中使此知觉再次流逝，从其开端至其结束，而非反向为之。注意的目光只可能在空的意识中，并在局部活生生的直观持存中是相反朝向的。但是被把握者时时都只在时间流方向上，在新构成方向上，获得直观，获得充实。

　　现在应重新讨论的是：如果不是积极的注意，而是消极的注意或“无注意”在起着支配的作用，因此如果一真正的“被注意到”及在此意义上的知觉没有发生，也即如果事件流逝了而未引起任何注意，那么元现前化会如何呢？ 6

§2. 在元过程流逝中持存意向性与预存意向性之交织

　　即使我们不把一切意识存在〔Erlebnis-Sein〕的每一意义理解为“对……的意识”，我们仍然可从以上所论的一部分中获益，即“意识”之元过程在此仍然是一意向性过程，因此它实际上就是意识。此处提出的问题似乎最终获得了解决。让我们思考一下。元流动〔Urstrom〕是什么呢？是“最终”先验性生命状态之流动吗？在此流动中现象学时间的一切事件都“存在着”，但在无注意力的任何“参与”下或不经纯粹自我之任何把握就在流动中自行构成，而且在此流动中也包含着在知觉把握中被构成的事件，包含着构成性的、在注意样式中存在的状态之流。

　　让我们设想，一种现象学过程，即一种质素的〔hyletischer〕过程，其流动没有任何自我的注意性参与。在此让我们假定，自我在注意中积极参与着任何其他过程，如一客观时间过程。在此，对客观对象的注意，如对一静止的或运动的空间物的注意，当然也意味着一种对于呈现性感觉材料的衍生性的注意样式。如果我们甚至不将其视为例子，而是将其视为一背景性过程，如声响，对此我们可不设定它是否是空间上（在自然界内）客观化的。

在我们目前偏重的质素的领域中，质素的流动进行着划分，一方面它继续着一已经在组织中的过程，另一方面它开始着一新的过程。在此应当注意，在一内容上单一的流程中，在一满足着一事件统一性条件的流程中，过程的每一新起点已经触及预存性视域，已被列入其中，而对于这样一个过程的起始点来说情况并非如此。我们相信，必须这样来呈现此原初质素性的生命：过程的每一"新"起点，每一元现前的质素性材料所经受的质素性变样化，必然成为一持存的核心，成为流程中永远增高其连续性层阶的一持存，或成为彼此交融的意向性之强化。但是永远更新的元现前之出现，不仅意味着此材料之出现，而且意味着它正是属于过程之本质的，此过程必然是时间上构成性的，也意味着必然存在一已被形成的〔vorgerichtete〕意向性。只要声音响动着，在此尽管不停变动着，一种声音仍然在构成中，因此形成着永远更新的元现前材料，它们具有相同属别，并不断增加其内容（本质）的层次化，而且一种"期待"（当然无自我的注意性参与），一种预存永远指向将到来者，并以充实的方式迎纳之，因此预存是以意向性方式形成的。所以，每一元现前不仅是内容，而且是"被统握的"内容。因此，元现前化即被充实的期待。但是，持存本身因此也以不同的方式带有充实性期待之因素：第一次是持存中的变样，它是元现前化之变样，此元现前化即被充实的预存（"期待"）；而第二次持存过程本身正是这样的过程，在其中此过程被构成为过程，而且此"预期"不只相关于新材料，也相关于将到来的持存以及持存之持存，如此等等。

每一中间时相，只是除了起始时相和终止时相，以及或许除了继其之后的时相，因此也具有双重的甚至三重的样貌。它是相关于流逝的元材料系统的持存，同时是相关于流逝的意识统握，并因此连接于被充实的期待的，以及由其发出的未被充实的持存；即一完整的线性视域，因此即一意向性的然而是空的时段连续体。

此图示是持存的和原初质素材料及其变样化的单纯图示，而且此图示仅只按此观点意指着时间意识，它是不完全的，而且就持存而言，此内部意向性结构并未被充分加以描述。

我们说：每一构成性的全部时相都是已被充实的预存之持存，此预存是一视域之界限，是一未被充实的本身为连续中间性的预存的（一时段连续体的）界限。所说的持存本身是一时段连续体，而且，如我们所知，每一其他方式中的时相也是如此。（此一二维性应当也为空的预期所有，因为它也是朝向未来持存的一种预存。）但是每一持存，作为持存之持存，都应在变样化的方式中意识到这一切。

§3. 在现象学时间构成中的"期待"（预存）之作用。 在预存的充实过程中和在持存的去实〔Entfüllung〕 过程中的双重意向性之连续变样化

如果存在事件 Eo...Ep...En，那么预存就连续地穿越此系列，其意义是，每一元现前的新材料将触及连续的预期。

于是人们将说，一连续被充实的预期是以链条般连续的方式（从一时相到另一时相地）进行的。

但是应该考虑到，朝向未来的预期也是以相反方向触及将到来的事件或流动中的事件系列的。情况并非：在一个点上存在的期待朝向下一个点，而是仅只朝向一个界限；并非：一个新的期待随着其充实化突然闪现，它再次仅只指向"下一个点"；如此等等。此期待相关于将到来的事件，即相关于事件之到来者，它具有一流动的事件视域，一可变的时段。这意味着，意向性以连续中间性方式朝向一切在观念上应加区分的将到来者。如果我们从一个时相到下一个时相地设想时相中的连续体，但意向性是穿越诸时相而朝向下一时相，是穿越诸时相而朝向更下一时相，一直到朝向一切时相。我们也同样可以说，在每一内部界限点上，意向性都指向任一界限上的时段序列，但是穿越诸时段朝向每个再下一时段，我们始终是在观念上来思考时段划分的。

9

就其结构而言，此意向性必然具有何种性质呢？我们具有一意向，它是随着新的元现前材料的出现而被充实的，但此意向只是按照其意向

性时相而被充实的，因此作为一开放的"视域"，一连续性时段仍然并未被充实。因此在采取了新的（质素性的）元现前材料的意识中，并未出现一新的期待，而是带有其意向性连续体的同一期待在继续着，除了它按照时段系列充实了一空的意向点之外。

但是现在人们将说，这样还不足以充分表达。连续点的充实化其本身仍然属于意识，因为此意识朝向仍然存在于流动中的事件之出现。然而此意向连续地穿越过诸新的点，并超越它们连续地保持着未被充实的预期之特性，而且此意向朝向着充实化，或在预期连续体中从预期到预期，并因此朝向不断更新中的被充实的（按照一时相被充实的）预期。这是同一事物之两面，正如在持存中那样：朝向过去的元材料的意向以及朝向过去的持存的意向。预存性行为连续体是在每一时相本身中的一连续体，即在其中被充实的预存的一个点，而在其余部分仍然是空的预存。被充实的预存是一过去的空预存之充实化，此预存本身只是一具有充实化时相的其他行为之非独立部分。在此进程中存在连续相继的相符关系；进入"空点"之"实者"〔das Volle〕，创造了一变样化的行为，它作为在相关的元现前化的新时相上的充实（并因此成为元现前化的），与在一空组成部分中的先前行为相符，而其余的空成分则与更前的空成分相符。已开始形成的此空意识不断地在此过程中行进，只是由于连续的充实化而被缩短其进程。新的预存在某种意义上是先前的预存之变样化，即一种变异，但先前的预存在另一意义上也是相关于后来的变样化的，一准现前化在此为一现前化之变样，一"意向本身"是其全部的或部分的充实化之变样，一中间的意向相对于一较少中间性的但与其相对应的意向。

每一先前的预存与预存连续体内每一继后的预存的关系，就如每一继后的持存与同一系列的在先持存的关系。在先的预存在意向性上包含着（蕴含着）一切在后的预存，继后的持存在意向性上含蕴着一切在先的持存。

较后的预存为较先的预存之充实化，在进程中每一较先者均被充实着。较先的持存，在另一意义上为较后持存之充实化（一充实化进程在此是不可能的，而只有在预存中才是可能的），它们是具有同一意义的行为，但具有较强的和较丰富的充实性。每一较后的持存在进程中"被去实化"。我们在两侧都有中间性的意向性，而且每一中间性的意向性都包含着针对第一客体及第二客体的双重意向性的"朝向性"，即针对该"行为"以及针对所与性方式（"如何"）的朝向性。这在两侧并未引向意向性的无限倒退。当然，两侧的困难度并不相同，因为在元过程流中空的（相对空的）预存在前，完全的预存在后，虽然完全的（相对完全的）持存在前，相对空的持存在后。对于持存来说困难在于：我们如何意识到作为持存过程（以及新出现的元所与性）的过程？这似乎要求：持存本身须经受统握，我们须达到较高层的持存，如此等等，以至无穷。

然而一切都已阐明了吗？对此元过程的性质，我们已经获得了一种清晰的观念了吗？持存与预存是如何交融的？它们在此交融中是如何具有原初的时间意识统一体的？我们开始借助持存阐明此构成性的意识流；新出现者仍然被意识到，即它虽然被变样，但一持存性意识被把握为统握内容。此持存性意识随着其统握内容同样被变样，如此等等。一不断增高其层阶的持存流出现了，在此过程中随着每一时相出现了新的、被变样的内容。

使此内容成为"新"者是什么呢？在某种意义上，预存之统握材料也是新的。当然，它并未显现"新的"、元现前的统握材料。但此内容也被"期待"着去充实预存。

§4. 在现象学时间对象及时间之构成中的持存与预存之交融。当下意识及一新事件的元呈现

现象学过程的起始点（作为时间客体）出现，它可通过预存（在注意性的预存中，在特殊的期待中，或在非注意性的预存中）被期待，被暗示。但它也可能出现，而无对其朝向、对其内容朝向的一预存，此预存至少对其一般性地暗示着。或者不妨说：事件本身可能出现而无预先暗示〔Vordeutung〕，甚至无任何特殊期待，在意识中对我而言构成现在。

于是提出了一个特殊问题，对于起始点和起始段的元现前化问题。如果我们采取一个中间点，一个时段已经在时间构成中流逝了。或许人

们可以说，一旦一个"短小的"起始段流逝时无真正的时间构成，我们需要的预存就根据原初生成学的必然性被确立，而且在时流展开中扩展的未来统握连续体也向后展开着，向后投射向已流逝的过程，并赋予它以其前尚欠缺着的统握。然而如已指出的，我们暂时搁置此问题并假定着，任何中间点 E_k 出现在在先预存的充实中，此预存朝向以后的时段。

12　因此，此预存是一构成意向性的体验，而且在其连续的变化中它就是由连续的变化相位所充实的预存，而在每一时相中只有一个点被连续的意向性所充实，以及一个空时段未被其充实。在预存意向性连续体中的此点即元现前化的点，它就是元现前化的意识。此元现前化的意识在每一未来过程位置中具有一新的特性；因为按其形式，该预存虽然在每一元过程时相中都是一预存之充实，并与此一致地是预存本身（在充实化位置上，作为预存本身，其本质特性并未消失），而且对于一切过程时相来说，某种意义共同性的存在也是显而易见的。但是另外也很明显，在每一位置上具体采取的意识都是不同的意识，而且甚至在进行充实的元现前的感觉材料情况下也是如此，完全就像在一事件的限界情况下那样，在其中一完全未改变的对象固持地存在着，有如一个完全未改变的声音简单地延存着那样。

　　因此我们说：在体验本身内，每一"新"出现者本身，每一元现前内容的出现，都由于一必然变化中的（尽管一切本质共同性的存在）意识形式，而在意向性关系上具有不同的特性，而且它将元现前化理解为构成着事件的一元现前者，构成着一作为当下及不断更新的新当下的时间对象点之元所与性。但这是以何种方式进行的呢？区别应该存在于何处呢？如果一确定的事件被期待着，预存可以肯定是相对确定的。这假定着，事件已经被给予，或者类似的事件在其之先已经被给予。于是预存就是"提前记忆"〔Vorerinnerung〕，而且是相关于过去的再忆之一变样。这正是须待分析的一特别重要的课题。在此，问题相关于一原初性构成，后者并未包含这样一些复杂情况。因此，我们将出现的事件看作被标示的时间事件，却并未明确地借由前忆加以标示，通过空的意向加以标示。此空的意向是通过一时间构成的过程加以充实的（有如再忆最

13　初是对一模糊意识到的时间对象之所谓单射线的朝向性，某些意识在作

为构成性系列之"准再产生的直观再忆中"被充实)。

因此，穿越着元过程的预存并不是一"提前记忆"（再产生）这样的充实化，此提前记忆朝向一切过程或朝向其时间事件。它是原初性地发展着的。我们在此可以将以下原理视作必然生成之元法则：如果质素材料的（以及因此一切其他元体验的）原初序列之一个部分流逝了，那么就必定形成了一持存性关联体，但还不止于如此——休谟对此十分清楚。意识仍然在其流程中并预期着下一发展，即一预存以同一方式朝向序列的继续，而且这就是相关于元材料进程的预存，此元材料起着核心材料的作用，而且同样相关于持存之流程，后者带有其中产生的侧显作用。持存中受影响的流程之细微变化〔Differenzial〕使预存发生了变样，此预存现在一直存于流程中，并必定通过预期被包含在预存之继后进程中。事件于是被构成，并不断地具有一开放的事件视域，后者本身是预存的视域。从生成学角度人们可以说：即使一具体规定的期待并未发生于事件之前，每一元过程（当在某种意义上元过程一般地被构成之后）都必定被统觉为构成性的。因此，一当质素的核心内容出现以及原初变样化之作用形成，每一材料都将立即被预存所截取。在此过程内，必定有一预先朝向着一持续向前编织的事件以及在向后作用中流逝的"细微变化"之预存，在构成中被统觉为事件，或者一事件片段在构成中被插入其内。

因此，从生成学上看，必须阐明，在一构成性过程形成之前，因此即在具有一时间对象意识之前，一构成过程一般来说如何能够形成和必定形成呢？因此，醒觉自我的、开始着其生命的自我的观念之阐明，必定成为意识生命。实际上此观念是否标示着一种可能性呢？无论如何我们至少可以假定，质素材料的连续元序列——作为一构成性过程之核心材料——必然连续（也包括非连续性的单一声响，如果可设想的话）包含着接连不断的声响或声响连续体，以及假定，按照其他元法则性，在我们的图表意义上，此声响连续体成为持存性统握之统握核心。但是按照一必然法则，在一"细微变化"的流逝后，不只是持存在进行，而且预存朝向着将到来者，朝向内容上最一般的被规定者（如果一声音开始消失，那么它也是一未来的声音，即使在预存的意义上强度关系或质量

14

关系之精细方式一直尚未被规定）。于是过程的每一时相都是一持存部分，一元现前化点，它们相当于被充实的预存以及一未被充实的预存部分。

但是在此应当想到，在过程中每一持存都必定是先前被充实的预存及其空视域之持存；应当想到，在此部分的连续时相系列中，持存变样化中的每一继后的充实都包含着在先预存的一个点；应当想到，对于未被充实者而言存在相符关系；以及应当想到，未被充实者穿越着进程，它们逐点地持留于其未被充实性中，正如被充实者本身穿越过持存之诸部分，虽然是在较高的时间客体化过程中。"当下"是通过预存性充实的形式被构成的，"过去"是通过此充实之持存性变样化被构成的；在经受去实化的同一化之连续性中，时间点是相同的，正如曾被意识为当下者是相同的，正如刚刚过去者曾被意识为是相同的，如此等等。下一个问题是：一般来说持存是否是一时间点对象之实际持存，而且由于预存已经创造了一当下，同一点因此同时甚至在不同的所与性样式中创造了一可能的同一者呢？

附录 I　试用图式表达持存与预存之
交融关系（相关于 Nr. 1 的 §4）

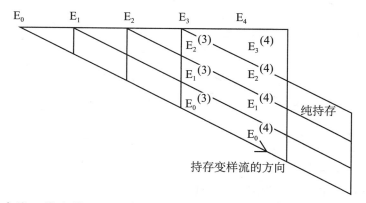

垂直线：带有其元现前点 E_k 的片刻意识及其在过去侧显样式中的持存性时间段。但也是带有其持存性连续伴随物的元现在意识，作为已流

逝时段之持存，在其中该时段同时指示元现前的与元持存的核心材料连续体。

接着：每一部分时段，如 $E_1^{(4)}-E_0^{(4)}$（或相反次序），都是同一时流带上一切先前片段之持存，此时流带相关于同一下面之标志，因此直到 $E_0^1-E_1$。

再者：在元流动内垂直系列连续体中，垂直段从细微变化处增长。每一垂直段（连带其每一种差）下沉，并向上增长，或从上端增长，在此一元现前点作为"元细微变化"〔Urdifferenzial〕不断地加入。只要元现在发生着，过去性即不断丰富化。

就预存与其"运动"而言，正像在持存处一样。一切持存系列都在其 E_k 涌现时发生，但此涌现性时相仅只是一个点，而且系列的每一其他点都在一先前 E 中有其涌现性时相，因此最终扩及全部系列，例如在水平轴上从 E_4 到 E_0 中的 $E_4-E_0^{(4)}$。元涌现的持存时相是元种差，它在持存中开始于每一 E_k 内。于是我们也有一持存的元种差，在每一 E_k 内的元涌现的元预存。应该如何对其加以描述呢？

应该说：在 E_0 中，一当它随着一种差开始，一空的预存已经存在，它作为图形具有完整的图式，此图式只有随着过程才进而被（所谓）标示着，只有当此过程构成了一未知事件，其内容才以非常不完全的方式被规定，虽然除了图式之外是完全不确定的。于是在每一 E_k 中，在持存性图式旁还存在一预存性的不同图式，即预存朝向未来的构成或未来的事件（由于多重意向性），而且因此预存从所与的被实现的垂直系列过渡到下一系列。

与持存一致的预存之图式。

因此在 E_0 中：

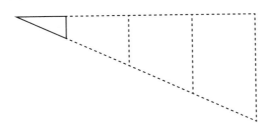

在 E_3 中：

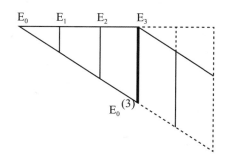

拉长的细线和全部加重的图式意味着，在粗线上，也由于持存的中间性，对已经开始实现的过去之目光朝向是可能的。在两侧我们具有（直观上）同时的"延后记忆"〔Rückerinnerung〕和提前记忆〔Vorerinnerung〕的可能性。在粗线段上存在的及被充实的水平线是由虚线表示的，而且在此垂直段的连续序列表示着预存的中间性；在垂直系列中连续的序列表示着在未来持存性层阶内所要求的那种中间性。粗线意味着，持存段 $E_3 - E_0^{(3)}$ 是活生生的时段，而且它作为预存之充实而出现，这就是 E_3 作为元涌现的充实（元涌现的预存）而出现；于是时段点或细微变化连续地进而成为过去的、在持存上被变样的预存，其视域进入了充实现象。由此图形可以看出，预存在何种程度上是逆转的持存；它是持存之变样化，此持存在某种意义上当然是"预先假定的"。

$$E_0$$
$$E_1 V^1 (E_0)$$
$$E_2 V^1 (E_1) V^2 (E_0) \ldots$$

或者最好说：

$$E_2 V^1 \{ EV(E_0) \}$$
$$E_3 V [E_2 V \{ EV(E_0) \}]$$

元过程仅只表示：持存，预存从系列到系列地垂直下行，在此过程中不断地被充实着。E_0 被意识作在其连续中间性中的持存之界限，而且在某种意义上也被意识作预存之界限，此预存在持存中被插入持存，它也被意识作充实序列之零界限。因此连续性过程首先指示着时延段 $E_0 \ldots E_n$ 之构成。但是，在此过程中元质素材料系统被分裂，而且在相应的元材料之现象学时间客体化中我们更一般地说核心材料连续体，它在时间意识中起着统握材料的作用；并且说客观化的过程之时间点，此过程在某种意义上即在一时延点形式内的材料；而且此时延本身是在变化着的所与性方式中被构成的，在一变化着的当下、刚刚过去的当下之中，如此等等；于是连续地存在着对当下的，或对永远在当下样式中被意识到的时间点的朝向性。

如果核心材料指示着 E_0，E_1，…，E_n，那么它们不会出现，除非作为预存之充实化，除了起始点 E_0，后者在严格的意义上是"不被意识的"，而且只有在中间位置上通过持存进入"意识"，即作为被统握者而开始出现。但这仍然只是说，它本身作为 E_0（在原始点上）不是统握内容，除非因为它引出的事件已经由于一"提前记忆"（＝期待）被期待着。（按此，注意性把握可以与其相遇，而且如果它出现，那么它是"受欢迎的，正如注意可以通过持存的回射向后指向它"。）于是 E_0 必定被称作相等于 E_0，只要我们将界限称作意识。（因此这类似于我们将零称作数。）在每一横向连续性（在图式中它是垂直表示的系列）中 E 标示分界位置，在其中当下意识通过 E_0 及其统握被构成。

一种"细微变化"$E'…E''$先前发生，在其中持存本身运行着，并独自产生一延伸统一体，因此促动着一预存"继续前行"。于是我们的图式之每一横向系列都是一朝向它的"直接在先的"横向系列之充实化。后一横向系列仍然是通过对应的持存部分被意识到的，这就是除了起始时相外的全部横向系列。但是当然，在我们的横向系列中，朝向下一系列的预存并未获得表达。如果 $E_k V…$ 是无预存的横向系列，那么下一系列是 $E_{k+1}(V\{E_k V…\})$，那么我们就必须记下[①]：

而且现在 E_{k+1} 不只是意指着 E_{k+1}，而且也意指着作为充实者的统握，而且同样，V（$E_k V…$）作为充实者出现。但是在此表示法中欠缺的是过去的 $E_k V…$ 所具有的垂直箭头。因此我们有充实化 E_{k+1}，充实化：

---

① 首先引入下面更为清晰的表示法。

$$\{V(E_k \ V\text{—})\}$$

$$\downarrow \quad \downarrow$$

但此所意指者为：在各个（时相的）片刻意识中的充实化，因为在当下中的在先片刻意识仅只是在持存中被意识到的吗？

这只可能意味着：

$$E_{k+1} \quad V(E_k) \quad V(\text{—})$$

或更清晰地表示为：

$$E_{k+1} \quad V^1(E_k) \quad V^2(E_{k-1}) \quad V^3(E_{k-2}) \ ...V^{k+1}(E_0)$$

肯定正确的是：预存从横向系列向横向系列展开，而且每一新横向系列都具有一相应的充实化之变样化。但是，在横向系列本身内充实者〔das Erfüllende〕被构成充实者，而且是连续的，因为持存连续地呈现为横向的时相。在每一横向系列内都存有一切"在先发生的"E，而且每一连续的充实化，其本身都是不断被变样化的，而且连带着实际充实化之分界点，即连带着核心材料（每一新的核心材料 E_{k+1}），而将所有这些材料连接在一起，并赋予 E 的横向系列以统一性。

此新的材料因此在意识中特别具有新特征。它是当下之特性中的材料。另一方面，对此应当有所保留地加以理解。因为问题相关于所与方式连续体内的界限概念本身，而且当下即仅只是指在"曾经的当下"系列内之当下。横向系列之持存时相，同时在不同的连续层阶上即再产生的当下，即核心材料上意向之再产生的充实化。这也相关于作为相对现在性之持存，除非起始时相是纯粹印象，当下者作为新来者到来，其到来不是作为"旧存者"之弱化，不是作为持存。因此时间意识结构似乎变得更为清晰并更可理解。

Nr. 2 持存与预存的组合关系。充实化的程度及现在意识。元过程的图示表达

§1. 持存内的预存—预存内的持存。新的图示

在元过程流动中我们：1）具有质素材料序列，它们在持存中向后沉退 20
着；意向之逐阶中间性的持存与每一新质素材料连接在一起。于是在意识本身，属于过去事件的持存段序列被给予了。每一质素元材料以及全部属于它的持存时段，不是真的被意识到，而只是被意识作在先持存时段之界限。

2）现在让我们考虑预存。每一垂直段都是"受欢迎的"。或每一持存的片刻连续体都具有对将到来者的一预存，以及在连续中间性内具有对继续将到来者的一预存。从发生学上说：每当新的核心材料不断出现时，旧的核心材料不仅是在持存中下沉，而且一预存的意识"在增长"着，它迎来新的元材料，并通过确定其时限而充实自身。不过这并非只是逐点地在进行，从一点到另一点地在进行。我们并不只是在对其序列的意识中具有一元材料序列，而是也在其中，在序列意识中，有一持存性时段序列（$-U_x$）。这个序列本身也"在预存维上被加以投射"，或准确说，在元过程中我们具有一这类持存的时段之序列，其中每一个都在一元材料中有其时限（而且在此从一"零长度"向上增长着，即使它终结于"消退性的"时段视域中）。 21

此元序列投射于伴随着每一时相的预存意识形式内的未来。其充实化终结于事件的每一下一时间点上，只要它不断地获得作为具时限性的充实化之元材料。但只要此充实化不断地一再下沉，而且此下沉也必然在预存上结束，因此被充实着并在持存上被变化着，以及因为可以立即觉察到，在元材料上的预存不只是能够直接地从一点进行到另一点（因为这又是一体验片刻序列，因此后者本身再次要求发生其持存，并之后也要求发生其预存，此预存应当成为再靠后者之中间性预存），我们就获得了以下在新图式中所表达的理解。

我们以下列图式表达：假定我们开始时事件 E_1-E_2 的一个部分流逝了，而且我们持守着 E_2。在此我们具有流逝者之意识，它穿越过持存之垂直向下朝向的部分。

1）第一图式：

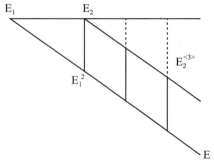

22   2）完全化的图式：

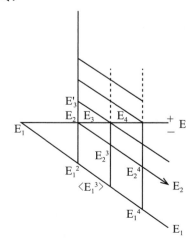

　　如果在此应当存在一朝向未来流程的预存，此流程以其方式为标志，并一般地以其质料类型为标志，那么时段 $E_2E_1{}^2$（已流逝者之持存）首先就必定带有一预存，此预存将间接地通过由 $E_2E_2{}^3$ 和 $E_1{}^2E_1$ 限定的斜线加以表示。

　　前意识的朝向是：$E_2E_1{}^2$ 不断地下沉。因此此时段的每一点不仅是相关于斜线的持存性意识，此斜线指涉着 E_1E_2 的相应点，而且也指涉着相关于这样的斜线的预存性意识，此斜直线在向下下沉方向上穿越着被标志的线条片段。因此此图形完全由平行的射线系统沿着持存和预存的方向所占据，只要在线条内不会存在任何不相关者。但是欠缺一有关预存的图形，此预存存在于 EE_2E_2 三角区域内。我们现在向上拉长 $E_1{}^2E^2$ 并以此表示预存，此预存在意识统一体中，连同在下时段的预存构成了所欠缺的意向性。我们不仅应在 E_2 上而且也在基本时段〔Grund-strecke〕的每一其他点 E_k 上考虑此向上朝向的垂直线。在 E_2 上，上部垂直的半射线是实在的，在此片刻它是完整的预存意识，只要它相关于该突出的角，并在其中相关于元材料上的各个新出现者，从 E_2 起穿越 E_3、E_4，等等。但是此意向性必定是中间性的。因为该预存性意识不是一片刻意识，而是一连续的、时时刻刻以同一方式朝向未来新出现者的意识，正如它在持存侧被视为其补充部分那样。每一面对 E_3 的下一预存，也是隐含地朝向它的，因此我们必定具有一完全类似于持存序列的结构以及朝向它的预存。在连续中间性的意向性中它们彼此相互充实，并最终通向终点，即通向诸基本序列点，因此在 E_3 上就是斜线 $E_3{}'$-E_3。如果达到了一基本序列点 E_3，那么持存性下沉必定出现，而且预存性"被期待者"，即"充实化"，继续展开着与所与性方式相关者，于是我们现在获得了落入该突出角内的垂直部分。

　　预存轴上段的每一点，在中间性意向性中都朝向一基本时段上的点。正因此一预存轴上部线条的每一部分都朝向一稍后上部平行时段在斜线条上被相应切除的部分，而且此部分还继续伸入该角内。我们也可称每一这样的部分是在"沉入"，此沉入行为是一永久的自充实行为。但在某种意义上只有存在于 EE 上部者才是一"自充实行为"〔Sich-"Erfüllen"〕，在下部者则是一"自虚空行为"〔Sich-"Entleeren"〕，虽然在此预存永远是自

23

"充实行为"。再者，如果上部垂直线之一成为实在的，那么它同时作为充实化出现，并同时与预期平行线条相关，即与该部分即其支线相关，此支线表示着相应的上端部分，即过去，正如对于下端领域也同样如此。

我们有一长意识流，其本身是前进方向上之预存，以及相反方向上存在的持存。但是现在应该思考如何使此困难的关系成为进一步可理解的。我们必须指出，此图形实际包含着一切时间构成中必要者而非包含着其他因素，并必须指出，也存在着一切我可从中看出者以及一切被明确标志者，而且我们还必须指出，在此复杂关系中这些是如何成为可能的。

§2. 持存与预存之交融作为充实化过程

我们已经使此类生成学因素发挥了作用。最初是纯粹持存，之后必然被变样化，并因此出现了预存。预存也把握住了已经被给予的持存段。这意味着，新的"过去者本身"系列不仅到来，而且"必定将到来"。意识"采取了变样化"，由此它不仅是持存连续体，而且同时也是预存连续体。后者意味着：在此意识本质内存在着的是，它不断地可充实化，以至于每一充实化同时都是一对新充实化的意向，如此等等。于是存在着提前记忆与准提前前忆的连续系列（作为将到来者的诸可能性）之观念上的可能性，在其中此意向性之诸意义获得阐明。"随着"相继出现行为，此意向性之转换〔Umbildung〕展开于必然的内在"因果性"中，从单侧性转换到双侧性，而且新侧面成为元侧面〔Urseite〕之一种镜像。

于是，预存之上层〔Stockwork〕将出现于此补充过程中；从持存维流逝序列中出现的新序列，将以同样的风格朝未来方向继续行进，因此从 E_1 向 E 和 E_1 流动的敞开角应当由一（终结于 E 的）持存段连续体所占据，即在一预期方式中。但是此预期是由作为前进连续体的在先过去的持存连续体所促动的，而且此连续体必然是在现实化的流程中的一充实化连续体，它不断地充实着每一相位，而且促动着下一预存，后者在行进中一再被充实着。在此，每一相位同时是在先相位之持存，并因此当然是所与的。因为充实化包含着在先过去的意向之持存。在先过去者本身被保持在新的持存意识中，而且此意识一方面具有在先者之充实化特性，而另一方面具有在先者之持存的特性。那么此中不存在难点吗？在前的意识是预存（即正是"朝向"在后者的意向），而因此后来的持存是在前持存之持存，它同时具有预存之特征。此新出现的持存因此再产生了具有其预存倾向的在前持存，并同时使后者充实化，不过是在这样的方式上：在下一时相上的预存贯穿了此充实化。

让我们进一步考虑如何阐释以下问题。当 E_1 "下沉"时，当 E_1 的持存性意识再次下沉时（变为一变样化的意识，此意识本身成为在先意识之持存，并接着一更为在先的意识成为一意识之持存时……），而且当每一垂直的下部时段在其一切点上，而且在不同的层阶上，成为中间性持存时，那么朝向序列之未来连续性者，一种具有类似结构的、不过是方向不同的意向性，即作为预存，作为（可称之为）"倾向意识"，被加到各个持存点上。因此，在此过渡中变样化是双重变样化：一方面，此变样化进而在此意义上将每一意识变样化为一在先意识之变样化，以至于它成为更为在先意识之意识，并经此进而成为在先曾在者之意识（或刚刚过去者之意识，其本身为其刚刚过去者之过去的意识）；另一方面，此变样化将把每一意识变样化为一未来将到来意识之预存（在此每一意识本身都是一意识之变样化，它朝向其作为未来将到来者本身），而且它是如此被变样化的，以至于它作为"充实化者"〔das erfüllende〕（"被期待者"）出现，不过是作为"最近充实化者"〔nächsterfüllende〕出现，中介性的意向性遂被其进一步贯穿。

因此，"变样化"意指着一新的预存，并与充实化样式一致，也就是先前意向的一相应时刻在此被充实，而另一时刻仅只具有"非充实性"〔Unerfülltheit〕之变样化，此非充实性"接近于"充实性。但是这些都存在于意识本身，即单一时刻本身也是先前预存之充实化以及始终未充实的时刻本身之相应的变样化。因此甚至预存本身不断地朝向后方，虽然它作为预存是朝向于前方的：意识到某物，它并非具有过去者特征而是具有未来者特征，而且就此而言它具有其中间性，具有其变样化连续性（同时地）。（此不断被变样化的、构成一时刻连续性的向前朝向性〔Vorgerichtetseins〕的本质在于，在不断新充实化改变的意义上去经受

26

一接续性的一般变样化，此接续性充实化再次成为意向，如我们所描述过的那样。而且在某种意义上此情况已经潜在地存在于每一时相中：其本质包含着一超前性的提前记忆，它存在于中间性意向性的某个位置上，预期着它，也就是它使一类似的过程超前地流逝着，可以说它以不断充实变样化方式使被变样的预存流逝着，在其中起作用的是作为准现实的未来事件部分。）

但是，朝向过去的蕴含意义是如何属于元过程的每一片刻预存的呢？此蕴含意义又是如何关于过去之意识的呢？此过去如何在现在的体验行为中被充实，并按照其余未被充实者而被变样化的呢？我们是否应当说：在流动中出现的带有其预存意向的持存"沉入"过去，因此经受了一种持存的变样化？该新时相因此不只是在一最近层阶上的持存之变化，此层阶在其中间性意向性内意识到了先前被变样化的持存，连带着一种与其相连接的预存之变化，而且也是一在先预存之持存。它当然并非已经是具有其充实化内容的新预存（甚至在此不再出现事件中的任何新因素）。新预存是旧预存的新的变样化，但旧预存本身也是通过相连接的持存意识的一个片刻被意识的。而且正是因此在片刻意识本身中出现了充实化的相符性。

§3. 持存的和预存的充实过程蕴含着一种无限的逆推吗？时间意识的层阶

我们现在应该说：于是一切困难还远远未曾阐明或排除。无限逆推的魔鬼在变装以后现在再次进行着威胁。我们仍然不仅有带有一预存之持存的持存，以及新的持存和充实着先前预存之预存。充实化本身必定在持存中进入在后的意识时相，产生朝向未来充实化的新预存，后者再次被充实化，再次在持存中被意识到，并再次激发起此较高阶充实化上的预存，如此以至无穷。

因此人们难以理解，该如何避免此无限的后退呢？其实不难，因为问题并非仅只是语言上的麻烦。还未被充实的预存被置于生成学"历史"的开端，进入一充实化过程，此充实化为一新预存之样式。新预存过渡到一新充实化。在此过程中因为在先预存（在一持存形式中）被意识到，自然其充实化样式也已被意识到，如此以至无穷，这在任何情况下都不构成一恶性倒退。

　　如果我们排除一切生成，因此排除一切"历史性"，并假定着：在元过程中（不论是相关于旧事件还是相关于新事件）每一时相本质上都是存在于一先前被充实的时间段内的（在一个或多个事件的意义上被充实的），并相关于下一时间段之预存，那么情况如何呢？在此过程中每一过去时间段之持存（在相关于直观性的已知结构内）都是中间性持存本身，即持存之持存，以及（同样地）中间性的预存。但它也是在先预存之持存，如此等等。那么为什么困难依然存在呢？实际上，困难似乎不再存在了。我们实际上并无流逝着的以及在持存中单纯变化着的元材料之开端，也不再有继后到来的预存及预存之预存。我们只有一种作为开端之思考的开端，我们永远存在于一无限过程中间，并选出一时相，它是意向性之一双分支〔Doppelzweig〕，在其中元材料仅只作为意向性因素之界标〔Auszeichnung〕①。仍然存在的困难相关于此界标，或一般地相关于元过程中时刻意识之两个不同分支的界标，连带其再次被标志的分界点。随之连带有时间对象构成之充分阐明，因此即意识与时间客体之关系，此意识在此仍然如此多方面地发生着关系，并沿不同的反思方向指示着彼此相连的诸对象。

　　人们当然不能简单化地将"下部分支"〔unteren Zweig〕称为持存，将"上部分支"〔oberen Zweig〕称为预存，或者认为"持存"与"预存"二词具有本质必然性地相互依存的不同意义。下部分支是相关于已流逝的被充实的事件部分，它意指着诸相关时刻之全部意识的相连接部分或连续的相关联侧面，通过诸相关时刻，过去事件本身仍然在不同的中间性层阶内被意识到。上部分支对于还未成为现在者，对于将到来者以及因此意识到未确定者，所起的作用相同。在此意义上，过去意味着持存

28

29

---

　　① 解决并非如此简单。仍然应该区分不同的时刻和无限性视域，后者是可能的再忆之一种纯粹潜在性。否则我们在每一 U_x 中都有一实际上的时刻无限性，以及作为一完全非预期的事件的凸显之开端？这是难以成立的。

中被意识者，未来意味着预存中被意识者；但是过去的事件，过去的时间段或未来的现象的时间，以及带有所与性样式的时间内容（过去与未来），可能在元过程内被构成，虽然由两个分支构造的时间段是不断地被变样的，而且它们不仅是在过程流动中被变样的，而且其本身也被意识为过程，因此其本身被构成一具有时间内容的第二"时间"。现象的时间，第一层阶的先验时间，只是通过一最内部的、第二层阶的先验的时间，并在一最终先验性的事件内，即在无限过程本身内，才有可能，此无限过程本身即对过程的意识。而且本质上一过程只有在一元过程中才能被意识到，一片刻意识只有作为一过程的时刻才可成立。

因此，让我们现在思考一事件是如何成为现象学的"现象"的，此现象是在第一种意义上的而非在最终意义上的现象。在 U_x——现象学的元过程的时相中，我们发现一被标示的点 X。如何描述其特征呢？或者，它如何被刻画为全部过去的时段 $U...U_x$ 的一顶点呢？如何被刻画为它的一个"充实化点"呢？而且此充实化如何区分于一般的充实化，在其中此全部时段 U 在其一切点上出现于过程中？因此如何阐明此充实化的双重意义呢？其结果显然也是一预存之双重意义。U_x 是一预存，它有时在其一切点上相关于一切未来 U 时段，有时只按照每一上部的点，即相关于基本时段的点（或者说相关于其未来事件点的意向性对象之点），成为预存。而且，如已提到过的，与此平行的是，相关于在先时段一切点（或者其意向性的对象点）的"持存"时段中的每一意识点，而且在另一侧，在下时段的每一点只是一持存，而且只是相关于基本时段的一意向性点，后者存于相关 U_x 的 X 之后。在此侧我们也有另一类似的特殊充实化，基本系列的意识相关项以该充实化为标示。它们是上半部诸预存的顶点，最大充实化之点，按照下半部的诸持存也是顶点，最小"去实化"的点。上部过程（按照其上部流动的一般过程）随着每一新时相通向一最大化"充实"点或含有一"充实化"的最大化时相①。但是并不存在作为过渡（此过渡是意识具有的类似特征）的"最小充实点"，因为直观性之零界限并非有别于晦暗场。它是一种观念，我们将此种观念置于

———————————

① 标示以 terminus ad quem（最后时刻）。

渐增过程中。

下部过程（U 过程之下部流动）连同其每一时段时相通向一被标示之点，通向充实之一最大化点，而元过程在每一时相之下部流动中从一"最大充实点"出发（此最大化点由上部流动之最大充实化所给予），而且每一时相 U_x 的下部流动在于将此最大化充实去实化，而且在每一新时相中开始了一新的最大化时相之新去实化，不断地连接于过去的最大化时相之继续的去实化或其去实化之去实化。此过程在上部流动中从虚空（不是作为参与一标示化的点）出发，在此不是指涉虚空，而且此虚空也不是被标示之点。

§ 4. 元过程：思考步骤

现在我们可以说：

1) 元过程是一无限的"预存的"过程，即这样一过程，它从被描述的 U_x 连续体过渡到不断更新的 U，而且在每一时相 U_x 中存在一朝向一新时相过渡的"意识倾向"，而且每一出现的时相其本身都相符于过去的倾向。如此连续下去。充实化在此意味着"进入一倾向之意义"。也就是，倾向在此意指着一意识样式，而且是进入倾向意义者及已进入者〔Eingetretene〕，即为在意识本身内被意识者，而且再次成为朝向一"将到来者"的倾向。在此，每一时相都是意向，以及是无限的充实化。作为意识连续体之一过程的元过程具有此一般特征，其中每一时相都无限地具有其两侧，即人们可以在此两侧选择过程时相的（连续体 U_x 的）任何一点作为零点，而且过程由此而具有两个对立的方向以及沿两侧展开的无限性。这意味着，人们并不考虑 U_x 的特殊结构。但是一基本特性是：U_x 过渡到 U_y，以及每一 U 在一方向上过渡到新的 U，但反过来并不如此。"永久的"过程，不终止的过程，不可能逆转，本质上每一 U_x 都相对于每一 U_y 被刻画为在先或在后，而且这是一种次序，它像数列中的每一数之间不可逆反一样地不可逆反，虽然在此并非相关于种属问题，而是相关于个体问题。因此，我们有一 U_x 系列的固定次序，我们用诸平行线过渡的连续次序对其加以图示，它产生了一个平面，如：

2）但是此图式也包括使过渡之意义清晰者，按照几何学的说法，即此平面产生方式的确定性，每一系列诸点固定合法地归入每一其他系列诸点。现在这意味着，合乎法则地不断"下沉的"每一 U_x，都以确定方式过渡到以后的每一 U_x。

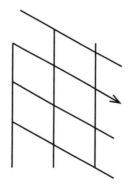

此下沉行为所意指者，首先还不是相关于其本身，它可能首先只是意指着此平面之产生性的秩序之一致性。因此到现在为止我们还未获得水平方向的任何优先性。后者首先正是由 U_x 特殊结构所标示者。在此问题相关于：

3a）基本系列的优先性和特殊"充实化"之法则性及其去实化之相反法则性。U_x 的意识时相具有一种变化着的相对充实性或核心性，而且每一 U_x 都有并仅有一唯一时相，后者包含着一种最大化的核心性。此核心可能是任意多种多样的。尽管核心是多种多样的，具有最大化核心的相关时相（我们称之为元时相）中的每一个都具有最大化的充实性，或者整体意识 U_x，通过相关于它的此点 U_x^m 才具有最大化充实性。此"元核心"仅只是其所是，仅只作为意向性上封闭的核心，如无此意识它就不可能存在，并最终仅只作为 U_x 的一元过程中的、在如此一 U_x 内的如

32

此时相的核心。同样，每一其他时相 $U_x^{\pm a}$ 具有其改变了的、非最大化的核心性，后者作为这样一种渐近性，即在每一 U_x 内此核心性作为一强化的因素减弱至零，在两侧均如此，以至于我们具有 $\pm U_x^o$ 或者说 U_x^{+o} U_x^{-o}，但是在这里无限的时段继续性在双侧成为零内容的〔nullhaft〕、空的。让我们与前面所讨论者比较一下。因此现在对于从 m 开始的每一 U_x 来说，都规定有一看到的和否定的方向或一肯定的和否定的分支。

3b）那么何种法则将一切元核心和被改变的核心彼此结合，并因此也把肯定的和否定的方向的零核心结合呢？因为后者，尽管其零内容性、其空无性，作为 U_x 内的各意识时相 U_x 之空核心，也有其区别性。在一同样被标示的肯定性的一切 U 和在一同样被标示的否定性的一切 U 中我们该如何表示呢？回答在于意向性归属的确定法则性，此归属关系前面尚未能加以确定。

在 U 系列和 U 系列在以确定方式彼此过渡的元过程中，一肯定的空无或带有直到最大化的渐进充实性的肯定分支，具有这样的特征：此过程，以明确的以及以与每一 U_x 具类似级次的或相同意义的方式，连续地将空无性过渡到相应的充实性，并最终连续地过渡到一明确的最大化点。每一肯定的时段本身都有一最大化点，而一切其他非最大化点（非具有充分核心的）都具有一意向性，它不断地指涉作为 terminus ad quem（最后时刻）的一最大化点。其图示意义是：

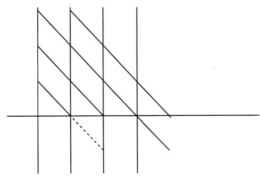

因此在 U_x 的特殊意向性之"上侧"或正向侧（$+U_x$）中，在过程之行进中含有一连续意向性渐增之时刻，或者说，是一时刻连续体，它全部（直到 U_x 内的最大化点本身）朝向在其中终止的未来最大化点，而且

在＋U$_x$ 中相关点 u^m 越靠近最大化点，就越早达至其"目的"，而且在此过程中一切最直接的、固定的、对于过程的一切时段均以齐一性的方式进行。此一包含在意向性本身的渐进性法则和在不断更新的最大化中的时限确定法则，从作为"点系统"的平行射线系统开始，意指着一"元核心直线"〔Urkerngerade〕以及在该法则下意指着一对于平行直线的"水平朝向"。

以上说明于是也适用于对于负向的半射线－U$_x$（U$_x$ 的下侧）。在时间构成性的意向性本质中，每一最大化意识点（对应而言：其意向性相关项）立即"稀薄化"。于是正如加晕线方向上的意识点（它从上部朝向作为基本直线的核心直线）达到此直线并达至其渐进点一样，它再次进入"下沉"。

§5. 在元流动中的前进性充实化和去实化之关联体中的新图示表达。在持存性变样化和预存性变样化关联体内体验时间之构成

为了指示此渐增与下沉，我们可引进一种无论如何是所需要的改变的图式表达[1]。U$_x$ 实际上不应图示为一具有两个分支的直线，而应图示为具有不同"占据段"的两个相互混杂的直线，虽然是彼此完全对称的。然而我们不能说，一种连续的同类的过渡进行于－∞和＋∞之间。因此我们最好通过一角图形进行图式表达，将完全平行的系统表示为这样两个系统，它们作为两个半平面形成了一个平面角，其交叉线是 E-E 线。因此我们想象，纸张在 EE 中被折叠，而且 EE 向上翻转，超过纸张平面。此过程于是如此进行，在正向的平面上，即在渐进的平面上，全部流动流向连接线，并在那里不断地达到最大化点。当此通过空间上较高点表示的点被达到，朝向否定侧、去实化侧的下沉就立即开始。去实化再次是根基于过程意向性本质内的一事件，一相关性的渐进性，后者在

---

① 新图示法：朝向现在的未来意识之平面，朝向作为"现代线"的时间线流动着，而且远离现在的"持存"平面，沿着离开时间线方向流动着。

过程本身并不断在每一 U_x 时相中起着重要作用。实际上不应将其表示为充实化之否定，因为任何"较下的" U_{x-} 点不可能相当于与类似的空无对应的较高点。每一 U_x 都有其本质内容，它在整体过程中为其规定位置，从此观点出发，新的图示表达法获得正当性，而且关于正向的和负向的说法才具有意义，正如我们在相反的对立面中谈论它们时一样。按此描述法，元流动为一流动，一连续体，它本身由作为其诸时相的全面未限界的单维连续体所构成。但是此全面双侧连续体（一双侧连续的"点复多体"）是以作为一双侧流动的两"半平面"构成的，其中每一侧都是由一双维连续体构成的，而此连续体是由一单维复多体单侧地限定的，并且在此单维复多体内两个连续体相互混杂着。

在时间构成性的意识之意向性本质中标示的连接线，具有作为相关项的现象学时间，此体验时间是时延性的现象，它在其中有时是变化的，有时是不变化的。此现象是最大化核心连续体，即被设想为形式的时间。作为被设想为带有内容之形式，它是时间对象，在其中此内容统一性（此统一体赋予时间中多重"核心占据"〔Kernbelegungen〕以一过程之特殊统一性）由特殊的本质法则所规定，此本质法则属于时间充实性（即属于元核心）。"当下"是最大充实化的一意识点的相关项形式，因此即一连接点〔Kantenpunktes〕的相关项形式。时间之意识是"点序列" *36* 之意识，其中每一点都只能被意识为现实的当下或过去的、未来的当下。元过程的每一时刻（每一时相 U_x）都是一实际当下之意识，并同时是一持存之被意识的"当下连续体"，它带有连续的过去性特征，即"预先"〔Vorhin〕之特征，在此，每一预先都是一变样化的被意识之当下。对未来也是一样，未来被充实为当下，并可在预期中被标示为未来之当下（由于提前记忆）。

这就是作为点的客观现象学的现在，而且在流程中此连接线是被构成的统一体，就直观性所及，此即在现在样式中的时间。时间点本身是同一的，即按其形式是同一的，它呈现于所与性的不同样式中。时间是同一性对象的形式，此对象必定在现在、过去、未来之定位形式中被构成。

以上所谈并无任何难点。时间的构成是通过在流动中连续被刻画为充实化的连接线意识实行的，但是此连接线意识只被设想为两个流动的交界线或连接线。在时间的所与性方式中我们有一连续的相继序列，一连续的流动。在此我们必须区分事件点所与性出现之相继性和流动中之相继性，后者由此才有可能。在两个半平面中垂直线连续相继地交叉，以至于对应中的诸点相互交融（沿斜线方向）。此相继性序列，对应的诸点沿斜线之相继出现，不是因此被限定的相继性序列：诸点 $E_0 E_1 \ldots$

37　　到现在为止我们的描述都没有考虑这样的事实：在一过程中流动的此意向性连续体内各种各样的事件被构成着，因此在每一 U_x 时相中诸多事件最终都是在预存中及持存中被意识到的，而且在这里一事件停止了，另一事件开始，所有的事件或其时间段都是同时被意识到的。如果一事件开始，那么在起始点上欠缺着每一与其自身相关的持存。因此，此事件的 U_x（特别属于事件者）在起始点上没有下部分支，而且所替代的是无限进行中的上部分支，但它极其可能是空的。我说极其可能是空的，因为最初在预存维上一"继续进行"经由类似性被加以指示，只不过未被确定而已[①]。在事件的进程中持存维分支从零增长到一最大值，即事件的终点，在这里直观性最初是充分的，并按其时段增长到其最大值；于是直观性的最大值在形式上始终被保持着，只是进行的方式不同，虽然此时段朝向非直观的以及最终非区别性的敞开性扩展着，但在行进中采取着一不断更新的意向性内容，它相当于一种蕴含性的扩展。

　　在事件结束后，不断更新的持存维分支从上方瓦解着自身，即从上方失去了直观性时相，失去了区分性，而且最终仅只留下了无限性，在这里问题是要了解此无限性本身在何种程度上能够经验到一种变化。我们仍然需要说，当事件不是"太小"时，我们必定在时段中具有充分持存的分支线。但另一方面需要说，非区分性的蕴含意义领域不可能具有无限开放性的特征，而是包含着可能再忆的隐含中确定的时段，正是此时段相关于已流逝的时段。因此我们必须以同一方式，对于完全晦暗领域像对明亮而分辨的领域一样，继续绘制图式，并且说，意向性分支不断地增长，只要事件延续着，除非在现象学上，在分支的所与性方式上，

　　　① 一未被期待的开端不可能被欣然采纳。

视域缩短着以及一表面上的视域永远存在着，但它在确定的时段上，在意向性上是可以瓦解的。

另一方面，关于预存维分支，它在起始点上是"无限地"展开的，只要在事件的未来展开中它保持着开放性；仍然存在一种我们须排除的情况，即当由过去的事件或由过去的经验确定的预期不是朝向未来时。一事件越向前行进，它自身就越加提供区分化的预存，"过去的方式被投射向未来"。

然而整体而言，在持存和预存之间存在一种较大的区别，它相关于意向性内容中的确定性。持存性分支的流程或刚出现的持存性分支的每一意向性内容的流程，在确定内容方面影响着预存并为其规定着意义。此规定性，此动机化，是可被察觉者。

§6. 最终构成性意识在每一时相上均具有正向的及负向的倾向。躯体性的现在作为变样化的零点

我们[①]已经在本质上阐明了充实化的两种意义，但仍须对所获得的明晰性进一步加以澄清，以排除歧义性。例如我们应该说，构成着统一性流动的该最终构成性意识，在每一时相中（U_{x+}，U_{x-}）均是"关于……的意识"；对某来者〔hin〕的意向和对某去者〔weg〕的意向；或者也可说是有朝向的倾向，正朝向的和负朝向的倾向。有朝向性，对……的倾向，就是在其最原初的本质内涵中的"有关……的意识"之基本特性[②]。作为正向的和负向的倾向或朝向性，它们都有一"最后时限"或"起始时限"，只要两个意识之每一片刻时相都是合一的，它们自身就兼具二者。但是我们必须更准确地说，每一片刻意识都是一意识点连续体，其中每一连续体都是意识，因此是针对某来者或某去者的、或正向或负向的朝向性。这就是，除了过渡时相外，二者中的每一个都适用于每一逐

---

　　①　再一次改善本段表述。
　　②　倾向不是努力，负向的倾向不是"抗拒"（逆反倾向）；正向的倾向是在某来者方向上的渐增性，而在过程中强度在增加着：每一正向的倾向有一充实化度－＋，一去实化，一"目的"靠近度。负向的倾向是在某去者方向上的渐增性，一种变化中的距离以及流动中距离的增加。

点逐刻的时相〔punktuelle Phase〕。

　　一个相对的意识具体项〔Konkretum〕，如 U_x，都可以是"一中有二者"：对……朝向者和离开……朝向者，并只有通过这样的方式成为"二中统一者"：意识之单义朝向的诸点聚集为连续的统一体，并在诸点的连续过渡中包含着中性点。在每一时相 U 中，一切充实度都在形式上有其代表者，从近处的零度开始进行无限的展开，并从远处的零度开始进行无限的展开。上部时段统一体为一只是正朝向的及连续彼此交叉诸点时相的意识交融体，并产生着一线性意识，它作为整体具有一正朝向。同样，对于下部时段和负朝向，二者在一分界点上，在近处零点和远处零点间，发生了冲突，每一时段上诸点可彼此相互协调。意识点本身是预先被意向的意识，而且在其中达到了"最后时限"，而对于下部时段来说，意识点就是逐点意识，它本身还没有离开其时限，而是存在于过程中；只是在后来的 U_x 中，意识变化中的同一点才被意识为冲突点，即意识从其退离之点。因此，一意识只是作为两个时段连续体的分界点才可能存在，它作为界限实际上既非近也非远，而是绝对近（近之最大值）和远之最小值。

　　零点即饱和意识（近时刻的饱和点），正倾向之零点，"具充实性"〔Erfüllung〕。在被充实过程中，作为"近"之充实度的不断增大过程（因此沿着图式上部斜方向线前进着），零点就是充分达成之意识点，或者原初意识，躯体性"自存"的、"直接"具有的意识，也就是这样的意识，在其中其被意识的"对象"具有此所与性样式，后者正是标示以"躯体性现在"的，其现在性即作为实在的内在性，作为原初地被意识者，或如人们可能以其他方式称之者。原初意识是直观性意识。一切非直观的意识都是间接性的，是须待充实的，是指涉着可能的充实化过程的。这就是一般地为意识所产生者，此意识已经在时间领域成为被构成的对象。在此，在最原初的意识中，或同样在原初意识流中，非直观性必然朝向作为被充实性的充实化之过渡阶段，并如此以中间方式连续朝向"其对象"。因此，中间性相当于充实性度①，而且非中间性即相当于

　　40

──────────

　　① 也应提及非确定性之渐增性。一切非确定性意识都是中间性的。原初意识是完全的确定性。非直观性和不完全的直观性即不完全的确定性。

充实性本身，此即被取消的意向：人们也可以说，意向"不再是意向"，而是以自身躯体性方式具有其对象。因此"意向"正像意识之中间性一样，意味着在意向关联体内永远是意向性地发挥着作用，但作为分界点正是被取消的意向，是直接原初性的意识。对于对象本身来说，"正向倾向"一词和"被取消的倾向"一词仍然是相等的。或者预存最终也是预先朝向将到来的对象。

　　当我们注意到负向意向时，情况也是类似的。此负向的倾向即带有方向线的图式下部之意识朝向，它具有持存而非预存，此持存在"过去远"样式中并在过去去实化流动中意识着对象，因此在这里，意识之意向性意义在一"过去的'远度'"样式中，一"过去的'程度'"样式中（于是在此即此"远度"之非确定的一般概念上的"过去"），意识着对象，而预存在其意向性意义上，在"未来"之诺耶玛样式中（未来即该相对的"近度"或"趋近化"之一般性概念），以及在每一流动中增加的"未来度"中，意识着对象。个别的内在性存在（存在者，因此在最原初意义上的存在者）只是在意识流中作为被构成者，而且它必然在一当下之"纯原初性"或"元原初性"样式中，在一中间性的对当下之正向意向中，被原初地给予，而此当下即相当于将到来者、未来者，以及在负向意向之相应时相中逐渐刚逝去者，以及"变样化"：未被变样的意识是原初性意识，即躯体性自身之意识，而且这就是所谓未变样化的所与性方式。自身之意识根基于诸意向的连续相符性关系，但自身是在变样化的所与性方式中的每一单纯意向中被意识的。

　　作为躯体性样式中的存在之当下存在，作为具有自身现前化的存在之当下存在，是一切其他样式均与其相关的样式；过去者不是存在（存在本身，当下存在），而是曾经存在之存在。未来者首先是未来存在。当下存在只是"现实存在"，它是在充实化意识中被给予者。

　　过去者要求我们涉及变样化，过去者不仅是在另一所与性方式中被给予者，而且是作为"过去的当下"被给予者；未来者即未来的当下。但是这将引入有关"现在""充实化"等词语的相对性及其新的意义了。

41

§7. 时间对象意识及时流意识

意识流是双重"意向"之流，但是这是从某种观点导出的其本质特征。我们在此引出了某种正向的及负向的增长概念，它赋予了图式中的，以及一切均与之相关的基本线上的横向朝向以意义，并赋予此相关性本身以意义。但在一切其瞬间时相和其时相点上的意识，不仅是在所描述的意义上朝向其对象，此对象出现于 EE 直线内其躯体性的自身中①。

意识不只是纯实质意识，即关于其"第一"对象之意识，而且也是"内部的"意识，即关于其自身之意识以及其意向性过程之意识。在第一对象之外它有其"第二"对象。意识有一第一对象，这是一绝对的对象，此对象由现象学上（第一的）时间构成流所标示：它在 EE′ 线上被标示，或着同样，为饱和点或零点 $U_x m$ 的每一 U_x 所标示。但是意识具有无限多的对象，它们彼此并无区别地均可具有"朝向性"特征，而诸对象彼此并不区别，意识由于其意向性意识着一切对象，而意识并不以特殊方式意念着〔intendiert〕对象。在其相对于到来或离去间的零点的意识是这样一种意向，它具有存于其本质中的中间性；每一意向都处于过渡中，穿过不断更新的意向，以及在此过程中不仅是最终意向（如果我们要涉及这样一种连续体的话）被"充实"，而且每一意向都被充实；零点是每一过去的意向之充实，但这是由于每一后来的意向在某种方式上包含着过去的意向，不是实在的而是意识中的，以至于已达成者不再只是其"本身"之意识，而是作为其 U_x 的终点（作为其具体意识）具有意识蕴含中瞄向它的一切在先的意向性时相。但是这是某种可"被察觉"者，注意力可以朝向此中间性关联体，朝向此被蕴含者，并偏向针对着第一客体，后者从注意力角度看也是第一位的，对此我们还须进一步说明。意识作为其自意识的意识流具有其现在、过去和未来，具有其序列，具有其在所与性方式中的所意识者，但是在这里我们现在应讨论各种不同的观点。

---

① 此"朝向"最终指注意性样式，指把握行为。

我们可以区分：1)①正向的和负向的意向性渐增性的连续秩序。

a）在每一（U_{x+}，U_{x-}）中的意向性渐增性之每一分支的连续秩序，以及两个秩序结合为一个连续秩序 U_x，由于正向渐增性的最大化点与负向渐增性的最小化点是等同的，每一分支都具有一在此被假定的意识统一体。

b）我们具有一 U_x 秩序，即序列秩序、过程秩序以及意识秩序，即一种秩序，它在每一 U_x 中被意识到，只要其中每一点在意识中（在广义的意向中）都"包含着"贯穿它的斜线意识点的全体系列。

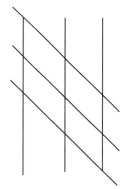

每一 U_x 点沿着"变样化"过程中唯一的方向前进，而且在此过程中每一 U_{x-} 点均如此。在此并未考虑基本线的特征。基本线只是来自正向性和负向性之特殊性以及相关的渐进性关系，后者是通向分界点的一线性连续体，而且此渐进性连续体与过程连续体本身相互符合，因此与明晰性的、沿一唯一方向行进的序列相互符合。

44

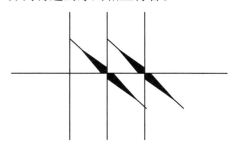

---

① 标号"2)"手稿中未发现。——原编者注

基本线是最大点或最小点的几何位置（接近和远离的相符点、渐增点），因为过程连续体同时是一序列连续体，在序列中过程不只是连续过程，而且也是靠近和离开最大点的过程。因此，时间相继序列首先是由意识流的特殊性构成的，由此它一般正是一对连续性序列之意识。但它是这样一个序列，在其中已经存在一时间性，而且其中包含着：它不仅一般地是一"存在着的"〔seienden〕连续体意识，而且此连续体显现于多种多样的所与性方式中，显现序列的每一点都"贯穿着"作为所与性方式的未来、现在、过去，并因此存在于在那里显现为时间性的连续体中，连续体"不断地"被区分为显现在过去样式中的分支，显现为未来的分支，以及显现为过去点、现在点的分支。意识存在着，作为流动存在着，并成为意识流，它本身显现为流动。我们也可以说，此流动之存在是一"被自身知觉"〔Sich-selbst-Wahrnehmen〕（在此我们并不将注意性把握视为知觉之本质），在其中被知觉者之存在是内在性的。这如何可能以及如何对其理解，正是本研究的重要而持续讨论的问题所在。

§8. 关于现实性和非现实性的现在意识。
有限的意识和上帝般的意识

意识是一流动，但它不是如水流般的流动，因水流在客观时间内有其存在。意识流不存在于客观时间内，即通常意义上的时间内，不如说它带有此时间，即一切客体的、首先是一切第一层阶先验性客体的形式，后者包含着一切属于它的超越性事件（以及外部时间内的外部事物）。但另外，意识本身是一流动。它本身具有一存在形式——时间，后者正是一流动。（排除了意识是心理上可知觉者，而且此心理意识流必然是一客观时间内之流，此流动本身被包含在先验纯粹意识流中，它与心理意识流以特殊方式相互符合）。意识是现在意识，后者本身是关于现在意识之意识，而且仅只作为现在意识，意识才是"现实的"，而且因此它在其现实性中包含着其现实性或现在性之意识。意识不仅是现在或现实性，它也是过去存在和将要存在，作为在其现实性中的现在意识，它同时是一过去意识流的意识和一将来意识流的意识。作为现在者它是现实，但现在变为过去，现实就变成非现实，而且未来就变成现在，非现实就变成现实。于是它也存在于现在或现实之意识中。但是非现实不是一空无，而是一"过去真实的存在"和"未来真实的存在"，以及一切也存在于每一现在之意识中。现在是一无所不包的、所谓无所不知的关于自身及其一切意向性内容的意识——其结构潜在地包含着世界之遍在——作为观念的可能性，只要我们考虑到意识流之过去与未来在其中交融之晦暗边缘域的话，而且限制着意识之自知觉完全性者是一可设想为无限扩展者，以至于一作为"观念"的无所不知的"上帝般的"意识增长着，此意识自身包含着充分的清晰性。甚至"有限的"意识也是无所不知的，其意向性也包括其全部过去和未来，但其中只有部分是清晰的，其余部分仍然是晦暗的，但此晦暗性实际上是潜在的清晰性和再忆性。

46

§9. 在其现实化和去现实化的连续变化流中之自意识

我们来继续讨论我们的主要问题。我们如何理解"内意识"，意识流之自意识，即在其每一时相中并因此在其"遍知性"中的意识？仅只通过作为意识点连续体以及作为"意向性"元时相的构建，并通过此构建之特殊性，但最初排除掉有关意向性及其饱和点之正向负向特殊性之考虑。如我们所说，每一片刻意识 U_x 本身都是未来之预存和过去之持存。这就是，每一时时为现在者的实际片刻意识，其自身都有一双重视域，它在每一点上都是既向前朝向的又向后转向的意识。U_x 在流动中不仅一般地变化为一新的 U_x，而且它在 U_x 的每一时相点上都是其在实现中变化着的"前意识"；现实性即一预期意识之实现化。过程不断如此进行着。反之，每一 U_x 都是向后变化的，都是已逝去者之"持存"，而且此已逝去者因此在 U_x 中被意识为已逝去者。如果现在的意识 U_x 变化为一新的意识，那么未来视域不仅"被实现为"连续的过渡，而且 U_x 也被连续地实现为一新的现实，即 U_x 的持存，以至于实际成为意识的每一持存，它们在连续流动中都被意识为持存之持存，如此等等。

47

我们先前已经对此加以详述。但在此主要之点是，随着此属于每一 U_x 本质的"预存"与"持存"，随着在其更新中包含着全部 U_x 之持存的

U_x 的变化——其去现实化与其中前意识之一现实化合，问题相关于一连续性过程，此过程进行于两个相互关联而具一致性的变化中、变样化中。如果我们谈到其他过程中的预存之一充实化，那么此充实化，在其类型的直接性中以及对于中间性的诸分离点来说，就是某种预先无界限规定的、无限充分的相同者。对于持存的变样化而言也是一样。

【注解】

或许我在以下描述中留下了重要的遗漏：我往往仅只考虑和指出，每一片刻意识本身包含着预存和持存及其具有的相关结构，但没有谈到，对于流动之意识来说必然时时刻刻存在的，是作为完全独一性的"过渡"意识。现在片刻被变样化，过渡到被变样化的 U_x，而变样化的特征在某种意义上是由其自身本质规定的（即作为"对……的意识"，"……的持存"）。但是变样化仍然也意味着一种自变化，即在渐增的被变化者之变化中的 U_x 之自变化（因此不只是某物之变化，而且也是被意识为变化者），一种作为变化中存在之流动的连续意识。我提出了按其时相的流动之结构，但关于活生生的流动之意识呢？对此应该说什么呢？在意向性变化中全体意识不只时时刻刻永远是新的意识，带有新的意向性，它向后指涉着旧的意向性并向前指涉着新的意向性，而且在此过程中它永远是新的，是在流动中的，是变化着的，而且关于过去与未来的意识也是变化着的，也存在相关于此一切之意识。一种如此被结构化的流动意识，必然是有关自身流动之意识。这不是一目了然的吗？

_48_

———————————

每一 U_x 都存在于过去之预存的充实化过程中，并间接地存在于更早在先过去的预存中（它属于在先序列的 U_x），而且另一方面它是直接地在下一 U_x 中以及间接地在再下一 U_x 中于持存上被变样的。

§ 10. 补充问题：流动中的非连续性

我曾随意地忽略了补充的问题，但充分意识到这是为了使我容易处理问题。明确地说，我永远关注着一种连续性的事件。

停留在一时间事件上，它作为有终点者被构建于单一的时间对象上。

预存、预期具有直观性吗？而且如果到来者为空无，预见到的（如果实际有的话）是什么呢？

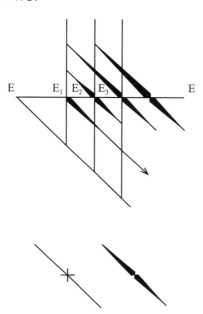

49

EE 是交结点的、最大点的几何学位置。对注意力关系的思考（它开始于 β₂ 及以下预存图表的说明之前）①。

---

① 对此参见 LI3. Bl，本书第 259 页，第 22 行及以下。——原编者注

Nr. 3　元现前之持存的及再产生性的准现前化

§1. 在知觉、持存、再忆及想象中的同一客体统握中的清晰性变样化

在想象中我们区分：

1）清晰想象，它在"似乎"样式中呈现一现在的现实，使其本身准现前化；

2）一非清晰的、不稳定的想象，它通过虚弱的、部分流动的、不适当的"想象形象"，有如"通过一层云雾"，再现着客体。颜色、形态具有特殊变动性，或颜色在灰暗中变化着，具有某种流动的、不稳定的特征——而且可能突然出现一种鲜明的想象形象。非清晰者是一种呈现化媒介；我的意念〔Meinung〕统一体穿过了一切不稳定因素，我意念着同一物。客体并不随着此非清晰性的所与性方式而变化。因此我在非清晰中具有客体本身的准所与性，有如在非清晰中其多种多样变化中的所与性是"穿过"流动的、不稳定的非清晰因素被给予的。此所与性方式即"显现化"，与其相对立的是，清晰性代表着"充实化者"本身，如果清晰性出现的话。于是，就带有其消失中的呈现化的持存而言，被持存者〔Retendierten〕的再忆就"准现前化"着过去者"本身"，即被呈现的当下。

在同样的方式上我们有再忆中的区别：清晰的记忆准现前化着客体，作为准现前的过程本身，在清晰性中被准原初性地意识着。但是在再忆

的非清晰中我们没有一准知觉"本身",而是通过一中介作用具有其所与性方式或其客体的所与性方式。

但是应该注意,问题并非真的在于形象再现〔Abbildung〕,虽然我 *51*
们谈到清晰的或不清晰的(成为不清晰的,沉入不清晰中的)"记忆形象"("想象形象")。清晰性是一种界限,它连续地过渡到非连续性,或反之。我们可以说,再产生的材料(在每一事例中具有再产生特征)在一朝向中具有连续地变化性,我们称此朝向性为"成为非鲜活性",即一种强度上的区别性,与此区别性连接在一起的,是材料的消失和其被另一材料取代,或者说颜色的褪色与颜色的消失等同时发生(而且或许是本质上必然地发生)。人们也许可以说,存在相同的区别性,它在感觉区域内以黯淡模糊性出现:一种"强度"概念,它可同样运用于一切感觉区域(被嘈杂声压过的钟声在远处消失,几乎听不到了,这不仅是声音强度弱化了,而且也是变为不清晰了,此外,此不清晰性可能导致一种怀疑:"我是否真的听到过钟声?"而极其微弱而清晰的钢琴声却可能是清楚的,因此并不可能导致此类怀疑)。非清晰的被再忆者对我是"在远处的",清晰的被再忆者对我是"在近处的"。但是在其清晰性层阶上,每一再忆在一统一的现在,在意识序列中并无一位置,而是仅只在比较中,在与时间定位之固定的、统一的意识序列的区别中,获得其位置。在流动中的以及在逐点逐段方式上连续减弱其清晰性的再忆或想象行为中,我们连续地、不中断地具有对象意识的统一性:如一准现前的过程等,而且意识是处于无中断地呈现变化中的。它不是明确区别于非清晰性意识的清晰意识。正如在一开始的照明变化时的知觉中那样:如同同一对象永远不中断地被知觉着,虽然非清晰的消失中的感觉材料,现在不再是完全原初性地呈现着它了,而是成为一种"中介者"〔Medium〕,而"直接者"〔das Unmittelbare〕是通过此中介者被给予的。

困难在于理解此样态性。如果对象的统握是同一类型的,而且如果 *52*
材料是呈现性的,那么被改变的感觉材料似乎仍然必定产生着不同的并连续改变着的对象。因此,对象的统握似乎必定随着呈现性的内容而改变。当我使感觉材料本身成为对象时已经是如此了。我将内容视为对象本身,而且它改变着,就像在消失中的声音之变化那样,于是我必定不断更新地意识着其他的对象。

但是当呈现着的材料以某种方式减弱其声音时，在"强度"和"充实性"上消失时，一度被实行的对象意识继续被维持着，设定或准设定仍然保持着其意义。换言之：持存之统一性穿过了一切非清晰性变化，而且持存是一双重者〔Zweifältiges〕。我们必须区分：1）时间意识的持存，它属于清晰性的恒定领域，只要一不断更新的实际现在（元现前）之连续平允清晰性中包含一固定的变化方式，在每一当下中被设定者〔Gesetzte〕始终在统握中被维持着①。

2）作为此方式的弱化，例如清晰的再忆变为不清晰的再忆。不只是时间过程继续着："一切相对于一新的'不清晰性朝向'在变化着"（变为不清晰的过程，被分为两相对的层阶），元现前之色调变弱，而且"此弱化出现于一切时间变化中，只要此弱化属于一恒定的清晰性"。我们在此遇到一仍要继续遵循的一般性法则，因为我们的描述仍须继续深化。但更为重要的是：看来不应讨论过快，我们在此应该区分有关"非活跃性演变"之两种变样化。或者同样，除非时间意识以其特有的方式给予了一固定秩序，在这里问题不是相关于活跃性的确定程度，而只是相关于其相对的程度，但等级位置是通过与"元涌现的当下"之关系规定的。

同样可以理解，为什么想象与一般再产生（再忆）特有的活跃性的这样一种变样化，不被理解为被记忆者之改变，而是被理解为所谓"照明化"之改变，在其中被记忆者之所与性清晰度在改变，明亮度在改变。这就是，如果一次改变被意识到，例如当明亮的红色趋于黯淡，那么客观上就进入了改变，那么这就不再相关于流逝的时相，不再相关于时间意识及其呈现性之样态了。此时仅有原初地出现于"原初当下者"在影响着此流动之变化。但是如果一次记忆变为不清晰的，那么一种"云翳"就不仅覆盖着当下，而且覆盖着全部时间意识消失中的系列。对此而言，每一弱化都是整体系列的弱化，而且显然，时间秩序中的时相因此将趋

---

① 正如空间中的静止是常态一样（这使得运动被统觉到），静止的清晰性〔Klarheit-Ruhe〕对于变化的清晰性〔Schwanken der Klarheit〕也是常态，对于统握对象来说常态则是完全的清晰性，二者应该再次加以区分。

于混乱。

一对象意识（一对象为其而被构成的意识）是在其统握中被维持着的，如果被构成的对象变为不清晰了的话，或者同样，如果充当着客观化材料的"再现性的"内容经受着一种去清晰化的、黯淡化的、非活跃化的变样的话。一种"持存"的统一性贯穿于这一切。由于此持存，作为原初呈现的此"自呈现化"〔Selbstdarstellung〕连续地以"中间性方式"过渡为这样的呈现化，它"以中间性方式"穿越过非清晰者，此非清晰者呈现着，但以变异方式呈现着①。

本质上它包括一种更新中的清晰再忆，后者使此原始物本身被意识到，并使得与非清晰的呈现化之距离明显可见。此结论既适用于时间意识，也适用于任意的想象意识及其非清晰性，而且适用于知觉意识，只要它过渡到一非清晰知觉，如过渡到感觉物，后者在"云翳"中，即在昏暗中成为不清晰的（暂不考虑任何因果性的统握，后者呈现着"物客体化"〔Dingobjektivierung〕的一新的意识层次）。在我看来，这是非常重要的思考进展。

当我们说，某物被原始地给予（例如一感觉材料被原始地给予），而且在变化之中，经此变化之中介，它被"呈现"于非清晰物中，那么此原初性的"给予行为"不是在"再现行为"意义上的呈现行为，而是此中介性呈现行为为一再现行为，它不只是对自身有效（尽管它可在另一客观化中有效），它再现着此原始物本身②。这当然是一意识之改变，一统觉之改变，但对象统握的统一性被连续维持着，统觉材料则不断地改变着，并在此变化中（只要它可觉察到）具有"……之变化"的特征，具有"以之为中介"的特征。这就是原初性统握之连续性变样化，此统握通过同一对象的统握统一性，这就是通过原初性的，但不再是最初被构成的意念之持存，被结合于一切时相中。原初性统握仍然潜在地被维持着，即在持存中它不继续通过其进行把握的材料之内容等存在着，而是此内容（可以说）被覆盖〔überdeckt〕以变样化了的内容，并经由其

54

---

① 自呈现的构成性规范：不变性，每一当下时相具有同一内容。

② 但是再现行为意味着再现前化，而这并非一直如此。

而被意识到，并且在此覆盖中，进行覆盖的中介者"代替"了被覆盖者，并"从远处"对其呈现着，如果类似性是足够的话（例如就被再产生的减淡的颜色相对于明亮的颜色而言）。

这对于复多体中通常"物呈现"之结构的阐明也是重要的，在那里对一最佳点的关系是一被实行的关系。在那里我们也有"通过……显现"〔Durch-Scheinen〕，间接地有"通过……意指"〔Durch-Meinen〕。这只相关于统一性之形成，而不必考虑空间秩序之构成：如视觉场的构成。在那里，一种清晰性也是经由非清晰性复多体而被继续维持着的（此即知觉的非清晰性）。于是再次存在连续变动中的"形象复多体"，同一颜色、同一图形、同一平面大小以及同一颜色平面的变化，是通过一切变化被把握的，即相关于一种最佳值被把握，诸变化在相关于此最佳值时变被降低化或弱化；在这里我们具有相关于清晰性与非清晰性间的层级性〔Abstufungen〕比喻，非清晰者按其意义在此即一清晰者的非清晰性，即其变样化（各领域皆然）。单只连续性还不够，此外还包括最佳值之刺激，一般来说，即一作为被把握者自身的最佳值之刺激，后者是与此被把握者自身的一切降低化因素相对而言的。

§2. 持存及准现前化。持存与想象及形象意识不同，它不是再产生，而是一印象性意识因素。元现前及消退〔Abklang〕

持存（"后现前化"意识）根本不应被视为记忆，因此不应被称作最初记忆。<u>它也不是再现前化</u>。

一记忆（再忆）是一意识，它使非现前物成为类似现前者，并因此设定它是现实的。准现前化之"准设定"〔Quasi-These〕"参与着"〔mit-gemacht〕一现实性设定。一想象是一意识，它实行着"准现前化"并因此实行着"准设定"。持存是一意识，它使得"不再现前者"仍然被维持着——这是如何实行的呢？内容被变化着：但它变成了一想象质素了吗？而且，如果我使得已被持存者成为"再生存者"，我是再产生着该想象质素吗？我必须再次重复说，不是的。一方面，我的确断定：想象质素中存在着一种连续的内容变化。但在想象和知觉间不是存在明显区别吗？

而且想象质素不是感觉之想象演变吗？现前化在持存中的演变里（也可称之为"后现前化"〔Postpräsentation〕），我们有一连续的演变，它因此包含着意识之"属的一般项"〔gattungsmäßig Allgemeine〕。与此相应，当下和过去是同类的。另一方面，过去是一过去的当下。我必须区分以消退为标志的呈现方式和被呈现者。而且我们现在可以说，呈现性的内容属于当下，其本身是当下的现在性，有如呈现性的统握行为。这就意味着，如果我思考，那么全部片刻现象（此即时相，它给予了一"现在的片刻体验"，而且因此在连续性中给予了体验时相之过去性系列）再次是一当下现在物。后者是一恒定形式，在此形式中只有某物作为反思目光之体验被给予。此外，对于每一具体时间存在也如此，而且一切"呈现性内容"都属于此反思中被给予的现在物，此内容作为元现在物出现在相对自然的态度中。体验时相本身就是现在。 *56*

元时相〔Urphase〕并不呈现，或（如果人们要这样说）它呈现自身。它被意识为最初现前者。另一呈现性片刻被连续地统握为后现前性的，统握着它们的意识是现在，被统握者是后现前的，是过去的。

然而此过去之呈现化不是一准现前化吗？可以同样地描述说：因为在当下意识中一"非当下"被给予，或者在另一意义上，一当下，但非一现在的当下，而是一非现在的当下，是被意识的？

另外，"过去存在"被原初地给予，而不是以可删除的方式给予。此当下是以特殊方式被准现前化的，因此在此作为过去的当下不是现前的，以至于此当下未被给予，而被给予的是过去的存在，即作为"曾在者"之当下的变样化，而且它是"鲜明地"或原初性地被给予的。

但是"被准现在化者"在此并不意味着"似乎现在的"〔gleichsam gegenwärtig〕，其意义有如我们在一再忆中或在一想象中以似乎方式给予了一现在；而且之后同样，以似乎方式给予了一过去，于是此过去是被准现前化的过去。

在此我们需要运用一种更敏锐的现象学式的注意力。在作为一当下意识的呈现性片刻中，一"非当下"被呈现着。但是，如果一当下因此被呈现，不就是因此一准现前化的当下在一准现前化方式中被意识着吗？在一记忆或想象中一非现前物不是通过性质的呈现性材料被准现前化的 *57*

（被再产生的），而是当呈现化发生时，如当我们通过感觉材料意识到一物时，即被准现前化时，感觉材料本身就成为"被准感觉的"〔quasi-empfundene〕材料（＝想象质素），因此是单纯准现在化（再产生化）。但是我们假定，对于过去者的呈现性材料就是当下材料。我们可以想到形象性。在形象意识中我们有现在的材料，一种现在（在知觉中）被构成的形象，在其中呈现着另一"被形象再现者"〔Abgebildete〕。但是"消失中的"声音是一在先声音之"形象"吗？似乎很像是表达着一种本质上类似的意思，也像是表示着，我可以在一再忆中面对着该作为原初者的形象，于是在此运动中的持存可以面对着现在的"曾在者"之再忆：通过同一化作用。

但是我不仅有形象性，而且有一被形象性再现的当下与不断更新的当下之间的关系（并且是一运动性关系）：它是过去的，并相对于此实际的当下是不断过去的。我具有明证性的是：此"被形象性再现的""具形象性的"过去的当下，是与该实际的当下不同的当下，它是一新的当下，而且是与每一已经过去的当下不同的当下。而且在向过去"下沉"中，下沉者的同一性被维持着。当下和其后被连续给予的某物，正是同一的客体点〔Objektpunkt〕和作为时间客体的此同一性客体本身。这就是"被知觉者"，而正是在后呈现化的意识中进行呈现者的连续变化性属于此知觉之本质。如果这是正确的，那么我们必须说：在此连续体中现在的材料不断地变为其他现在的材料，而且现在意识不断地变为一形象意识！但是我们在意识中仍然并无丝毫空隙，而知觉意识和形象意识在离散性上〔diskret〕是不同的。那么我们应该再次放弃我们的假设吗？

58　　我们必须退回来说，持存性意识虽然是一现在的意识，但此持存的感性材料不是现在的，而是在意识中像想象质素那样被变样化的（而且或许就是想象质素本身）——这正与我们前面断定者相反对吗？但是，如果那样我们就必须下决心说：一想象意识可连续地变为一知觉意识，或者相反。在后者中，正是在持存形式中连续发生者，在前者中，可能存在于一想象的"活跃化"中。"我们使自己不断靠近被想象者"，直到我们最终使其现实地出现，即知觉到它。但是这并不适合于时间客体，因为过去者不可能成为现在者。时间意识相对于其时相而言是一特殊的准现在化意识，但仍然是准现在化意识。因此在这里，在知觉和被想象的准现在化之间的连续性过渡是被假定的，是不容置疑的。

因此应当认为，每一时间客体在一知觉中都是原始地被给予的。知觉具有一起始时相，在其中时间时相具有"元涌现的"现前性，是当下现在的，而且此"元现在"是一只有通过抽象才被凸显的、非独立的时相。在排除了一切超越的时间客体时，这首先适合于内部意识中的每一体验。元现在时相是关于元现前内容的意识。如果它是一感觉材料，那么这个材料与其后元现前的意识根本不是它在其中被把握的一个层次；而是：此材料之"具自现在性"〔Selbst-gegenwärtig-Sein〕和作为"具现在性"〔Gegenwärtig-Sein〕之材料的意识，是不可分割地合一的。存在〔Sein〕即作为元现前的"被意识者"〔Bewusst-Sein〕。

与此相联系的是变样化的连续性。我们说，感觉内容无间隙地在过去维上流动。我们说，活跃性的减弱是连续发生的。在过去中流动的声音本身（它本身已经是某种时间上延展之物，在其内部相似的区别或许可被感觉到，但我们之后将达至不可分辨的最终者，即一不可划分的当下）其活跃性并非越来越小，它本身并无变化。它是在内容上被确定的。*59* 如果我们注意一时相，那么我们因此区分了作为过去者的声音本身和其在当下的呈现化，后者带有其活跃性程度，内容上趋弱化程度，以及甚至在其自身凸显的差异性。此呈现化属于当下。此呈现化，此呈现性的"内容"与想象质素是何关系？这正是问题所在。想象质素具有多少不等的活跃性。另外，此波动性对于其呈现化的意义并无任何改变。例如，我想象着一声音材料，但此同一声音材料在活跃性波动中被呈现着，甚至在断断续续中被呈现着。界限则是"完全的活跃性"。如果这是感觉材料，我没有知觉吗？即在同一统握中。这就是此处的问题。在此也出现了微弱声音的问题，黯淡微弱的视觉材料的问题，以及对于它们而言从活跃的想象向知觉过渡的问题。在感觉内部的此微弱性，与想象呈现化的非活跃性和活跃性（想象质素的微弱性）有什么关系呢？

活跃性的连续性：非活跃性是在想象中"被统握的"。在微弱感觉意义上的非活跃性是在知觉上被统握的。此外有客观化问题。想象内容（不是想象质素〔Phantasma〕）被统握为一物之方面〔Aspekt〕，一准现实之方面。感觉内容被统握为一现实物之方面，一现实具体存在之方面，例如因此被统握为相关于塔上钟声的方面。所有这些因此都应在考虑之列。想象质素，非活跃的感性材料可能被统握为微弱的感觉材料。但是这将意味着什么呢？假定并不存在任何真正的内容区别，那就可以说：被统握为呈现着客体、呈现着微弱客观声音的材料，视觉物的诸方面，如此等等。

活跃性的波动行为：很多波动行为都可被把握为客观的波动行为，很多都可被把握为对一准现在的活跃物的呈现行为，一种正确知觉所给予的界限。我们现在就来试图分析。

60　　开端：元现前〔Urpräsenz〕。作为原初者的一感性内容出现，之后接续出现的是作为原初者的一更新的内容，如此等等。一"消退动作"的方式属于一切感性内容。"与其接续者"是一最终者，并且一般而言是"变化"之方式。在消退动作的此变化中不仅消退的内容被意识，而且此内容"意指着"某物，呈现着在其中消退者。此情况在同一系列中一直存在着。此外，相对于一再次更新的出现者，相对于现在，相对于新消退之源点，它不断取得新的位值〔Stellenwert〕。因此在同一事物之呈现中，一连续性连续地贯穿着变化的、呈现的内容。如果在一瞬间注视着属于一事件的呈现性内容本身，那么此内容本身即一当下，也即正在消退者，而且其后呈现性内容同时变成在先呈现性内容。于是存在一呈现化之连续体：…φ（φ（φ…））。

而且，不只是呈现性内容，意识本身都是在其呈现化中逐渐消退的。然而我们不能将此等同于想象质素。时间中呈现性内容完全属于广义的现在。想象质素使我渐离一切现在。想象质素不是感觉材料，元现前的材料，它不是作为消退而出现的材料，不是被把握为元现前的材料（也可参照着作为"当下现在者"的消退之统握方式予以相对地理解），而且它也不是消退中的材料，而是同一物的准现在化，而且是在其消退动作本身中的消退之准现在化。

再产生（＝准现在化）是某种完全不同于现在化的原始时间意识之物，这就是与准现在化相比的原初意识。过去者并不将一当下准现在化！此一说法充满歧义性！在对消退者的过去统握中，我"仍然"现在具有

（虽然是通过呈现化之中介）对象因素，我"仍然"原始地具有它，只不过是移至过去具有它；另外，我所具有者，是作为在元现前中通过一呈现性因素而被呈现者，它是经由另一元现在之消退而被呈现的。因此它当然在当下中被意识为一"不再当下"者，在现在中的一过去者，一不再是现在的"过去之现在"。但是，此准现在化之意义不同于再产生之真正准现在化之意义，再产生是一"似乎意识"〔Gleichsam-Bewusstsein〕，一次再产生。因此持存不是再产生，而是一"印象"之组成部分〔Bestandstück〕①。

印象，即原始性意识〔originale Bewusstsein〕，它恰有这样的本质结构，此结构本身甚至使其在原初者和导出者（但导出者不是再产生者）间具有一特殊区别；而且，作为一绝对意义上的"因素"之原初意识〔Ursprungsbewusstsein〕，连续地过渡为导出的意识，以至于一种同一化在延存中穿越此导出系列，这就是，此原始被给予之某物的原初性统握，被维持为在呈现性内容变化中之某物；而且，对于在此过程中每一呈现化时相的每一新因素来说，一呈现化特性在现象上是相对于变化中的"当下点"，即"过去者"而增长的。

§3. 再产生与持存。在元现前及持存性过去的所与性中之统握及统握内容

一"再准现在化"〔Wiedervergegenwärtigung〕对此构成性系列不可能增加什么（在存于其本质内的自由中，它对立于持存的非自由）。再准现在化是一再产生。在"再次"样式中它又再一次地产生了整个构成性系列，有如我们先前已经说过的。再准现在化不可能连续地过渡到对应的现在化〔Gegenwärtigung〕，而持存可连续地过渡到相应的现前化〔Präsentation〕。前者对于一对象而言不是元构成性的，而持存对于时间对象而言是构成性的。

61

62

---

① 这也适用于"具体的"持存，后者实际上根本不是具体的，因为它只是可被设想为一知觉的结束行为。

因此我们应当在原则上区分持存中的准现在化和再产生。而且，在相关于再产生时相的情况下，此一区分的必要性尤为明显，此"再产生"再次现前化着〔präsentieren〕被记忆事件之"元现前"〔Urpräsenzen〕。"再元现前化"〔Wieder-Urpräsentieren〕不是持存性意识，而且（例如）不是仅由于关联域之故而与其不同。持存之"先前"〔Vorhin〕不是一"再元现在性"〔Wieder-Urgegenwärtig〕，有如再忆的一时相所形成的那种"再元现在性"。此种区别是决定性的！

再者须注意，我们在持存的意识中必须区分以下两种关系：一者是逐点〔punktuellen〕持存与先前的持存间的关系，此即持存与其"变样者"的关系；另一者是逐点持存与"事件点"的关系，而且与此紧密相关的是，一切持存的"元点—变样化"〔Urpunkt-Modifikationen〕与元现前化〔Urpräsentation〕、与"元现前点"的关系。

那么我们是否应该说，元现前化是一元现前之意识，因此此"逐点时相"本身已经具有一意向性体验的特征呢？（而且我们当然将此问题置于内在性的领域，即置于一内在性的时间对象意识内。对于超越性者来说，回答自然是肯定的。）

如果情况如此，那么因此之后应当在元现前中区分体验本身和其中被意识到的意向性客体，并（由于体验应当是一直观的与现前化的体验）应当区分作为统握材料的实在材料和统握之"使活跃化的"特征。相反的观点是：元现前化为一元体验时相，它本身还不具有一意向性体验的特征，但它连续地过渡到这样一种意向性体验，即过渡到一元材料之意识，但此过渡是通过一连续的中介性意向性方式进行的。

元现前时刻是一纯时刻，一"流动"之界限，一变化连续体之界限。元现前材料因此不断地变为另一个材料，变为不断更新的另一个材料，后者在此过程中连续地获得一"使活跃化的"统握，一"再现前者"之特征，一"统握内容"之特征，而且连同此连续变化，在一意向之连续中间性意义上也获得了统握之一变化。我们具有一中间性的渐增性：越靠近元现前之零点，其中间性程度就越低，被意识的元现前就越少，中间性程度就越高，就越成为过去。作为体验的元现前是此过程之起始点，纯界限，如已说过的那样；当注意力和把握行为越朝向"此界限"时，它作为继后者就已经穿越了"持存性变样化",穿越了已经连接了的"关于……的意识",后者将把"在变化中被减弱的元现前"在意向性中维持作被意识的客体本身,但此意向性是中间性的。在此过程中,直观的差异性似乎永远在后退着,在透视中缩小着,并永远在弱化着。但这意味着什么呢?我们可以尝试说:这意味着元现前的材料在变化着。每一变化时相都假定着一种"与……类似化"〔Verähnlichung-von〕的意识特征。这是一种原始种类〔Urart〕的形象化〔Verbildlichung〕。

在这里问题与元现前的材料相关。但这是一形象化,在其中每一形象客体都在不断地变化着,并随此变化而永远经受着形象化,以至于被变化的形象对于相对原初的形象或形象客体即成为一形象化之载体,而且此过程会不断更新地继续下去。内容的变化引生形象化的统握。在其统握中被变化的内容,就像元现前的内容一样变化着,而且正像在与其相关的此统握内并与此统握一同地,经受着变样化和形象化的统握。对于新的全体统握而言,在其如此不断更新的方式中,也是如此。

因此如果事件的元现前点 E,即起始点 E_0 过渡到 V(E_0),那么这意味着 E_0 变为 $E_0{}'$ 并经受着一形象再现的统握 $A_v(E_0{}')$,在其中 E_0 通过 $E_0{}'$ 被意识为过去的。现在 $A_v(E_0{}')$ 在同样的意义上变化着,因此有 $A'(E_0{}')'$。这意味着,(简化地来表示)$E_0{}'$ 变为 $E_0{}''$ 而且 A 变为 A',因此有 $A'E_0{}''$。这个 A' 因此似乎是对于新统握 $A(A'(E_0){}'')$ 的再现者,而且如果继续的话,那么我们就有 $A'A''E_0{}'''$ 和 $AA'A''E_0{}'''$,而且每一新变样化点将成为一时段,实际上包含着一时相的无限性。因此每一元持存点其本身实际上为一连续体,即一统握连续体,在忽略最终出现者时,此连续体即相当于统握内容,而且作为终结点我们有一其本身不是统握的统握内容,此即核心部分,这个核心通过此具体项被意识为原初性材料的中间性统握内容并被意识为其变化。

(在客体领域内一连续形象性的例子:一形象在我们眼前连续地弱化着。最初存在着极其鲜活的形象,作为形象本身,每一弱化都是一弱化之弱化。此弱化之统握融入了一弱化渐增体,它实际上是一连续体。它是一客观时间的流程,而且此连续体具有其时间延展。在时间过程的每一片刻时相〔Momentanphase〕内,我们有一弱化或变化之时段连续体,

64

它存在于意向性一致的方式中，按此方式每一弱化都是一弱化之弱化，而且同时也是弱化之持存。元现前点是最低度弱化，而且它通过此全部中间性系列呈现着该元形象。我们因此在此以非常复杂的方式具有相互叠加的形象性，而且原初时间意识的形象性与在时间上被构成的形象性结合在一起。）对于统握连续体的任意时点和时段的内部不可分离性而言，应该注意，同一形象再现化运作必定永远一再地、不断地重复着。它们并合为一中间性统握之渐增性层次结构，以及并合为每一"统握核心"之一"使类似化的"〔verähnlichenden〕统握。

Nr. 4　消退现象之现象学

§1. 引入基本概念：现在所与者之连续性消退，直观充实的与空的消退形式，活跃的或沉寂的时延统一体之消退

在接下来的讨论中我们不考虑在其充分直观性和充分活跃性中的变样化之透视性和弱化的问题。初始性为作为变样化之变样化的零点。作为变样化，它是渐增性的。"内容上"充分同一的被规定者之意识连续变化性，在诺耶玛上赋予其不断更新的过去样式。但是，这还不是客观的过去，人们不需在此将此过去暗中引入。或许至多在此领域不是谈到过去本身，而是谈到现在之消退，或谈到消退行为之变样化。我们谈到现在的颜色、声音之消退以及谈到现在本身之消退时，其中的歧义性是无碍的。颜色的消退不同于声音的消退，但二者中作为样态形式的同一现在，其中每一者内均产生同一现在（作为其本身）之消退。

一现在的每一消退本身是现在的，因此它具有其现在的一消退，如此等等。消退变样是连续性的，并因此我们获得间距与"间距比较"的概念。这是自然的，如果我们能够在再忆中将活跃性流动的现在之消退加以重复（消退连续体），并最终能在其间通过新起始的元现在来设定划分点的话。在此并未谈到"精确性"问题，但我们永远在"看见"间距区别或消退时段的或"较大"或"较小"的区别。如果对我们来说，以永远含混的方式，将消退连续体划分为两个部分 α 和 β，那么我们就能将其用符号表示为 α＋β，在此 α 可表示从 i（带有"当下"）离开者。在观念上人们于是可以形成前表达式之颠倒 β＋α，并假定二者相等。一方面，

α＋α 也可具有意义，即一种等距离的划分。但另一方面，任何任意的时段 α 不可能是一 α＋α 的部分，我们不可能为任何任意的 α 形成 2α、3α 等等，如果 α、β、γ 是不同的时段值，我们也不可能任意形成 α＋β＋γ。

在此应该注意，我们不仅是说具体的消退时段，在后者中我们假定着"消退中的内容"，而且抽象地论及纯粹消退的形式，这些形式对于任意消退而言不仅可能是相类的，而且可能是同一的。我们在此正是关注这一点。我们在此也有一重要的限制，此限制在于，消退变样化有两面性，如在数学的观念化中进入无限性问题时，其中的"有限性"具有一界限。这意味着，在观念上存在一变样化，它不再经受任何其他变样化了。但这如何可能呢，因为它仍然有一现在，并因此必定自身在消退？其实这并不是容易回答的问题。但回答是：消退行为是一连续的弱化过程，即在"充实性"中的一连续性消减，与此相应的是我们谈到"直观性"或直观性之程度，因此是带有 L 零界限的直观性的一连续性消减，在零界限上我们不再能够谈论直观性。这并非是说，变样化（以及将其零点算作变样化，"当下"样式或形式），按照图像形式，相当于一容器，如一只壶，或多或少的内容被倒入其内。反之，"充实性"是在被描述的样态性之具体化中的一本质因素，即它直接属于这样的侧面，此侧面无关于作为形式的样态性，即无关于作为"内容"的以及因此作为充实性的任意变化中之同一性的因素系统。一样态性具有诺耶斯—诺耶玛的具体化，并因此仅只通过"内容"而有其具体存在方式（在内意识流中的存在）。每一内容（在逐点的抽象化中）都是一意向性体验，并因此有其
67　意向性因素本身，而且在此我们在诺耶玛上区分了纯粹意义和作为彼此不同因素之充实性。充实性可以消减直至零点，充实性具有其渐增性，而且在此一属于活跃性消退行为流的意向性中，此渐增性本身是一具活跃性者，是一必然流动者，是朝向零点的流动者。

因此如果这意味着，两个相互不同的本质性因素在此应当被区别为"意义"和"充实性"，那么我们就必须认为具有"零度渐增性"本身的充实性为一充实性。因为首先在维持一同一朝向的"对象的"意义中，以及自然也在维持一连续变化着而始终为必然的形式中（诺耶玛的样态性中，当下之样态化中），逐渐消退行为〔Verklingen〕，连同其所谓零度

的直观性或充实性的时相，是不会终止的。它在其作为空意识的方式中继续着，之后我们不再"听到"消退着的（例如）声音。如果我们在意识中仍然有此逝去者而且"它仍然向后流逝着"，它在一严格意义上（该形象比喻现在当然不再适合）即已消退。连续变样化的意识还未随着直观性一起结束，其延存性超越了直观性，我们仍然有一带有消失着的声音的"活跃意识"，而绝非仅只是一"下沉的意识"，心理学家（按其经验性态度）将其归约为可激活的"倾向"。

但是如何来理解此第二种弱化呢？如果意识作为非直观的意识继续流动着，它具有与"零充实性"〔Fülle Null〕共同继续前进的意义，那么被变样者的连续行进就必定突然中断，而且在内容上它就是一现象上未改变的内容，只是具有"样态等级化"特点。因此我们有图式：

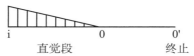

但是这样的思考没有启发我们认识到，不可能说一种突然的中断，*68*
而且"0...0′"时段也有其渐增性，对此我们须要进一步问，它不是一渐增性之继续展开吗？此渐增性不是同时属于"i...0"吗？在此重大的困难显然在于：通过描述来论证真实的事况，即将如此转瞬即逝的知觉行为与如此转瞬即逝的把握行为，通过对其进行同一化的和分析性的掌握而加以稳固维持，并在再忆中重新获得它们。

我们在此想到了"触发力"〔affizierende Kraft〕概念，它意味着，新来者对自我进行着触动，此触动显然形成了一种触发者的现象学特征，而且之后意味着，此触发性特征随着消退行为的渐增性而减弱。但是触动的被动性，是具朝向性的、注意性的行为的主动性；而且如果自我面对意向性对象时是注意性的，那么此触动（它一般来说也可以是直观性和消退行为之功能）不需被弱化。无论如何显然可见，问题在此不相关于仍然在变化中的触动之差别性问题，在此我们所关注的是一种在流动中的，因此在意识的现实中的——致性的、必然存在的事实。

为了在此不致错判，特别重要的是要永远注意：如果在必然的流逝的被动性中某物流动着，即如果我们所谓被动地被一任意在内容上规定的、在其变样化中的"现在之流动"所穿越，那么我们只应如此描述在必然的消退行为之被动性中所存在者，有如它在其中自存着似的；而且应该注意，我们只应如此实行再忆，在其中此流逝过程是同一的，但不是流逝片段与初始片段之同一，而且在其中被意识者也不与原初所与者同一。此一论断特别相关于具体的事例，如一"延存性的现在"本身为一流动统一体，它作为具体项沉入过去，之后此已下沉者可与再忆再一次产生的原初延存者同一。于是人们就通过牵强附会的解释〔hineindeuten〕将此元现象所呈现者插入消退现象中去了。

69　　　如果我们因此避免了所有那些不是通过在多重性再忆中的全部流逝本身之同一化，以及在全部流逝的相同流变中对我们呈现为被动所与者之物，那么我们或许应该说：我们通过彻底穿越一切时相具有了作为意义和充实性的内容，而且我们的图式正确地表示了充实性的消减，而例如由黑色表示的意义处处始终相同，即保持同一性。充实性以渐进方式接近其零点，然后我们就有了不再改变的空意义。但是，一种连续性，即渐增性，仍然穿越过全部消退连续体。作为变样化的变样化是一连续性，但是一直线的连续性，正如我们将必须承认的那样。但其中此外也含有一种贯穿性的渐增性因素，一种样态性强度，后者趋向一零点，此零点是有强度的零点，它使全部现象终止，并因此也放弃了与另一意义现象的任何区别。此变样化之变样化可被表示为意识活跃性。意识是生命，而且一切生命按其特殊生命律动都是在消耗中的、在生命不断逝去中的生命，而且生命流的一切具体生命都是一永远更新中的生命律动，后者本身"出现着"并"退却着"，最终归于消失。在直观的时段中活跃性已经减失，消退行为在严格直观的消退行为中仍然是一渐渐减弱的行为，一消失行为，而且在直观充实性已经逝去后仍然如此。

但是我们对始终未思考过的透视性之本质现象尚未阐明，也就是在其最原初的形式中，在其中透视性已经是原初性消退流中的一特殊本质物〔Eigenwesentliches〕，因为此现象相关于不同时段中同一被充实的延存之"看似大小"，而非相关于消退时段本身之大小。

于是一般来说，我们应该用专门一章来研究一"延存的个体"之统一体的构成，或一具体延存之统一体的构成，以及研究这样一种"延存

统一体"之"消退"现象。具体者〔Das Konkrete〕实际上是"最先者"　70
〔das Erste〕，而"逐点出现者"〔das Punktuelle〕应被视为被延展者之界
限，这正是难点之所在。

因此我们的研究并未结束，反而应当重新开始，以便首先呈现具体
项及其法则，之后呈现作为界限和作为具体项结构成分的逐点出现者。
在以下二者之间存在着区别：一者是，一延存之元活跃性，它存于活跃
的元时间化〔Urzeitigung〕中，在元时间化内永远有新的元印象出现，
而且原初地重新"形成着"相符化并因此形成统一化，相符化和统一化
导向在封闭的个体性中构成一延存；另一者是，死寂的时延，即原初被
产生者下沉着，它不再具有本身的活跃性，但是此生命与活跃性概念已
然不同于我们迄今所运用的概念。无论如何在此标示了一基本性主题，
它正是我们刚才提到的"那一章"之主题。

如果我将最初的现象学描述联系于延存性客体，那么一开始就应将
此处出现的透视性缩短现象之描述置于最初的"曾经存在域"〔Gewes-
enheitsfeld〕之内。

§2. 在消退与持存之连续体中的直观性弱化
（晦暗化）问题和透视性缩小的问题。空间
定位与时间定位之间的类比性

在时间定位中原初所与的时间场包含着一切"同时性"事件，其意
义是，在每一当下意识中相同定位层阶所划分者（当下，任何"刚刚过
去者"之一样式），在诸平行事件之被呈现时间点的同一性意义上，也是
同时性的。按此我们也有在定位场距离中被呈现的诸时间段的同一性，
以及相关于这些时段的诸事件的同时性。此同时性在流动中始终维持着，
对于一切事件而言"时间平均快速流动着"。但对此还须进一步讨论。　71

永远被充实的所与时间场被一空呈现的时间视域所环绕，但此时间
视域是一仅属于时间意识本质的空意识组成成分之潜在性，此空意识组
成成分通过再忆系列获得其充实性。

还有许多问题需要探讨：自发选出和牢固把握，这相关于一下沉性

事件的或一已成过去之完整事件的任何凸显时相，并被固定为一认知行为，而当下仍然由元现前的内容所充实，而且一般来说时间定位场获得了不断更新的内容。但此时间定位场的范围不是无终点的，它所具有的特殊性在于，随着当下之"远去"也发生了一内容之弱化，即一晦暗化，直到晦暗之零点。人们不应说：固定性的把握虽然相对于清晰性维持着一种增长（暂时地抵御着晦暗化），但最终它充分意识到晦暗，并与对其牢固维持的同时，不是也维持着朝向当下之进一步下沉和晦暗的时段吗？但人们能够说：此晦暗仍然独特地参与着下沉过程，因而属于"时间场"吗？

人们应该在时间场中区分出清晰与晦暗，前者位于清晰性零点之上和具有不同充实性饱和层阶者，而后者位于零点以下。人们应当指出，对晦暗的"刚刚过去"之注意力目光朝向是可能的，此刚刚过去通常转变为一再忆，但仍然永远具有"刚刚"特征，它对立于对一"再前过去"〔Vorvergangenheit〕之目光朝向，此再前过去不具有"刚刚"特征，而当其仍然晦暗时也具有一再忆之特征。

在根据持存意识实行再忆时（此持存我们想假定为在发生于最初现前阶段的注意中实行的——关于在其后阶段的注意情况如何的问题尚未解决），在持存性和再忆性的相符关系中我们具有所与性之<u>明证性</u>，但当然不是就具有充分的内容而言的。

对于明晰的持存，我们已经不能说，过去者的内容是完全给予我们的，它仅是以消退性呈现形式被给予的。但是此不完全性并未放弃过去存在的绝对所与性，而且并未放弃这样的呈现，它按其本质仅只能通过类似者呈现类似者（如再忆所示）。声音是声音而不是颜色，颜色是颜色而不是声音。

存在"非完全相符性意识"，连续的减弱化与后沉之间的相符性意识。在再忆中存在一完全所与性意识，但也仅只在每一时刻的一定界限之内每一时刻均作为再忆被给予。

时间定位场是否有一外在的"距离"，就像空间定位场那样呢？对此应该说，在最外在领域的不同时间点之间根本没有距离差别性被更加<u>原初地意识到</u>，距离大小永远在缩小中并最终趋于零。情况实际上即如此。

72

此距离缩小过程并不直接等同于晦暗化，但二者是同时进行的。不过，一完成的事件作为整体向后沉去，并被我保持着，它最终不仅变为晦暗，而且其时间定位深度同时变为"1"，这自然意味着：后沉行为那时在现象上终止了，即只要后沉行为应该在事件本身发生的话。另外，只要新的当下一直出现着，整体与当下的距离关系就以此方式变化着①。这类似于我在空间②有一作为界限的最终远离的视域，当我向其行进或从其远离时，其深度距离就其与自身相关的方面而言，并无改变，我们暂不考虑脱离该视域者和进入可变化的定位空间者的问题③。

一切在知觉上不同的远离都是在变化中的，从此处起各个"远离"沿着一侧开始并扩展着所有的"远离"，并且显现于那些客观的远离上，客观的距离似乎扩大了，而且此处的视域物的距离也扩大了。但是实际上，视域定位仍然未变。它成为远离之 Ultima thule（极远点），而且新的性质上的定位远离不再可能发生。被保持的事件段与当下以及与通过它呈现着的时间点，类似地增加着。但是，当我达到最外的"远离"时，被保持者的"时间定位"不再变化。（假定：某物的保持现象不再在现象上沉入过去。）

然而"时间的定位"这样的表达法在此变得模糊不清。在一种意义上它是指我们最好称之为"时间透视"者。（视域在透视学上如何以专业的方式称呼呢？）在另一种意义上，它是真正的定位，即不断地在对当下的距离上变大变小。对于空间或空间对象所与性而言，此同样的区别应当是相对于潜在地或实在地变化中的当下做出的。在两个方面我们都有对此首先是时间透视现象和空间透视现象进行"阐明"的问题。这在我们的图式说明中还看不出来。

如果连续的持存和预存在现象学上以同样的方式进行，那么我们就有一无透视的无限时间场。在每一时刻 U_x 上我们有一元感觉材料，而且

---

① 这将仍然意味着：在下沉流中最终存在一终端部分，在那里刚刚存在者仍然被意识到，但不再显示着下沉样式。这可以通过现象学方式来显示吗？

② 除非在空间内当靠近该视域时没有任何晦暗化发生。

③ 但是在事件知觉中并不存在朝向该视域的行进。它必然是一单侧朝向性过程，一不断自行远离每一在视域中被意识到的事件的过程。

74 在同一物之"消退"中，每一元材料的内在的因素可以说都是自行消退的，每一持存都是元呈现的一准确镜像（然而预期的作用从一开始就不与持存等同，只要它被认为是模糊而不确定的。[这甚至还是研究中的一个缺欠。]）

（声音）消退是"元声音"的连续性变异，诸具体的类似者，但同时也是差异性的弱化。在借助持存性"统握"形成的连续性同一化中，我们于是有着"统握材料"方面的连续性虚空化。持存一直变为"更空洞"，直观上更不完全。（在持存方面我们或许能够类似地说，预先被产生的未来者"形象"的一小部分也存在着，它也具有带有"快速"弱化特点的具体类似性，而且于是预存甚至更快速地过渡为非直观性。）

当然，相类的关系在空间知觉中也起着一种决定的作用。在一对象远离时形象"变小"了。二者是同一的。但随着此变小化，呈现性差异的弱化也同时发生了，而且因此出现真正"直观性"的一种空虚化。在这里，在时间意识中问题在于，在此弱化之旁是否也同时发生了"小化"。"印象"在此仍然也是一"变小化"之印象，此变小化印象，可以说，不仅是由于内容之弱化，而且应该也是内容之一种"伴随显象"。

§3. 一种无成效的解决企图：在时间场内的消退化或透视性缩小化可能涉及感觉融合内的强度差异性问题

但是在这里变小化可能意味着什么呢？在空间，我们有属于感觉材料的"外延"（对于元感觉材料当然也如此）。现在我们是否应当说：消退是外延之一类比物，在视觉场和触觉场内的外延是一二维现象，其中因此存在大小维面与形状维面二者间的差异性，而其中后者是一维的①？外延的此类比物是一维上的差异性，即一增强化的差异性（一强度性差异），它相关于带有一切内在性时刻的感觉材料之全部时刻内容；此内容不同于强度，由于它具有元感觉度高低之上限，并从此降低直到零点。

---

① 对此并不明了而且可能也不重要。

75

　　因此如果一元感觉材料（按其相对时刻具体化理解）"下沉着"并因此"消退着"，那么就发生了此"变小化"并与此平行地发生了一种内容之弱化——于是人们可能如此试图解决。

　　但是，缩小化仍然是指时间场内时段之缩小，而且该时间场本身是一时间段现象。"缩小化"一词因此仍然并不相关于时间点。

　　因此人们或许可以这样来解决：

　　1）一切属于一 U_x 的（因此与当下"同时性的"）消退都具有与新的"元声响"① （但只是同一事件的元声响）的"感觉统一性"。或者说：在从 U_0 或其元材料过渡到带有新的元材料的新的 U 时，每一时刻的消退都连续地"融合于"新的时刻。

　　2）消退是一种变化，它对于每一元声响，以及对于每一消退本身，都是同一的②。这是一种强度上的层阶变化。在 1）中谈到的此融合化，于是是一"相互融合化系列"，是一种在一单维连续体上的融合化。也就是，消退的变化是一具稳定形式的连续体的变化；因此我们永远再次有同样的层阶变化，而且出现于当下的层阶并不与一"融合"相融合，而是彼此融合并按照层阶变化秩序形成一系列秩序。此系列秩序是在统一聚合中之一连续性秩序，它因此同时包含着从 1 到 0 的全部层阶，而且它不是时间场本身的秩序形式，而是时间侧显场的、时间透视场的秩序形式。但是透视本身又如何在此介入呢？③

　　3）让我们来看元过程中一"不太大的"元材料连续序列以及一时间点，一当下，在这里，时间侧显场"1…0"内的消退发生于一切元材料中（准确假设的是，此元材料序列是"不太大"的）。连续体的距离是由层阶化"1…0"本身规定的。起源于同一元声响序列的消退时段，现在在元过程行进中逼向零点。为什么其中有一"变小化"呢？单纯强度上的减弱相关于"此"整个时段（与"该"时段同一性保持一致的一次减弱，已经假定着一时间意识之存在，这就是为了成为可认识者；在此时段

---

　　①　在其连续流逝中只是同一的事件！

　　②　这应当是第一点。在"1）"中所表示者是此处进一步说明的第二点。

　　③　这并未导致一结果。

参与的时间中，此时段变化着，而且在变化中保持着同一性），它仍然并不意味着距离的缩短。在此，一确定的距离之"可能相同化"属于线性连续体之本质。甚至随着强度减弱导致的差异性之弱化因此也不可能发生。（一永远在淡化中的形象并不改变其"显现的外延"。差异性"消失着"并过渡为形式相同的定性化，但二者在统握上不可被视为同类的。）

§4. 一种新的解决尝试：时间透视可被理解为诸消退性事件之或多或少快速的再紧缩。有关直观性及区分性之零点的规定

因此我们并未以此方式获得解决。因此我们似乎必须使两种变化共同起作用：

1）位置 1 到 0 的形式系统，此系统为同一元声响点的连续变样化的消退所穿越。（始终当然存在着的是：元声响点是这些点的一连续序列中的一个点，而且在诸个别更新出现的点的连续出现中，仍然有更多的点出现，与每一新的点相连接的是诸旧点的一消退连续体［因此即时刻连续体］，这些旧点本身也不断地变样着。）

2）因此时段"1...0"永远部分地或完整地在前进的过程中被占据，而且现在应被视为新物者的是：属于同一元序列时段的缩紧行为，当它在连续体"1...0"中行进时。在每一原初给予的点（每一"1"）之消退中，消退的意向（或其诺耶玛）维持着对同一客体的意向性朝向，并在其上仅只改变着消退者本身（在原初形式中的刚刚曾在者）的样态性。现在甚至持存性样态及其相关项的形式系统，系统"1...0"是一固定的形式系统，而且是一连续体，那么仍然并非先天当然的是，每一消退连续体，在其中同一时延被呈现于"0...1"之内（直至客观上的相符），此连续体具有相同的"大小"。此消退在其意向性之旁或与其平行地具有一特殊程度性。我们可以说：位置 1 的消退点越近，它们消退得就越快，就越快速地逼向零，而且较迟的消退也就更慢，而且这些都是连续性的。但是人们可能问，在此快速和缓慢的意思可能为何呢？首先，就被构成的时间而言应该说：如果我们采取一时间段（在客观的现象学的时间

内），它仍然实际上呈现于一时间透视中，因此仍然完全落入原初直观时间场内，那么对于刚刚流逝时段中同样大小的部分时段来说，消退时段就不是等同的，而是：当所采取的部分时段过去得越远、越早时，它们就越变小。因此不应参照此图式，

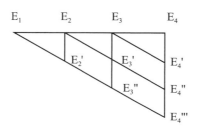

78

似乎在此斜形图式中 E_4-E_4'-E_4''-E_4''' 都是相等的，而且之后在每一斜线中时段如 E_2E_2' 和 $E_3'E_3''$ 都是相等的，而是应当向下缩短，而且在斜线向下时，也是相应的时段越来越短。于是这样我们就正确地描述了此状态：无论如何，如果分布于客观时间中的元声响是一充实着连续时间段的感觉材料，并同时被反映在与每一当下一致的消退材料上，或反映在与最初所与的消退材料一致的每一最初所与的感觉材料上。因此无论如何这仍属于在反思中可明示的所与性之应先予进行的描述，是属于对于事件存在性的描述，以及属于对所与性方式的描述（此描述相关于所与的事件）之描述。

　　描述应该非常谨慎地进行和表达。例如：在事件的一部分流逝后，最终时相以一持存形式达到了此时段的时刻意识的一恒定连续体；在过去者的一层次变化了的所与性方式中之事件同时被意识到，如此等等。在再忆中我们可以重复地选取此存在时相并通过同一性认定描述其本质结构。

　　"零"看起来如何呢？我可一直维持着一适度大小的事件，如一节拍，并始终对其凝注着。我维持着此恒定现象，或者它自身"无变化地"，在零把握〔Nullfassung〕中滞留着。在此我可以抵制再忆。节拍不再进行。这是一自身完整的事件。如果该事件继续着，节拍为一节奏序列一成分，那么 0 节拍连接 0 节拍，而且最上端时段处于"0…1"域。但是在此问题是，我们应如何确定"零"概念。我试图区别直观性之零和

79

区别性之零。例如：狗的多次重复性吠声。因为在第一次的吠声时我仍然同时还有单一的直观性，但之后我有了一连串吠声（即使时延不长），在此时延中没有直观性，而是完全的区别性，即较强和之后较弱的吠声，第二次、第三次吠声会越来越快。如果直观性这样发生，以至于区别性并不意味着本质上新的含义呢？困难或许在于，最初的直观性如此接近感觉直观性，有如后者连续地过渡至前者，而当我们继续时，我们倾向于一般也不应谈直观性，而将说，这是完全不同于"弱"感觉的某物。另外，当人们在进一步注意时，也将不把下一消退称为较弱感觉本身。再者，如果人们承认，原则上两个层阶的直观性是等同的，那么人们观察到，事实上前者下降得很快，而后者下降得相对缓慢。似乎二者的消退行为并无等同的延迟化，而且这使得消退的两个阶段间存在显著区别，在前者消退下降很快，毕竟逐渐地迟缓下来，但之后非常缓慢地达到一确定的阶段，它不再能被准确思考；人们能够相对长地在对其注意力朝向中关注一整个微小事件之消退，而且当诸事件间歇性地彼此跟随时，那么当较后事件或更较后事件消退达到此层阶时，人们就能够在事件连接中仍然发现在前的事件的消退。（在此我应该仅只避免每一再忆和每一"准-使再流逝"〔Quasi-Wiederablaufenlassen〕。）

在这里，于是与每一当下一致的"同时性的"在一"链接"中所与80的消退时段，有其秩序，并与此秩序一致地也有一直观性层阶秩序，虽然差异性可能是并将会是很小的。在此应略去这样的"意义"不谈，此意义对于过去意识来说在统据上具有该差异性。但是过去意识有其狭窄界限，而且最终人们虽然仍然"朝向"一定的时段或链接，但人们不再直观地具有它们，人们是在一完全晦暗的意识中具有它们的。但是我们在此不应说：正如区分化的一增加的弱化与直观性的下降同步发生一样，那么虽然在此区分化仍然能够存在，但最终它也要消失的？[①] 此处困难在于找到一正确回答和在最低直观性与非直观性间进行区别。人们可以说，

---

① 区分化之弱化——区分化内之渐增性，这仍然仅意味着统一化样式中的一特殊渐增性，而按照整体意义，相符性始终存在着。但是这是否意味着在一个"点"上的变小化及其（最终）近化？这仍然是一种改善的说法。

只要人们将一间歇性序列，例如节拍序列，仍然意识作——甚至是消失中的——序列，就应该承认其他的直观性。但最终诸时段一再地缩紧着。诸单一的时段缩紧为"诸个点"，诸时段"意指着"，而诸个点并不缩紧为任何更长的时段，而是所谓相互符合地缩紧为一个点，此点"意指着"一无终端时段①。其中"蕴含着"先前事件的再现性：与其相关的是，对于每一点和每一时段而言，相关序列再产生的以及全部构成性过程的自由可能性。

　　但是，紧缩至一"点"应当"意指着"、意味着什么？只要消退"实际上在那里"，它就是有延展的并就此而言在时延中的，但并不存在这样一个点，它包含着一切被缩拢在一起的诸消退。我们大概只能说，我们达到了作为一自行缩小时段之极限的一个点，此点自身不再包含区分性，但它并不是一数学点，而只是一时段之较下界限。空意识伸展地更远，于是问题是此空意识内存在着什么。它也不是一直不变化的。如果它也下沉，它也能使向后消退发生吗？于是在一段时间后是否出现了一第二阶的空意识，之后是第三阶的空意识，如此等等呢？ *81*

　　似乎无限的倒退在处处进行着威胁。我们要说：空意识经受着一连续的变样化，而且此变样化具体地统一于那样的连续意识，属于该意识的是一切作为"统握材料"的消退行为。属于此意识的有再忆中过渡的自由潜在性，此再忆对于每一这样的空意识要求着并或许提供着其他的充实性说明。在不同的说明中我们以充实性方式把握着其特有的、不同的意义和内容，并也在每一时段再忆中把握空意识之结果（视域意识），对此我们按照其特殊意义能够通过一再忆再次予以说明，如此等等。我们处处仅只在一种意义上使时间构成性的统握"消退"。统握作为"变样化"而消退，变样化本身在意识中带有被变样化的行为，而且因此并不无限地要求新的消退系列，后者彼此处于结构重叠中；以上说明充分解除了我们的困难吗？不是仍然存在如下事实吗：每一空意识因素在变样化方式中消退并最终趋于零，在此之外我不再可能直观地发现它，如此

————————

　　① 我必须使变小化和区分性（融合度，或者说，弱化度）彼此可加以区分，即区分为两个问题。

82 等等？这些回答似乎仍然是不令人满意的。

附录 Ⅱ　疑难理解模式：有关直观性消退和元声响〔Urklänge〕与消退〔Abklänge〕之持存的关联性问题（相关于 Nr. 4 内的文本）

a）假设：实在的现在化之消退以及"元声响"不同于持存。

出发点作为"强度"1＝"元声响"，或作为强度系列的最高点，是在连续的变化中被意向性地意识到的[①]。而且消退行为是以与此连续性变化一致的方式进行的。但是消退的现在意识不仅是与持存之一平行时相单纯地"同时"存在那里，而且此持存是一类似者（具体类似者）之持存，它类似于当下作为消退的实际现在者。人们现在可以说，类似者和类似者的相符性按照原始法则性存在于共存关系中。因此在元过程中实行着一恒定的相符性，而且当我们具有一连续的元材料（较高的强度）之新出现时，就产生了这样的图式：如果 E_k 作为元材料是现在性的（被原始意识的），那么一持存就被 $E_0...E_k$ 中的每一个意识到，而且所有 $E_0...E_k$ 都有关联性、统一性，由于它们都意识到了类似物，在这里，类似性只在单个点上于片刻间可能有所跳脱[②]。应当存在某物，它维持着相似性、种属上的共同性。但同时消退系列存在着，而且同时先前消退的持存之相应的级次也存在着，在此应当思考每一消退本身都在消退着的事实，而消退之消退就是相应的在后消退之本身。因此一消退之消退的持存，是系列中相应的在后消退之一持存。因此，对于消退来说我们只有一个消退系列（作为一垂直系列）。在与 $E_0...E_k$ 之持存的一垂直系列

83 一致的情况下，我们有一垂直的消退系列（所有消退本身都是感觉材料）以及 $E_0...E_k$ 的持存变样化。后者与消退或其现在意识彼此相符。但是为

---

① 一意向性体验的每一变化作为体验也是意向性中的一变化。被意识者是在另一所与性方式中被意识的，问题在于了解，意向性的哪一侧、哪些因素在变化着，以及了解它们是否是根基性的，而这些了解产生了意向性之连续的或离散的变化中的多种类型。

② "元声响"的持存在此被理解为元呈现的空变样化，并与消退相区别，此消退是实际上继续起作用的感觉材料。但二者应该通过相符性彼此一致。

什么类似性的这些相符性彼此没有混合呢？

　　在某种意义上它们当然是混合的。垂直的系列的确表示一瞬间意识。一些是连续过渡性的"新来者"（即一时段统一体 $E_0 \ldots E_k$ 使其被意识者）之持存的相符性，另一些相关于共存中的一连续性，此即未变样的意识连续性，以及一先前消退之持存的一统一性（通过与空间相符性类似的相符性所形成者）。但这是如何相配合的呢？

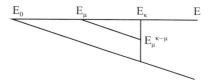

　　在点 k 中 E_μ 通过 $V^{k-\mu}$ (E_μ) 被意识。与此一致，E_μ 的一消退最初被意识为 $E_\mu^{k-\mu}$。与此一致地，E_{μ^-} 消退的 V 变样化被意识到，但 E_{μ^-} 消退对于消退之消退没有产生新来者。于是对于 $E_0 \ldots E_k$ 的每一点都如此。

　　让我们在其序列中制作一"意识时刻"图像，此意识时刻在每一 E_k 上都达到统一性[①]：

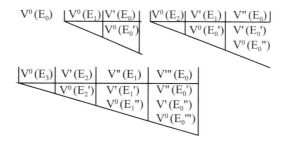

　　每一栏目都包括（针对一事件的）瞬间同时者。斜线 V^0 系列表示新的感觉时刻，例如 E_3 出现在最初的意识中，与诸消退 $E_2{'} E_1{''} E_0{'''}$ 一致，这意味着与连续的消退系列一致，直到 E_0 的此瞬间之消退。它们融合成了一统一体而不是相互混合着吗？在此我们遇到困难。否则的话，同时性元材料相对于这些同时性材料，彼此如何区分呢，后者虽然称作"消退"却仍然在一般本质上未与元材料相区分开？

84

---

　　① V^0 当然意味着"无变样化"。

消退图式如下：

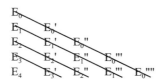

例如对于时间点 4（在其上最后系列恒定原初地被给予）来说，从下往上读解的斜线，表示从 E_0 到 E_0^{iv}（此当下作为消退是现在的）或从 E_1 到实际的 E_1''' 等等的已流逝变样化之整体。

当然，对于有关含混性之异议而言，人们能够反驳说此质疑并不确当。例如，同时性的诸声音相互混合吗？其意指为何？同时性的物理系列过程，即诸单一心理物理声音序列与其相连的物理过程，并不呈现同时相符的诸声音，而是一个混合音，一个声响，它取代了共存性中的"和"。此非我们要讨论者。此处相关的仅是同时间的质素材料〔hyletische Daten〕，即时刻之材料，仅只可能出现于一定的共存形式中。诸消退融合于一个形式内，这意味着，按照本质法则，在共存统一体中每一新出现的 E_k 内我们获得了一诸消退之弱化时段。

一现象学统一体进而形成了 V^0（E_3）...V'''（E_0）。这就是 E_3 的起始意识，它带有在先过去的 E 的持存的变样化（相应地，现在的 E_3 带有过去的变样化）。再者，在第二视域系列以及其后水平系列中，每一消退时相的起始意识形成了统一体，它带有在先过去的消退变样化及各过去时段的过去变样化。

85　因此我们发现了（瞬间元材料和消退材料时段的）斜线时段 V^0 的每一点，它们被插入另一时段，即插入一持存性时段统一体，并因此在每一其他时段前凸显出来，而且我们首先发现在元材料点前凸显的每一消退点，此元材料全部结构的以及第一系列元材料点的 E_1V_0。

但是我们仍然没有考虑垂直性融合。最后一栏中作为消退的"新"出现的 E_2'（通过 V^0 出现的），与刚刚过去的 E_2 相符，或者意识 V^0（E_2'）与意识 V'（E_2）相符。

如果我们再相互比较不同的栏目，那么我们发现，在先栏目的第一

水平系列，在意向性中被包含在下一栏目的第一系列中，而第一栏目的
每一垂直系列，在意向性中被包含在下一栏目的一对应的垂直系列中，
以及一般来说，全部在先的栏目都意向性地被包含在下一栏目中，即在
一更高指号〔Index〕的简单增长的形式中，此指号指示着持存性变样化
的程度。我们只需抹消全部感觉系列，即 V^0 的斜线系列，而且我们在持
存性变样化中具有在先的栏目。

对于其余的全部垂直系列也是同样的。每一个都相关于一特殊的原
始消退时相，并相关于消退变样化连续体，后者相关于同一消退性的元
点，或不妨说相关于达到了消退之元点，但是如此以至于，一切这些消
退，例如，在最后的垂直系列中的 E_0 的一切消退（此 E_0 在相关的时刻
是已流逝的），都在从单一始源性消退 E_0''' 中流出的持存（此即在其持存
性层阶中消退之持存）连续性形式内，被同时意识到。

我们现在在这一切讨论中都完成了什么呢？

所提出的一切进展都是为了获得一意向性关联体的观念，其前提是，
一种知觉性事件意识的那些"部分的直观性"（它在每一时刻仅仅一般地
构成事件知觉的一部分），是源自一"余响连续体"，而不是源自持存本
身，后者甚至在直观性弱化和终止后仍然进行着。我们想看到，此一
（当然从一开始即非常可疑的）统觉方式是否是可行的。

我们再来看我们的图表，那么现在仍然看不到直观性为何因此将成
为可理解的。所谓非直观的持存与现在的相应消退及其持存之相符，可
能满足我们的期待吗？

b）将刚刚过去者的直观意识设想为图像性之企图。以及有关再忆的
现象学。

人们可能想到图像化情况。如果我看到一显现图像（知觉上显现着
的形象），它不被视为真的，因为它与所与的实物不一致，那么它可能被
理解为一非现前的实物的图像。假定情况如此，那么如人们所说的，就
会产生这样的结果：由此，一具体类似者的一次再忆被激发了，以及再
忆图像和变样化知觉的相似图像因此而"相互叠加"了，相似性的外部
相符就过渡为叠加性相符，在其中知觉图像遮盖了准现前图像，而且在

86

这里现前物中似乎看出了该非现前物①。

当然，问题在于，在外部相符中我们是否实际上同时具有及可能具有作为直观性再忆的再忆，以及将知觉中性化或删除②。或者是否宁可说是再忆消除了知觉？但是那样我们就不可能进行视觉式再忆。一种部分的相符，例如视觉记忆场和知觉场的相符就会发生冲突。如果我思考再忆图像，那么我就不自主地使知觉图像离开了视觉场中心，我就使目光离开了，如此等等。因为那样的话，我就不再同时具有这样的图像，它在相似性上实际与记忆图像一致。再者，人们可能说，如果我那时过渡到知觉图像（在我具有了清晰的再忆之后），那么该再忆将仍然始终不是清晰的。相反，我现在在此存在于知觉领域，在其中我的目光朝向显现形象。

87　持存是空持存，或不如说：我在过渡中具有一空的再忆（在其上的空意向），而且后者在某种意义上是这样被充实的，就像是，如果我使一对现前物之再忆符合于我现在正知觉着的现前的对象：此空与实〔Volle〕在意识中重合为"相同者"。于是再忆与显现形象相互一致，当然再忆论题并未获得证实。由于空意向组成成分与形象意向的相应组成成分之间的冲突，肯定性相符对应于否定性相符，即使图像仍然是"真的"，诸环境意向仍然是不一致的；首先就时间意向说：此图像是一现在，该被再忆者不是一现在，而且实际上它根本不存在。它是准时空的现在，被再忆者是曾存在的，具有其被变样的所与者，但在其设定性的关联域内被变样为过去之所与性方式，它成为实际的设定性现在，如此等等。因此无论如何我们在此不应假定，直观与直观相一致，而应假定，空意向与一充实意向相符，但并非一者与另一者相符。相符化仅只是一种比喻的说法。

如果我们采用此假定，那么人们可能问：并不存在直观的持存。持存是一空意识，但它不与充实的、直观的意识相符，在后者中被持留的同一物之消退是被给予的。因此此被持留者同时在消退中被形象化〔verbildlicht sich〕。反之，应该问：然而此情况并非相同于一种具象化情况？如果我有一株实际存在的树，那么其中并无一类似的被记忆的树被具象

---

① 图像意识作为一再忆与印象式图像相符，并通过印象式图像而被视见。
② 关于再忆现象学。

化，虽然后者可通过前者被记忆，而且在此也出现了一种一致性，就如同在从类似实物向类似实物过渡中随处可见的那样。

人们还会反驳说，如果 E_0 过渡到 E_1 而且同时产生了 E_0 的持存，由于连续性 E_0 仍然变为一类似的、最初几乎一样的 E_1，E_0 的持存因此可能在新的 E_1 中被完好地图像化，而且不可能看出，为什么消退甚至也不应被视为新来者，如果消退被把握为感觉，不可能看出它实际上是什么。

我认为，一种错误的假定歪曲了事物所呈现的真相，而且将持存的意识视为原始直观所与者之一种单纯的空变样化。正在此处的树之显现是一知觉，在其中（例如）作为被知觉的一个瞬间并未纯粹即刻地被给予，反之，所给予的是一整个时段。但是其中在严格意义上的当下被知觉者和"仍然"被知觉者之间的层阶区分仍然是直观性的，虽然是变样化的。元持存的意识是元呈现性意识的变样化，而且是一连续的变样化，它在一时段内展开为元呈现的意识。

在跟随一事件的一具体持存的情况下，我们不仅有最后元呈现的意识之时段变样化，而且有直观的最后时段本身的时段变样化。但是直观性始终保持着，因为持存之持存本身可能始终是直观的，正如在事件的时相序列本身中那样。

但是，我的不坏的图式中现在还留下什么呢？回答是：它维持着一种有效性，即使我们始终坚持把第一水平系列的持存性变样化看作元呈现的时刻的直观变样化，只要我们承认，与"记忆侧显"同时出现的还有现实的余响，并提供了与元声响的类似性，此元声响最终也并非全无价值①。主要的兴趣在于，按此方式通过意向性分析理解复杂化了的意识融合。

附录Ⅲ　如果消退被规定为一种感觉材料，那么如何再去区别知觉、持存和想象呢？（相关于 Nr. 4）

如果在时间呈现中起作用的"消退性的"感觉材料其本身是感觉材

---

① 因此在此维持着余响之感觉特性。

88

料，那么自然似乎可能出现一种怀疑，如同"我是一直仍然在听着钟声，还是我只是想象着在听？"在强度上减弱着的现在声音〔Gegenwartstone〕变得非常微弱。但是情况并非如此简单。因为那时声音的消退虽然变弱了，但是已过去的较强声音的消退，作为新的当下之微弱的现在声音可能仍然较强。因此我必定在理解上为此而摇摆于以下二者之间：我在意识—过去的声音还是意识—现在的微弱的声音。

89　　但是当钟声响起时，我怀疑着此声响是否还在继续着；以及当火车远去时，我是否还在长时间地倾听着；而且在重复地倾听时，我是否是一再地在听着。如果我在想象中想象着临近的噪音，或者如果我想象着噪音的强烈趋近，那么我就具有躯体性的想象，而对此并无摇摆性的犹豫。但是如果我知道，它还在响动着，而且我一再地听到它，那么我就可在二者之间怀疑：我是仍然始终听到它并一再地听到它，还是说它现在再次成为可听到的，并一再地消退着，如此等等。因为事实上我并不知道，"我在进行想象还是在进行知觉"，我是在想象着微弱的声音还是在想象着嘈杂声，以及我是否听到了微弱的声音。

"微弱的"感性材料（不考虑对于钟声的客观把握）似乎在两侧上是同一的，但在一侧它们是想象之准现前化，在另一侧是当下声音之现前化。

II

论元过程及其中被构成的时间
客体之所与性，此时间客体具有其
固定时间秩序及其流动性时间样态

Nr. 5　直观的时间样态流及流动之意识

§1. 引言：固定时间秩序和时间样态流。唯我论时间与主体间时间。客观时间的构成。"现前时间"。时间与空间

　时间不只是在认知性主体内，我们说，在纯粹自我内，在一样态内 （它包括作为全体样态的一诸特殊样态之系统）被给予，而是一般来说时间本身即作为个别性存在以及一所与的个别性"世界"（或许显示为等值性者）①。诸样态的、诸样式规定的统一体完全不可分离地属于作为客观具体存在之形式的时间。一般事实也可以下列方式通过与空间的类比关系加以表达，而完全同样的原则也适用于空间：时间不仅对于我们和我们的世界来说是一"定位方式"，时间本身也是被定位的。这就是为什么时间不可能原初地被给予任何认知主体，至少就其作为定位形式来说是如此。但是对于时间来说这（即其"定位性"）意味着：时间是其所是，它仅只相关于"该"流动性的元涌现的当下，而且此实际的当下是流动性呈现的无限性（或换言之：无限流逝的呈现）内的一连续体中点。

　此中点"当下"是一定的时间点的呈现样式，而且在当下之流动中，此时间点连续地成为其他时间点。如果我们观念上维持着此当下，而且如果我们从其流动中获得一时相，那么一特殊的呈现样式就对应着每一时间点，此呈现样式处于一定层阶的及可加以描述的关系中，此关系被呈现于作为现在时间点的当下。每一个体或每一时间，按其呈现样式，

① 时间样态之客观性。

均相关于现在项、过去项或未来项的每一当下。未来项在"当下之流"中成为过去项（或准确说：它将不断地减少其未来因素，最终变成现在项，之后又变成过去项，正如每一过去项不断地变为更为先前的过去项）。时间作为诸个体之秩序是固定的，时间样态流动着并因此只流入所标示的方向。过去不可能变为现在，现在不可能变为未来。

尚待解决的问题是：对于空间之必要定位的平行展开；或许仍然欠缺主要点，特别是时间样态和自我的关系。时间作为非自我对象的形式，时间作为自我之形式，此自我相关于其可能的意识体验。当下和实际的自我。

非自我对象与当下、与自我存在、与可能经验等的必然关系。时间中的自我，这意味什么？在一时间中的多个自我。之后是与空间的平行性问题①。

区分：内在性时间和超越性时间。对于超越性唯我论的时间所构成的样态，如何客观上成为主体间时间？（以彼此超越性方式被构成的）一切自我同时间具有同一时间样态，处于同一当下中。反之，不同的同时性主体，可以不同地朝向一超越性世界的一超越性空间。对于每一主体都对应着不同的"此处"（"此处"是对于每一主体的不同空间点样式）。客观上只存在一个"现在"，它只意味着：当下者对我以及对每一他人都是同一的。就此而言，空间上与我相对者也是与同一空间内的每一他者相对者，但对于同一时间点，存在多少主体，就存在多少"此处"和空间样式系统（定位），却只有同一时间点。因此"此处"意味着：同时间内有多个此处。对于每一个体来说，在每一时间点上只有一个此处。

唯我论的客观（超越性）空间及其与时间的特殊类比性。

对于每一自我都存在：自由再忆中直观样态的时间之从穿越到穿越（使自由流逝）；空间（空间在物直观中被知觉地意识到和知觉到）在自由知觉历程中、自由充实化系统中、自由可实现化中的穿越；空间样态的穿越。它是多维性的——在时间知觉的实现化中（这是"使再被意识者"，即对视域的再忆）这是单维性的。

---

① 时空类比性。

区别：当下必然变化着——"此处"只通过物的运动（或在"我运动"时，在我的定位的自由改变中）变化着。在时间上我不能自由改变我的定位。

现在应该探讨客观上属于客观时间的诸样态，以及客观时间本身是如何被构成的①。时间和不论晦暗的还是直观的时间样态②之直接的（"感性的"）观念的描述，就此而言，晦暗性本质在此与在各处都意味着，它是在相应的直观观念中被充实的。因此不论何处应区分：

1) 作为"直接使之清晰"的"被充实"，此即从晦暗的观念过渡到直观中其对应的图像③。

2) 视域的被展开④，充实化本身要求晦暗变为清晰，以及之后取决于清晰呈现的视域获得展开——这将进入一无限的过程，即出现不断更新的、或多或少晦暗的或清晰的观念，向清晰性的过渡，进入视野，同样"刺激着"环境的其他观念，如此等等。

问题当然首先相关于直接的知觉，相关于原初时间和构成时间样态的体验以及知觉相关项的描述，因此相关于直接原初直观项本身。　　*93*

原初构成性的（直观的）时间意识或在时间性和时间样态形式中的个别对象之意识。

瞬间现前时间概念⑤作为这样的时间概念，它是在一时刻中成为现实直观的。

此直观性意识的"瞬间诺耶玛"也需要一名称，此即原初性时间直观或原初性"物"直观的瞬间诺耶玛，但是后者作为诺耶玛，提供了此带有"视域"的所与时间。

这些（当然是纯粹内在性的）现前时间的比较问题：诸现前时间可能是不同的，还是并非不同的，肯定的回答为何。现前时间的"大小"，其包容范围是否为偶然的，而它们必然具有某种"有限的"大小。于是

---

① 时间诸样态是如何被构成的？

② 时间样态的直接的与间接的观念。

③ "Sich-Klären"（被清晰化，使清晰）。

④ 视域的被展开。（原文如此。——中译者注）

⑤ 瞬间现前时间概念。（原文如此。——中译者注）

必须区分瞬间的现前时间和此现前时间样态之瞬间所与并彻底直观的时间段。但是此回答是笨拙的，问题在于，人们是否应运用"现前时间"一词本身。它是时间段，此时间段在瞬间知觉中实际上被知觉到。我们不应该说：瞬间直观的时间段和瞬间直观的时间样态吗？关于内在性的所与者：瞬间被感觉的时间。

或者我们不应该说：瞬间的现前时间和瞬间的现前①本身，以其理解瞬间的样态，作为全体现在形式的瞬间现在，在其中呈现着现前时间？

我们可以预先构造瞬间性现前和现前时间的一无限连续体观念，在其中通过彻底的连续性整合，时间本身一方面被形成无限的时间，而另一方面，一无限的现前②，它包含着一切瞬间的现前，而且它是这样的现前之观念，在其中无限时间将以样式形式呈现。然而此观念中包括一不可能性。一实际的无限性在一直观中是不可能的；我们只能形成一开放的现前之无限性，在其中任何现前都将无限地扩展，以至于它包含着一任意增长的时段。

§2. 关于流逝中现前之一种流动性意识如何可能？片刻材料之流及其时间样态之流。现象学的本质法则

时间直观（时间对象的知觉）之流对应着现前之流，而且时间直观不只是一流动，而且是一流动之意识；一瞬间现前不仅于瞬间被意识到，而且在具体知觉中一流动被意识到③。如何适当地对其描述呢？我显然不能说，在活生生流动的直观之每一片刻中存在不止一个现前，而整个现前序列被直观着（在知觉中被给予），因为这将有违现前概念，而且此概念不是随意被构造的。我的确可实行一瞬间的反思并注视着现前，注视着在原初性活生生直观的过去（个别项之诸"刚刚曾在"连续体）内每一个别性内容之元现在中有待准确描述的现在之延展。当然在此我直观

---

① 瞬间的现前＝瞬间直观的时间样态。
② 无限现前的观念与现前时间。不可能的观念。
③ 时间直观流。现前流。流动之意识。

着，此现前如何处于流动中，或不妨说，一开始它如何存在于流动中①。此反思性的"注视"本身就是一时间物知觉、一流动性知觉，在其中存在着一流动者。自我发出的凝聚性注意目光把握住一"时刻"，并将其持有为同一者——但唯一在明证性上可能者即在直观中者，但此同一者流逝着，因此并非始终同一。变化存在于直观中，而把握行为维持的同一者，即由最初开端所规定的意念之同一性，而直观物继续地变化着。

　　人们自然可以说②：一种流动可能并非原初地可被意识到，如果在实际"意识现在"的每一片刻中只有在此片刻中的直观物一般被意识到。流动的〔fließende〕意识本身应当是流动行为〔Fließens〕之意识，如果它存在于一意向性上无关联的意识时相连续体中，那么每一时相仅只使一个流动时相是直观的，每一新时相仅只使一新的对象时相是直观的。或者：每一时相内的意识仅只认知有关其对象时相的某物，而在其之外一无所知——那么一流动中的意识将不可能意识到一流动的对象（而且现在它本身将被意识为流动的意识）。流动意识包括（我们只需阐明流动意味着什么）：在某一被直观意识者向另一被直观意识者连续过渡的每一时刻内被意识者，而且不只是一完整流动（此完整流动不断地在过渡中）被直观地意识者，而且同时是远在原初持存中的一时段作为刚刚过去者并存在于过渡中者，而这是对过去者与过渡时相之连续体而言的。流动〔Fluss〕为一形象性比喻。一物理性流动的一特殊过程被用作连续性变动之形象比喻，此变动发生于一切时间意识中（同时发生在一个体之不变的持留时间意识中）。

　　但是我们在一不可分解的统一体内具有多条时流，它们统一于一多元流动连续体内，即我们不仅是在（例如）一声音知觉中具有"时刻材料流"意识——此时流之一部分被意识作"声音现前"，而且在每一新的"片刻"都有一新的部分被意识为新的片刻。但是我们也有另一时流：作为瞬间材料的声音材料之流，这些瞬间材料属于不同的瞬间，此声音材料之流在样式上被意识作一材料之流，它具有现在的或变化着的过去样

95

96

---

①　把握在流动中的现前。

②　一流动意识可能性问题。

式，而且在每一瞬间我们都有这样的直观统一的诸样态之连续体。每一这样的连续体都不是直观现前的时间段或时间对象的时段，而是在某种意义上包含着它、呈现着它。现在显然，我们不仅是原初地意识到在过去以及再过去之过去的（在只朝向声音材料中的）"声音时间点流"，以及进而意识到这样的时流，它将这样一种声音点的逐一现前，（例如）任何过去样式，变为另一样式，而且对于全部直观现前或现前化的时间对象来说也是如此（连同其现前化的流动性时延）。这当然也适用于我们有时在其他反思中所获得者，这些反思在本质上包含在此时流中，或与其可能结合着，或与其具有内部一致性（如没入此系列的注意性的把握行为）。

我们在此这样谈论，似乎是，一继替〔Sukzession〕之意识即一继替，此乃预先所与者，似乎是，我们因此已经预先所与了诸意识之继替的一时间，并应了解：诸意识之继替是如何成为一继替之意识的？① 此一立场也有其正确性。因为我们的确正确地谈到诸意识之继替行为。我们在反思中知觉到它。我们一般地具有关于意识继替的经验，并特别具有作为连续性意识继替之继替的经验，并进而具有关于一过程统一体、一时延统一体之经验的意识。我们在此实际经验中所获得者，我们在准经验性的意识中发现其变样了。我们可以在意识继替中和在意识流中（在其中一时延原初地被意识到）进行想象。我们在此能够关注本质必然性，并特别是之后应去询问：一继替性意识必须具有什么样的本质性特质以便能够并必定意识到一时间对象？

但是不应如此误解，似乎我们是在事实世界和时间中运动着，并在其中假定着意识过程，以及似乎我们继而在一事实的意识中（经验的，具体存在性的，或被假定为在此具体存在的世界中作为可能的具体存在）提出问题。我们在此可能获得的先天性是一受经验束缚的而非纯粹的先天性，它未使我们获得任何彻底的明证性。它必然面对着纯洁化要求，有如每一经验上受束缚的先天性是一纯粹先天性的经验性束缚，此纯粹的先天性本身可能并应该被获得，而绝非通过一经验的先天性之路，后

① 关于一继替和一时流之意识可能性的正确的和错误的问题。

者是一误导性的歧路。无论如何，十分明显，意识继替像一切其他的继替（即一切在意识中被意识到的继替）一样包含着同样的问题，因为关于较在先继替的每一词语，都可作为可能的词语从意识中取得其合法性，此意识原初地产生了词语，或产生了作为本质可能性的词语。

因此我们问①：一继替之意识是如何可能的？如何理解此意识的可能性？于是此问题就是有关一继替之意识的现象学之阐明问题，此意识是任何时间作为可能性被给予的，因此就是这样的问题，它应当通过对此意识本质特性进行的反思，通过其诺耶斯的和诺耶玛的分析与描述来给予回答。

因此我们也说，例如，一继替不可能被意识到，或一时延不可能直观地被意识到，除非在此意识之每一瞬间不只一个延存之时相被直观地给予，那么此断言仅具有一种内在性本质描述的价值，当它包含着：1）一延存之意识本身是一延存性的意识，即我们自然看见者以及必然作为先天性明见者。2）这样一种我们加以准现前的意识，在其中我们借助例证法对其加以研究，在其中我们看到，意识延存的每一时相包含着一被意识到的延存之时相，以及（我们的例子假定着直观的意识）一延存之直观的时段必然作为此意识延存的每一时相中的元现前时段存在着，但因此说在一意识时相内具延存者的每一点仅具直观性，这是不够的。

我们也可追踪必然性之关联性，我们可见，瞬间直观向被直观的时延之瞬间的跨越（此时延之瞬间作为特别被知觉的［元现前的］瞬间被赋予它），如何在每一瞬间以持存的方式意识到延存之已逝去者或其一部分，以及在意识流中，瞬间直观的延展如何在此连续层阶化的持存统一体形式中连续地保持相互一致，以至于使作为同一对象之延存的一关联性意识统一体成为可能。因此这一切都是有待深入分析与描述的问题，同时，对于本质关联体的描述可经受并实际经受着一种有关不相容性和必然性之论述中的转向：这正是使我们获得本质直观、阐明、理解者。然而欠缺的仍然是某种对流动行为本质的阐明？就其中延存者为直观的而言，指出此意识的每一瞬间时相的结构，或指出作为"瞬间现前"的此直观者的"显现方式"，以及指出意向性相关项连续性的结构，此相关

———————

① 对于一继替意识可能性的正当问题的进一步论述。

项本身是瞬间时相连续性结构的相关项，但这样做仍然是不够的①。

因为此连续性在此被视作任何一种客观的连续性，如本质连续性，例如像"性质连续性"。意识在此流动着，相关项连续性是流动性的，以及流动性意识具有一种从此相关项朝向彼相关项的流动行为，这些事实因此还不是描述。一流动行为之本质包括本质因素的可能连续性，本质因素属于时相，但连续性还不是流动行为②。每一种连续性均可在意识界穿流，并因此变为流动中的连续者。或者不如说：可先天性明见者为，一连续性作为连续性，"原初地"只能在一流动性过程中被给予。但是并不是因此要说，连续性与"流动中的连续性"是一回事，有如在每一流动中（于是不是在一不变者延存的情况下）一本质因素流动行为与聚集为一实质的连续体者，肯定并不属同一类。例如当我们说到颜色连续体时，我们并非意指着，颜色性质在流动着。所意指者是：颜色性质按其本质形成了一复多体，后者在某种意义上可被呈现于流动性连续体中，或者可于本质上在流动性连续体中被说明。一切连续体都具有与时间的本质相关性，因为它们都可相关于流动性连续体。在此当然要问，在此流动中，按其本质，在一性质连续体或一般来说本质连续体意义上，一连续性是否必然发挥其作用。因此应当特别问一下，元现前连续性在一直消失着的现前中是否是一本质连续性，而且此问题对于属于此连续体的意识本身来说也同样适用。不过无论如何，流动本身作为一元所与者应当在描述上被预先所与并被加以研究。

§3. 现前场内流动之知觉以及流动行为的活生生意识。流动性现前的层阶系列

流动意识（正像延存之原初意识）是关于流动的直观意识。我们"知觉着流动"③，而且如果我们应该将此意识本身表示为一时间上延展的

---

① 静态描述和对流动本身描述，如此等等。
② 连续体和流动（行为）。
③ 流动之知觉。

意识，描述为一延存中的意识，那么我们就必须说：作为瞬间时相连续体（不论是否是本质连续体），它在每一时相上都是流动之意识，而且所谓现前以及所谓现前者，都应该补充说明为，此时相的每一个都被刻画为流动性的。因此，每一意识瞬间不只是作为流动性的元现前时相之意识，因此是流动性时相之瞬间意识，而且就流动性而言，意识超越了该瞬间，而且在此它既使得在其延存中的内容通过其时间位置被意识到，也使得流动性的现前通过其流动连续性被意识到。但是"流动"不是时相上或意识时相相关项上的一死寂特性①。流动性意识及其相关项必然具有流动性特征，而且将此完全特殊的特征等同于所谓感性材料是无意义的，因为二者是根本不同的，它们使得在其具体存在中的感性材料与并非感性的材料各自具有不同的特征；但是，流动也极少呈现感性材料本身的特点，例如像朝向着它们的一个信念、一次把握时那样。

如果我生存于流程中、现前之流中，那么（例如）任何目光中把握的现前都以连续性方式一再流入其他的、进而再其他的现前中。如果我的目光朝向任何现前，那么我就可以"在相关的时刻"完全察觉到刚刚流逝的以及具有如此特征的现前之场。在此已流逝的诸现前之场内，存在一具有"流逝状态"特征的最初者，即作为仍然对流逝状态具有"直观性"的最终者，而且此最终者正是在此时刻原初所与的现前、现在的现前②。不再是"直观的"现前视域属于最初者，"未来的"现前视域属于最终者。于是我们也可说：时间的每一现前样式被给予为现前连续流的一现前样式之时相；或者说：我们应该将一对象时间区分于其现前化的样式，而且此时间也有其变样化，有其现前样式。这些第二现前样式，第一现前之现前，是一二维连续体③。它们包含着一中线，它是第一阶现前序列诸中点连续体，于是在任何较低阶现前线上的每一其他点都对应着较高阶现前内的一整条线，在其中此时间点即时相。同样，较高阶视域不再是时间点，而是时间线。我们于是在时流的每一片刻都具有关于

101

---

① 流动不是对时相的感性特征。

② 刚刚流逝的现前之瞬间直观继替，在一个侧面受限于不再是直观的现前视域，而在另一侧面又受限于未来现前视域。

③ 现前化样式的现前化样式；第二阶的现前化样式。其二维连续体。

"初阶现前流"之意识，此意识具有作为相关项的"视域限定场"，我们可将此场称为"对此瞬间之第二阶现前"①。

但是，应该注意，我们一向是如何对此论述进行处理的。我们是如何获得此第二阶瞬间现前的？以及是如何获得第一阶瞬间现前的？在意识流中我们的意识生命流动着并溢逝着。我们在一片刻间，在一"当下"中"把守着"。虽然即刻溢逝着，但我们固定住了在其中作为现在者和过去者等等之场域所原初一致地给予者，固定住了作为一个别物之一时间段的样态领域。我们也明见到，此领域存在于恒定所与的新样式中。在意识流和被意识者之流中，此领域本身为一统一体，它存在于流动的样式中，但当我们朝向该相关领域时，我们却看不到该样式。当然，该领域只是在反思之"第一刻"才是实际地在直观中的；一旦我们能够对其进行研究，进行区分，它就失去了直观性。它失去了初始的直观性，而在另一侧新补充的直观性对我们却无济于事。这些直观性不再属于我们要维持之领域。

我们可以至多产生再忆，并重复地，当然在"再意识"中，获得该"原生状态"〔statu nascendi〕领域，并在再忆链接中对其认定，因而此初始状态领域成为一种同一性的、某种程度上可研究和分析的主题②。在重复性的相符关系中此主题获得了主题上的效力，而且，虽然没有成为一连续延存的和不变的领域，它使我们如此易于处理主题，这正是由于同一性之连续相互一致的效力之故，但其所获得者为一离散的直观相符性效力，后者是通过连续同一性的，但是空的意向所获得的。

然而正是此问题本身是现象学主题分析的一个部分。无论如何十分明显，在一瞬间反思中（或许在"刚刚曾在瞬间"中）的一个别时段样态之瞬间领域（此领域当然不可能是逐点逐刻现实性的）是可把握的，而且甚至在其客观性中（作为真实对象）是一观念。

但是此领域在此仍然是取自〔herausgegriffen〕一不断的意识流中的，此领域甚至是从这样一个"瞬间场域之流"中被原初所与的，有如

---

① 第二阶现前。（原文如此。——中译者注）

② 再忆对于把握样态领域的作用。

在一瞬间场域延存性维持的企图中的直观性缩减现象中产生者，它以特殊的和可描述的方式彼此部分地相重叠，但并非实在地共同具有"现实的部分"①。相互叠合者的确显然具有一不同的样式，在此特殊之点在于，我们能够通过一样式（部分地）直观到彼此之存在。如果略此不谈，那么问题就是：一流动中的原初意识究竟为何？

103

因此，从"一阶现前流"中我们"在每一片刻间"都有一意识，此意识以该"有界限的"场域为相关项，我们称此场域为"二阶瞬间现前"。

但是，我们在此实行的是一种特殊的"抽象"，我们向一瞬间所与者投以固定性目光，但此所与者仅只是一"暂留者"。实际上，在此抽象之前，我们具有流动本身的一活生生的意识②。生命本身存在于关于流动的活生生的意识之流动中。对于流动的每一时相（每一时刻）我们都具有一离去中的视域，我们所谈的是该离逝中之双重连续体。但是不止于此，或宁可说，只要我们具体地意识到此"离逝者之流"的话。如果意识离逝着，并按其自身本质不可能意识到此流动，那么我们就永远不会知悉某种关于流动之事。而且，在此所与的流动，是作为在一新的当下之"闪亮"中的原初生成者被给予的，是在下沉中此"新来者"原初流逝之当下的、已沉没者的原初下沉之当下的"闪亮"中被给予的，而且这一切不是在对个别时相的抽象思考中抽象地所与的（如此处这样），而是这样被给予的：作为现前之原初流动的变化，作为随着"刚刚新来者"及"刚刚曾存在者"之下沉出现的"新当下"之原初性"自扩展"〔Sich-Er-weitern〕，如此等等。

出现。一具体存在的开始："原生状态"中的时延。时延之完成——具体存在之终结③。

已完成者，已完成的过去，后者不再提供严格意义上的消失者，而是结束者，它可重复地再产生，重新使激活。

---

① 二阶瞬间现前本身来自这样一种二阶现前流。部分的叠合性。
② 关于流动的活生生的意识之元事实。
③ 生成中之活生生的存在。发生与消失中的存在。

§4. 流动之元事实的不同层阶。流动中"现在"之发生 与流逝。反思在流动描述中之不同目光朝向

我们说，一内在性的个体，一声音，被给予。它存在于那里，如其所是地存在着，它被构成一流动统一体。声音一旦发生，它即当下出现在现实中，它成为现实的①。但它在时延中存在着。它永远不断更新地以一新的（相同的或变化的）内容出现在现实中。或者换言之：它出现在现在中，它是带有其内容的现在者，但此现在物立即变成过去的，而且同一声音带有新的（相同的或变化的）内容成为现在的，此"声音现在"与刚刚过去的声音合而为一。新的声音现在再次变为一"声音过去"，后者复又变为一更远的声音过去，如此等等②。一不断更新的声音现在发生，它与在一声音过去中的刚刚曾经是现在者的变化合一，而且更远过去的现在之刚刚曾经是现在者变为一更远去的过去，如此等等。

因此我们具有一"时流"，它是新的当下之一恒定的发生行为，而且是一曾经的现在之一恒定的"消逝行为"，它恒定地变化为过去，而且是已存在的过去者又恒定地变化为更远逝的过去，如此等等。或者，现在者之恒定的自产生，现在者自变化为过去者，后者又变为更远的过去，如此等等。我们最好将此时流描述为一特殊类型的、连续活生生的序列，其时相存在于一定的同一性关系中，在其中相符者不是同一的，而是不同的，如此等等。我们需要非常细心。但人们最好一开始不说变化、改变等。

对此，人们可以有不同的反思态度③。

人们可以注视当下（声音当下）并研究现在④。注意行为之目光，连接于"现在形式"以及在此形式中的所与者。在此流动中此形式之内容不断地变化着，但在此变化中人们仍然意识到一种同一性，就像是在连续的"曾经存在"之完全融合统一的系列中那样，一种同一性被贯穿着，

---

① 声音的发生。
② 现在之变化。
③ 不同的反思态度。
④ 对现在之注视。伴随着现在。

并在持续的相继行为中始终被构成着。如果目光朝向当下，那么因此一同一物、同一现在物、同一声音被意识为（在此意味着"被把握为"）持续不变的或持续改变的。而且在目光的回视中：在此持续延存中的同一声音刚刚延存着，通过持存系列的此全部时段延存着。

如果我们将目光固定于同一的续存者上，那么内容的变化在续存者中就显现为其改变性，而且"始终相同者"就显现为不变性，显现为"单纯"自延存着的延伸现象。在续存的、延存的内容上流动着"现在形式"，或更好是说：被维持为同一性的对象使得现在形式（当下）消退，变为过去，而且与此同时充实了内容，即时相之改变。对象时延之时相向后流退，它本身成为新的。它改变着，在其中它变为另一内容，变为新来者，此新来者进入，对象成为在其中存在者，它存在着，而且该时相退流为曾经的存在者。因此我们具有一对象"状态"之流逝入过去，而且与此相对，具有"成为新者之流"〔Fluss des Neuwerdens〕，如果我们将对象固定于其同一性和其连续的现前中的话。时间，即时间样式，于是流动着，而且此流动维持着一同一性状态，但其存在样式是变化着的。

但是如果我们使此流动成为对象，即成为原初的相继行为及其相关项，此相关项在其中存于相符关系中，那么对象就显现为在时间中之运动，当我们注视着一未来点时，当我们一般地维持着一定时相的任何时间点时，于是它似乎是在向后退着，下沉着，而且与此相对，一切新来者"出现了"。因此应该描述以下诸现象：不同的可能目光方向，显现着的不同"过程"、延存，从现在到现在之突进，每一现在向过去之下沉，或者向永远扩大的过去之后沉，以及或许必然产生的一切"显现方式"①。

再者：在此流动的每一时刻我们都能对其坚守，并在持存中仍然将被直观着的被意识者全体把握为统一体。从仍然延存的该过程开始的此把握行为，一般来说在此时刻是直观的，仍然是直观的。这就是直观性现前、结构、视域等不同概念之一。时流意识，作为活生生继替之意识：由于此流动之结构（图式）包含着关于该直观现前序列的意识，整体来说它甚至是诺耶玛上的此序列。

106

---

① 一延存者的发生与消退，每一点的发生与消退，一延存者的每一瞬间状态。

Nr. 6　行为作为"现象学时间"中的对象。时间对象和构成性的元流动

§1. 内在性〔immanenter〕材料的知觉如何区别于此知觉的内部〔inneren〕意识

　　对于意向性体验，对于行为和诺耶玛行为相关项的内在性知觉的问题，以及更一般地，对于这样的问题：何种"内在性对象"和"内在性时间"具有行为，作为质素性材料，它们是否被构成现象学时间内的延存单位，以及在现象学时间内这些材料是如何被构成的①；再者，与此紧密相关者为：是否应区分我们称作"内在性行为"（行为作为内在性时间中的对象）和我们称作原初性的时间构成的（在时间形式中构成时间对象的）意识，后者作为元流动，在其中应当原初地构成所谓一切内在性对象，因此也包括作为内在性对象的行为，以至于在正面意义上存在之较高尊贵性，后者应归于最原初的和最真实的存在。

　　对于内在性的质素材料的知觉来说，问题变得如此尖锐：此类材料之存在被包含在其内在性的被知觉中（把握行为自然被排除在外）。此材料之知觉本身如何呢？如果它们也是内在性对象，那么它们的存在也处于其内在性的被知觉中吗——这样我们不就会无限地倒退了吗？但是，如果应当指明，内在性材料的知觉事实上被知觉，而且它们是这样存在的，即它们作为时间物在体验中存在着，此体验与它们并非同一，而是

---

　　① 问题系列。

超越它们的，于是只有"内部的意识"事实上才可能是统一的知觉。

这样就产生了这样的问题：内在性的材料的知觉如何与此知觉的内 *108*
部的意识相区分？在此如何充分明了：感觉材料不是"内部的"知觉之
对象，而且不是在与其知觉以及与一切其他的行为相同的层阶上为最内
部的意识所包括；以及如何充分明了：因此行为的知觉（一切种类的直
接内部意识）具有一最特殊的内部的关联性与最特殊的结构，以至于其
中被知觉者本身可再次是"有关……知觉"，并自身构成如感觉材料那样
的新的内在性对象①。

应该指出，内在性材料的知觉，以及一切行为，由于作为体验之元
流动的内部意识之本质结构，必定被构成内在性时间对象以及如同被其
所知觉的材料的那类材料，而且其"内部的"被知觉者正是存在于此构
成中的。而且也应避免误解，似乎知觉已经在完全的意义上是构成性行
为，虽然归根结底它只不过相当于内部意识的最后知觉，此知觉自身构
成着以及内在地包含着一切其他的知觉。

只要一内在的声音延续着，声音的知觉也延续着。知觉体验本身是
一内在性时间中的事件，其延存与被知觉的声音之延存一致。一内在性
时间的每一时间点都是在某种意义上被双重占据着的，即被声音时相和
被声音知觉之时相占据着的。

在此还须考虑：声音可能是一不变的续留中的声音，内在性的时间
形式部分被充实以连续同一化的声音内容（声音本质）。我先前意念着一
行为，因此例如，声音之知觉，即使声音是不变的，该时间段绝不可能 *109*
被本质同一的时相所充实。不可能具有一不变的行为，因此在此不可能
具有一不变的知觉。这正确吗？如果我们必须或应当将声音知觉理解为
原初地构成声音延存单位者，那么不变的知觉就是不可能的了。因为由
时间对象构成图式表明，构成性意识的每一时相虽然彼此相似，但绝无
两个时相彼此完全相同。但是，如果人们理解，如果人们应该理解，声
音材料的知觉（某种意义上的内在性知觉）是内在性时间中的一行为对

---

① 在《逻辑研究》中内知觉（相对于外知觉）是这样一个标题，它同样将内在性感觉材料
理解为知觉的知觉和一般行为的知觉。

象，因此是某种类似于一切内在性时间物，首先是在原初时间意识中的被构成者，那么就应该区分构成着声音知觉和声音的意识与构成着声音知觉的意识，在此构成性意识意味着一种在本质上新的意义上的内在性知觉。"内在性"因此具有一种一定的、在《观念1》中规定的并一贯性地维持着的意义：正是那种与在一充分所与的时间形式内的充分所与的对象统一性有关系者，以及并非与属于内部意识的因素和形式有关系者。然而我们无法在此对其继续讨论。无论如何，现在在区分声音知觉和原初意识或内部意识时，在后者中此知觉本身被构成时间统一体，十分明显，以上断言并不适用，而且绝无理由否认，一不变的声音本身之内在性知觉是不变的。因此行为也可以不变地续存着。至于是否一切行为均如此乃是另一问题①。一次意志决定是一定时的行为，它是以离散方式根基于行为的"行为突变"〔Aktsprung〕，后者本身为一行为，而且可于极短时间内越过一时段，就像一性质突变可于极短时间内越过一时段一样。

110

§2. 元流动的所与性和行为的所与性，以及行为相关项作为内在性的时间客体。内在性知觉的诸不同概念

　　一种内在性的质素知觉，如一种感觉材料的知觉，是在内在性时间中的一延存性对象，于是正像知觉所知觉到的声音是在此同一时间内的一持存性对象一样。二者都是在原初性时间意识（原初构成着内在性时间对象的意识）内彼此相关而不可分离地被构成的统一体。在此人们将推论说，内在性的质素性知觉，正是作为在原初性时间意识及其相同的意向性内之被构成的统一体，不可能与此意识本身同一。

　　但是，知觉不可能是一个层次、一个排列于此系统性意识内的行为连续体吗？此种设想的确近似于真确，如果我们已经知道，原初性意识流动也是自身被构成流动的，因此一行为序列不只是存于意识中的，而且也是被意识构成为序列的。

---

　　① 每一具体的持存是一行为的例子，此行为不可能充实其时间而不变化。

如果我们回忆起构成一质素延存之意识的系统性结构,那么它就是一二维行为连续体,于是我们就在其内发现,一线性特征的行为连续性,作为一连续的继替现象,在其中每一时相都将一声音时间点变为元现前。

这意味着,相关"元现前化"内的每一声音时相,都是在活生生的〔leibhaftiger〕自身性中,在纯粹充分性中,被给予的;前把握的〔vorgreifenden〕意识,因此即还未被充实的意识,尚未与此现前化相连接,此现前化,就其对象点而言,仍然要求着再充实化。在每一这类行为时相中,因此都存在绝对原始性的、严格意义上内在于它们的相关声音点,后者是"实在地"包含在其行为时相中的。但是不应对此误解。声音点不是自存之物,后者存在于该行为点中就像是放入箱内似的,二者是彼此不可分离的:声音点即存在于活生生现在样式中者,作为行为之相关项,就像纯如其所是的那样作为本质上存在于行为之内的相关项。而且不止如此。此类行为,或者说此类相继性时间点连续体,是一非独立的线性连续体,它来自构成着时间对象的意识之一扩大延展的具体连续体,后者只有在此完全的关联域中才可设想。预存系列之连续关联域属于元现前化的每一点,并由诸点所充实,预存之连续性序列,从每一这类点流出,这些点都必然是去实化之序列。一意识统一体穿越着整个具体流动,后者带有其充实化与去实化之流动线;此意识统一体作为包罗广泛的、认定性的以及因此客观化的相符关系,只有通过此相符关系,对于作为相关项的意识来说,此具体物,重复流动中被构造的具体声音时段,与其流动中彼此排序的或在形成中相互凸显的声音点,被统一地意识到。然而在此关联域中(它们也只可在其中被设想到),元现前化才具有真实、纯粹、绝对活生生的行为之特征,而其相关项才有声音点本身的特征,这些声音点遂作为预存维上在"将来者样式"中被设定者以及现在自身可显露者,以及进而再作为在持存维上以"刚刚曾在样式"于意识中被保持着。

但是现在,如果在"元所与性样式"中仍然在元现前化行为序列中(自然是在此具体关联域内)被意识的声音材料,是声音延存段本身的声音点,那么相应地其元现前的行为就是其知觉本身。在此,对于进行把握的知觉,因此即共同地使把握行为完成,我们甚至可以说:注意

111

着——把握着——内在延存的声音，知觉着所朝向者，这就是这样一种即使无此样式也是可能的、构成着体验时间的流动之"注意性变样"，以至于在此变样化流中注意目光穿越着原初性元现前化并跟随着其连续的序列，而且朝向着其元现在。这只是对以下情况的另一种表达：注意性变样化，即相关于被构成的时间对象者，是时间意识完成的一最终特殊性标志，在此就对象而言，这就是一元现前化系列的标志，而且相关于一最终的、不可继续被描述者。另一注意的样式是针对声音知觉反思的样式，作为延存的、绝对活生生地把握着声音的意识，或者作为注意的意识，此意识进行于在其展开中的声音之连续继替之中，实在地逐点逐刻地具有以及或许把握着该声音。在后一种情况下，因此我们获得了对声音注意的样式，因此它是可能把握性的知觉之组成成分。此新的注意样式，此新的"注意之目光朝向"（当然是一比喻），对于构成时间结构的意识来说是可能的，此意识，按其结构，具有令人惊异的但完全可理解的属性，它不只是存在着的，而且是相关于自身包含着行为相继性和相关性的统一化意识而存在着的。我们此处关心的非独立性的行为连续体，声音点之元现前化的连续性继替，当然是内在性声音的知觉，其连续的持续延存或生成中存在的知觉，只是由于构成统一性的全体关联域，在其中此集体才起着作用①。但是它已经具有此功能，正是由于它进入了此关联域，在其中只有它是可能的，而另外，由于此同一关联域，它自身即被持续构成统一生成的行为序列；它的每一时相，都是相对于在反思层次上存在于整体关联域的预存与持存的，在元现前化方式中被意识者是知觉本身，此知觉是有关相关活跃性声音点本身的，是时时现在性的和绝对活跃性的。其所与性方式，作为延存中存在于生成中的统一体是与其相关项的所与性方式完全相同的。延存与延存相互符合，并非存在两个被分离的时间形式，而是它们通过相符性被统一的，按照两次目光朝向而完全相同的，甚至在此双侧性中是同一的。然而对以下所

———

① 人们可以说：声音点的元持存之连续性继替也是如此，声音之连续性的新鲜记忆也是如此（只要它流逝着，或整个流逝的声音之持存流逝着），但那时我们不是触及一线性连续性行为，而是触及时流之多维性！

论仍然须予以注意。

当我们谈到内在性的声音知觉时,我们常常意味着在其原始的或实在的现在中对声音本身的持续性具有,而当我们进行"反思"时(在洛克的意义上,或者甚至在最初的但不是最低一级的意义上),是在其原始的现在中把握此具有〔Haben〕本身,于是属于被把握者的,如先前属于被意指者的,不是预存和持存的复多性系统,通过预存和持存此具有只可能存于意识的元流动中,而且它们在向前和向后流动中赋予具有一内在性的时间客体特征,因此即一延存中的、在时时刻刻元现在的时间客体之特征。在此我们可感觉到一个悖论,因为一方面,内在性对象,与其内在性对象一起来看时(内在对象既非在知觉之外的也非自在的,而是与知觉不可分离并合一地存在、生成、延存着),被视为具体对象;另一方面,存在着声音元现前化的连续性继替,此声音仍然仅只是延存的声音知觉,某种非独立物,在时间构成性意识中的一种非独立的界限。

回答可能是这样的:"具体化"一词相关于此一彼一时间对象领域,或相关于那种存于一把握朝向中的个别性对象——因此相关于一封闭的时间场。在其中我们有抽象物,而非独立物,后者只有作为一具体项的因素时才有可能。在此首先具有启示性意义的是注意到:单纯内在性的感觉材料也被我们视为具体对象,尽管其非独立性相对于这样的行为,这些行为原初地给予感觉材料,而之后向后方向地共同构成着它们:这就是在这样的态度中,在其中我们不进行反思,而且在其中因而只存在着内在性的质素领域,它作为一独特的时间领域延展在我们的把握性目光之前。同样,如果我们进行反思,并使我们的目光如此穿越原初构成性时间意识,以至于元现前化的系列就成为我们的客体,成为预存中被意指者,以及之后甚至成为被给予的时间客体,之后我们在作为行为统一体之形式的内在性时间中,获得延存的知觉;我们实际上发现它在朝向元现前化的目光中被给予,而且在穿越持存的目光中发现它作为刚刚曾存在者仍然原初地被给予。如果目光向后滑向给予持续性刺激的内在性材料,如果我们退而持"较自然的"态度,那么我们就具有相关的内在性时间领域,但是在此作为相关项的过渡中,它们相符一致地,并由于相同的形式，而被统一为相关性的内在性对象，这些对象是彼此不可分离地被给予的。

最后如果我们也把目光朝向元流动，后者是一诸连续体序列，但不止于此，它还可采取这样一种目光，以至于此序列本身成为可见的①。于是我们具有一新的时间形式和一新的对象领域，一新的具体化，在其中，作为包括最广者，通过适当而特殊的目光朝向（正是先前的目光朝向），一切先前独立的对象连同其时间，都显现为"包含在"当下对象及其时间中。对此当然应该正确理解。而且应该研究，在与先前类似的意义上，于何种程度上在此应该谈到一时间及一具体领域②。问题也在于了解，元流动，是否像我们所说的那样，作为一时间场，作为一可直接知觉的领域，给予了我们（例如）直接所与者领域，无论是感觉材料领域还是行为领域（在我们的第一现象学的意义上）。我们在此具有一被规定的层阶系列。我们在质素性材料中具有一具体所与者的或个别对象的第一领域，它们带有相关的时间形式。一种反思引导我们达到一新的领域，达到时间对象的变样，或达到在其时间样式形式中的第一领域之对象③。

115

§3. 内在性时间对象之消退与构成对象之过程的消退是平行的，但不是真正同时性的

不是朝向于生成性、延存性声音或把握之后刚刚曾存在的声音，或者不是在再忆中重新把握声音并如此专注于同一性对象，我可以朝向声音之现在、过去，朝向样态之变化，其连续性关联域，并因此能发现声音时间样态之流动，当它被给予时或在它曾被给予之后。于是我发现在

---

① 我们具有流动时间的留存性形式，我们具有在其中与在生成中结构化的对象，其元现前时相或元生成时相是线性的行为连续体，我们称之为横向连续体。

② 但是为何此问题应该被质疑呢？

③ 注意样式在此形成了困难。按直线方式沉浸的注意是专注性的，在此注意力需要分配于时段以及甚至时段连续体内（此专注性不是指注意力强度）。但是如果我们注意于一声音的一完整时延段，我们已经有一注意力分配。如果我们注意于时延所与方式流，我们甚至有一二维上的注意力分配。

一方向上进行的一流动，它在每一时相上都是一连续体，就像图式所呈现的那样。内在性材料的样态，例如内在性声音与声音或每一声音点（其本身也具有其所与性方式特征）的所与性方式完全一致。在此样态中我们可以凸显一连续线，元现在化序列，在元现在样式（在"当下现在"时段，在活跃性现在本身）系列内声音点的所与性方式。但是我们也可不谈在现在样式或过去样式中被刻画的声音，而是只谈声音之知觉、声音之持存、声音之再忆、作为声音的现在体验（于是也是谈其曾经存在，再忆中的或持存中的被给予性），在其中声音显现为现在的或刚刚过去的声音，如此等等①。

　　问题在于，相对于前述者这意味着什么呢？声音是过去的，过去的声音不是当下的。但关于"过去的声音"之体验是当下的，而且此被意识为"过去的声音"是当下的，在现在的体验中它被意识为是过去的，而且如果它是原初地被给予的，那么它就在持存中被意识到（否则的话，它就在再忆方式中被设定为是过去的）。在现在序列中不断成为过去的声音，是具有同样时间位置的同样声音，过去的声音本身是一现在物，但是具有"现在流"之流动物，并按照过去样式流动着，在此过程中同一化相符保持着同样的"声音"。

　　我们当然需要一种态度的改变，以便从作为物的声音返回物的时间构成性意识，而且我们并未在现象学时间中，与物在同一层次上，如此发现意识②。但是如果我们之后反思并同时维持（把握住）被构成之物，那么就应当将意识同时称作物。意识是在反思中被给予的，并必然被统一地意识，因此与物不可分离；物之时间形式和关于物的意识之过程形式是相符一致的。当然，为了更加精确，就必须问：此相符性是否是相关于一形式因素的同一性相符？我们称作物之时延的形式，是否实际上被意识为与这样的形式同一，该形式是我们发现为过程形式、意识之流动形式的？现在，比较确定的是，通过现前化与持存声音被构成的方式

116

———————————

①　同样的声音存在于过去样式中＝声音在持存中通过变样化被给予。此声音是过去的：此过去声音之现象，此即作为现在的、原始出现的现象是持存，持存即被设定为过去的声音之意识。

②　同时我区分了物之知觉与物之原初性时间构成，因此对于往后的思考也须进行区分。

117 和过程被构成过程的方式最终是相同的。元过程的每一过程时相，也都是在一元现前化中被给予的，一当作为绝对最初者被给予，并之后再次在预存与持存中被给予，完全像在其中之被构成物一样。因此二者就时间和本质而言是相同的。

然而这与在"物时间"〔Sachzeit〕中两个同时间物被构成的情况不同。每一个都是由于其持存等系统被构成的，而且诸构成性形式符合一致。但是我不认为如果这样说有何不对：此相符关系在此实际上连续地构成着时间形式的、个别时间段的同一性，或者诸延存物按其时延的恒定相符性（一种同一性相符），而后者还未在同一意义上为了构成性的过程意识及其对象而发生。虽然如果人们考虑一般性时，那里存在着一种形式的共同性，但一方面"物"〔Sache〕与"物意识"这两个统一体的构成属于不同的维面，另一方面在构成方式上它们并不实际在本质上相同，这已经显示于：物在意识流动中被构成，而不是相反。物时相形成了构成性序列，后者在一新的序列过程中被构成。此过程时相形成了一连续性序列，后者不是在一新过程中被构成的，而是该过程本身具有令人惊异的特性，竟可同时成为过程之意识。

反之，对我来说，人们显然不可能对此进行反驳，物时间和意识流动时间的相符并不是一纯粹的同一性相符，如在不同物之时间性中那样。在后一种情况中，时间在计数上实际为一，而且时间的同时性时段在计数上为一个时段。两个同时延存之物，在数量上充实着内在性物时间的一个时段。反之，人们不可能将一声音时延的时间段和构成着它的意识流动之相应时段看作同一的，即实际在数量上为一，另外，如果我们观察两个构成性过程，构成着两个同时性物，我们就须再次说，它们按其时间段在数量上是同一的。这是过程的一个形式，它包含着作为内部意*118* 识的一切意识，在这里相符性再次是严格的同一性相符。但是就意识时间与对象时间相符而言，这是一种必然彼此相关的平行物之间的相符，如果排除本质相同性不谈的话，此本质相同性，尽管如此，在继替形式中存在于两侧。

§4. 论同时性概念：时间流程的不同层次与时间秩序的 统一性。《观念1》的理论

如果此思考正确，那么其结果显然必定将转用于内在性时间和客观时间的关系上，而且同样的思考先前已经转用于内部意识之诸耶玛形成之时间与被构成的外部对象本身的关系上，例如，在内部意识中呈现出了一外部对象的话。

在反思的不同方向上被构成者，虽然被构成其时间形式内的一对象，但只有反思的相同方向的对象具有同一时间形式的共同性，它们形成了现实物和可能物的一自身封闭的领域，带有一包括所有这些物的时间形式。因此这意味着，人们应该进而断定，感觉材料和外部对象（被采取者正好是知觉者所见者，并与外知觉的意义一致）从不在实际同一时间内显现。这就是第二"物世界"〔Sach-"Welten"〕的对象，但其时间形式具有必然的平行关联性。

因此，相同时间性概念将包含着一种现象学的歧义性。一切在构成中彼此本质上相关的，并在某种意义上统一的对象（这些对象在直接的和反向的〔反思的〕方向上被构成），在其构成性的层次上具有其时间；但是所有这些时间都具有彼此一致性，只要它们由于这些对象构成之平行性而彼此逐时逐点地相符合，并因而形成了一秩序统一体。在一时间内的每一点，都通过单纯的反思性转换，给予我们平行时间的相应点。这是一唯一的秩序系统，虽然其秩序点以多元方式被构成。诸平行者在此具有一被构成的关联体，它意味着，在一平行领域内的每一成员也都可能相关于另一平行领域内的平行成员，而且可能按其在秩序内的位置而在后者中被把握。*119*

在此我们可以援引空间构成领域中的一个类比性情况。如果我们从对外部空间（在其中被给予的是感觉物）的朝向转移到对视觉方位的朝向，那么视觉方位虽然有其作为在任何视觉场内它们的广延和位置的自身共存秩序，但是由于此处发生的"相符性"（因为客观空间物借助诸方位被呈现），我们发现，在从一种朝向过渡到另一种朝向时，诸方面不只

是相关于相应的物，而且也被插入物空间内。客观颜色在其中呈现自身的"颜色方面"〔Färbungsaspekt〕，连同其感觉性外延被置于带有其客观空间性的物本身之上。"方面颜色"〔Aspektfärbung〕部分的秩序，与所见的空间物平面及其颜色部分的客观秩序，具有某种共同性。

但是，在我们的时间领域，此相符性或平行性概念还须进一步讨论，因为我们必然地具有相互明晰的对应性。因此假定我们偏重于这样的对象领域，视其为对我们来说是第一位的，即被如此构成，它唯一不需反思地（在较发达的意识中），在目光的直接方向上被给予，而我们只是通过反思从该领域达至一切其他对象——简言之：如果我们从自然世界和其客观时间出发，那么反思世界时间被加于客观时间之上，正如此反思世界对象，某种意义上或直接或间接地，被加于自然对象之上。客观时间成为这样的时间，平行时间的一切时间物被纳入其秩序内，在其中时间，尽管在非严格的意义上，被转化为与客观时间相符一致者。

当然，此一看法还须进一步说明。但是我的意思是，我们应该十分细心地将属于一唯一连贯性的反思层次（未被反思的对象在此形成了所谓的反思之零层次，并同样有作用）的被构成的对象之构成性形式，与平行的反思层次的平行形式之构成性形式加以区分，然后进而区分将他们结合在一起的两种一致性秩序：一种是通过其平行性相结合的，另一种是通过平行物之本质连接相结合的。

《观念 1》：我在该书中提到一种现象学时间的观念，属于此观念的是作为被构成的统一体的质素性材料，以及诺耶斯和诺耶玛相关项。因此我认为可能将后二者作为被构成统一体与质素性统一体置于同一平面上，并可能将它们都视为一现象学时间之成员。之后我想到了（如果我正确地描述了我旧的观点的话）原初的时间构成性意识，其结构需要一特殊研究。而且我的意思是，此结构对于一切现象学时间的对象，不论是质素性材料还是行为，都是相同的。但是有待思考的是，在排除了时间构成问题之外，我在《观念 1》中进行的关于行为的研究属于何种类型？何种类型的纯粹意识结构可能被研究处理？质素性事件和诺耶玛事件之间的何种类型的关联性可能被特殊研究？如此等等。

如果我的思考没有失当，那么在主要方面一切至今为止都仍然是正确的。如果反之,以上所描述者就还需要一些补充,如果不是要求纠正的话①。如果我设想一种有关知觉、想象、判断、意志等等的现象学,那么有关时间构成的问题,像这些体验类型如何被构成时间客体的问题,就须暂时搁置,因为此构成对于一切行为及其诺耶玛相关项都是一种共同之物,是本质上相同者。就此而言,因此我的处理是完全正确的,那么将原初性时间意识现象学推迟处理大概也是正确的。 *121*

§5. 诺耶斯的和诺耶玛的时间性

现在我们来进一步考虑:

一外部对象在客观时间内延存着(其延存充实以一时延对象时间点连续体。从构成性来说,在被知觉的对象时延中,每一被知觉的对象时间点〔每一原初作为现前被给予者〕正是一个点)。同样,一内在性对象、一质素材料延存着,而且所与时延被充实以质素的"时间点材料",后者即从片刻到片刻地作为现前被给予的。("对象点"在现前地被给予后,当然是在两侧被意识为"刚刚现前曾在者"等等,而并不存在任何时延意识统一体。但是此情况属于时间对象之构成,而其本身是在元现前上出现的材料之构成性时间序列。)

一知觉、一想象、一判断等等,也是一时间对象、一充实其时间者、一时相之时延连续体,后者按其序列成为原初性所与者。

现在该对此进行慎重思考。例如我将一知觉描述为一感官物的躯体性现实之意识,或者将其描述为一内在性声音的躯体性现实之意识。那么进入此意识者为何?全部时间构成性的意识,在其中仍然不仅有时延性声音,而且逐时逐刻地(按照元过程计算的)也有不只是现在的声音,并且也有刚刚过去的声音、被期待的声音等被构成着,简言之,一时间样态连续体,以及在整个过程中此连续体之连续体,逐时逐刻地被构成,在其中一唯一的时间线被构成由诸内在性声音相互整合而成的(Sich durch Integration aufbauende)时间延存。此延存为这些诺耶玛存在 *122*

---

① 已经改正了!

〔Bestände〕之相符统一体，但它不包括此诺耶玛存在，而是仅只包括意向性统一体，后者产生了一时间线。

为什么我现在谈到作为时延统一体的知觉、记忆、感受、判断？在逐时逐刻的过渡中，知觉、声音的躯体性现在之意识，被原初地给予，而且通过其在内意识中的样式层次变化而被维持着，并在维持中成为同一者。在此，我们也在连续性知觉本身及其时间，与在其中知觉时时被给予的时间样态之间，做了区别，因此即在时间流的所与性方式和内意识之间做了区别。我宣布的判断"2＜3"是一过程单位，每一现在时刻都对其有所贡献，而且在那里被原初把握者是连续地被变样着的，但是属于判断的，为"样式所与者统一体"，即此同一者，而不是样态化。在判断时间中作为过程的此一判断，并不包含持存性的和预存性的改变，这些改变属于内意识之判断现象，而且对于一切行为均如此。因此我们仍然有一自身的行为时间，并且以上试做的说明不可能正确。而且，此内在性时间是一形式，它对于一切"内在者"都是共同的。内在性知觉不是真正意义上的被知觉的被构造物，而是内在性时间的一相关性的和本质互依性的统一体。因此，所说的一切再次仍然是正确的。

行为、行为相关项（直到包括意向性现实）、准现实等等的一切本质特征，都实行于内在性时间内。但是，内在性时间对象本身是被构成的，它使我们诉诸内意识及其元过程。正是在此，我们大概具有了一种根本性分界。此元过程是过程，但不再是以相通于内在性时间对象的同一方式被构成的。不过，行为作为内在性统一体是怎样的被构成者，对此我们已经明晰了解了吗？

从该图式中应该显然可见的是，不仅是时延性声音统一体由于元现前化、持存、预存的相互作用而被构成，而且也明显可见的是，声音的内在性知觉统一体是以如何方式被构成的①。首先要考虑的是，"被元现前化的"材料统一体被意识为声音点之连续生成的连续体，因为在内意识过程中出现了一"元现前化的"时相，而且一具体存在可能被设定为客观的存在，因为在预存和持存的流逝中此声音时相仍然在对象侧被保

123

———————————

① 完全多余的重复。

持在同一性相符中，而新的预存面对着新的预存，在进入其中时对其加以认定，在持存性时流中只是在另一所与性样式中将其保持着。但是这对于元现前化本身来说也是如此；对于我们称之为现在样式的实质物〔Sachlichen〕的所与性方式之样式也同样有效。它们被意识作"更具原始性的"，具有其持存性的变化，如此等等。由于内意识的独特结构，诸元现前化系列本身作为一客观序列，作为一时间性统一体，在其中每一点通过其所与性的一切样式被保持着，并汇集为一时间段统一体。每一点都是关于声音的知觉，（例如）这就是声音的原初性把握或声音点的原初性意识具有，后者有其相关项。

在构成着全部时间对象的意识中的元现前化系列，是一抽象的片段，但此整体意识是这样形成的，以至于它在自身将此系列〔Reihe〕客观化为序列〔Folge〕。

因此，声音系列本身被构成序列，正是因为，诸元现前化是逐点逐刻进行设定的，并在相关的必然变化中保持着该设定（呈现者是通过一切所与性样式，仅只在不同的样态中，被保持为同一物的）。但是声音知觉系列之序列是相应地被构成的，此序列是行为时相系列，诸行为时相系列完全是原初地给予诸声音点的（而且仅只是元现前化的），此系列本身不只是在意识中具有客体物，以及在其变化中以变样化的、同一客观的方式在意识中具有客体物，而且行为的变化，同时在相关于此系列本身时，包含着变样化，包含着样式的所与性方式，在其中它自身的具体存在获得认定。因此一切都相关于诺耶斯和诺耶玛的变样化结构。

Nr. 7　论时间样态理论

§1. 感觉对象中的原初时间构成。有关一时延中声音的新当下意识与过去当下意识的关联性

　　如果我们从构成性的意识中抽出一"片刻"，那么它就提供了一"点时相"的"当下"，以作为"元原始性"〔Uroriginarität〕时相，并提供了一"刚刚曾存在者"的连续性，以作为持存维上正在消退的诸原始性之点时相。因此，此最一般的形式是为每一片刻存在的（而且，准确说最好视其为一多维形式）。但是，在彼此相继性中它对于每一新的当下来说，原则上也是一内容上的他者，每一新当下都具有另一"彗星尾"。对于每一片刻，彗星尾都是一融合统一体。一种连续的相似性相符必然发生，而且发生了一种按照相似性程度实行的融合，此相似性程度也即其意向性层级化的程度。在一切情况下这都相关于意向性层级化形式，只要就一个别性感觉材料（如一声音）的被构成统一体而言，只要它也相关于意向性内容，而且此一按照形式与按照内容的双重相似性表示着声音过程对象之时相连续性，赋予其一种特殊的"凸显的"统一体。因此，在每一片刻，在每一"当下"，我们都有一融合的系列，后者对于每一新的当下都必然是另一系列，即连续性中的另一系列（而且，此系列的消退本身再次形成了一连续变化中的融合统一体）。

　　如果我们抽取任何当下并追踪其持存性变化[1]，在变化中每一相同的

---

[1]　参照以下第 126 页第 18 行及以下：相同问题。

当下与其内容都被再现于连续性的层级化中（在这里，在相继性统一体中起作用的不是相同性〔Gleichheit〕相符统一体，而是同一性〔Identität〕相符统一体），而且如果我们比较这些系列与属于另一当下的诸系列，那么这些系列是不同的，在二者中必定不可能意识到同一当下。但是这是因为，在一意识统一体中，两个当下被给予，两个当下在不同的意向性体验中被意识到，它们不可能在同一性相符中被意识到。每一新的当下，尽管它与先前的当下具有一相同的内容，却仅只设定着一新的内容。先前内容的持存与新的原始意识相融合，但就像在相同内容序列中那样，它们不可能共同地进而在一同一性意识中与一连续更新的所与性方式相结合。每一声音瞬间，每一时间点，在过程的每一片刻，都是在另一原始性样式中被给予的，并是作为连续中不同者被给予的，而且在此一同被给予者，是诸不同者（非同一者）的一连续的层阶化，一延存，以及在一"方位连续体"中者。

在过程的每一片刻，我们的确都有一实际的当下，而且在属于它的片刻系列中，"准现在化着"先前当下的每一时相，都必然被意识作另一当下，此另一当下不同于直接被意识的当下，而且是不同于任何其他共同被给予的持存时相中之当下的另一当下。因为，每一当下都是在不同的意向性中，在不同的持存性级次中，以及在不同的持存性关联域中，被意识到的。如果我们以一不变持存性声音为例，每一当下虽然都有相同的本质内容，但每一声音都是这样的声音，它在一连续性时延中都带有一特殊时间位置规定性。每一声音都在连续性片刻现前中有一特殊一定的所与性方式。在此片刻连续体之每一时相中，内容虽然相同，但它是在连续不停的原始性级次上被给予的，是在具有充分直接性的元原始性样式中的一独一无二者，当下为新来者。在其他时相中，原始性在连续的间接性中改变其级次。正因如此，对象的相关性具有一连续不同的形式，它永远应被赋予存在特征，但在每一点上都具有在另一时间位置，在另一过去性中存在的特征。

在相继性中不同的原始性级次都可能被一同一性统一体彻底支配着，并始终如此。在共存性（此词应在流动意义上理解）的不同原始性级次，原则上可能不是通过一同一性相符意识结合的。为什么不是？——然而对此人们只能说：正因为每一新当下都创造了一新意义性，而后者穿越一切相应的持存被连续同一地彻底保持着。

§ 2. 一新当下与相同内容的另一当下何以区别？ 意识的流动与一对象延存意识

在原初性时间构成过程流中，一种永远更新的当下或一永远更新的个别性具体存在，出现于相关项侧。为什么新来者自身不同于新来者呢？一当下之"质"不同于另一当下之"质"吗？然而本质上当下和当下绝对是不可区分的。而且如果我们指涉"内容"，那么我们仍然能够获得一充分相同的内容，正如在一完全无改变的内容之延存中那样。而且，如果在内在性材料所与性之原初构成性过程中，如在连续性序列内之"完全不变的声音"中，我们被给予了"双重物"〔Doppletes〕：两个从时相到时相被连接的相同内容（声音本身的另一时相）和属于它的"当下"，那将如何呢？之后二者个别地相互区别，它们是通过在相继性连续体中的位置，即时间位置，相互区分的。因此看来是，我们具有时间位置连续体、当下连续体以及声音点连续体。但为何仍然再次具有完全相同种别的诸时间位置会彼此不同呢？而且因此似乎是，我们遭遇到一奇特性，它必定涉及在现实所与者与以描述方式可把握者〔Fassenden〕间的不可理喻性。

如果我们客观地谈到意识过程，在其中一内在性材料被给予，那么
128 此过程自然被看作在每一时相上是自身不同的；而且我们将说，一声音延存是在其中被意识的，于是在此所与的声音延存中每一时相与每一时相都是不同的，在每一时相和每一时相中相同的声音内容，其当下之特征不同于每一其他时相的当下特征。那么此处的问题是什么呢？首先作为现象学事实给予我者，即如一具有不变延存性声音之物可能给予我者。于是我具有该不变的声音之意识，一可证实的、可直观的体验，以及在其中被给予的在其延存中的声音。

意识如何看起来是此内容之意识？它应当必然如何呈现呢？其本质应当必然如何构成以便可作为此内容之相关项被给予呢？我们应如何理

解：它在多种多样样式中被给予，意识本身必定具有一流动特征；而且"我存在"如何是一必然事实，如何是流动性生命的特征，而且每一体验之流动如何都是一必然事实，并因此作为一内在性时间对象的一切体验之构成，以及另外，作为在另一样式中从时相到时相的此流动中被给予的时间对象之构成，都是一必然事实。简言之，对于内在性对象，我们原则上并非对现成物有一简单具有，而是作为在一生成中之统一体的存在，即作为统一体所与性样式之一种呈现性复多体之"统一性"，如此等等。

于是我们在构成性过程的每一时相中必然获得其特殊相关项，而且在其中获得作为被意指的延存之延存，或不如说获得作为被意指者的声音材料，而且进而在一连续体中的每一时相中被给予，并在此连续体中获得一"声音点"出现之一原始点，在当下之元形式内的一内容，此当下在此意味着声音材料的，即其本身一点之原始的、最原初的所与性。它不是"第二内容"，而是这样的内容，它不只是被意指者，不是作为一般被直观者，而是作为被原始地给予者。而且此原始所与性不是某种构成内容者，而是一种意向性特征，带有此特征的内容被意识为意识。于 *129* 是我们自然发现，元原始性形式、所与性形式在过程进程中显然不断地是同一的，而且自然发现，客观来说，在时间方面是自行区分的，所谓在时间方面即在时间中此原始性特征在意识流中作为意向性相关项出现，或者同样，被原始地意识的声音点与时间一起如此出现于意识流中。在意识流中，在其相继性流程中，原始出现的声音点变化着。取代它的为一连续的甚至是可变的声音点之过去，这就是，连续变化着的意识将变样化的声音点内容把握为同一内容之"代表者"，在向新意识的过渡时保持着对声音点的朝向性，此过渡产生于统一性与自身性的特殊意识中，但是在一刚刚过去的被改变的所与性方式之意识中。而且具有其内容的每一过去样式，在构成性的过程中也有其位置。

§3. 过程的时间形式与被构成的对象的时间形式。时间秩序与时间样态

于是我们事实上有，作为对其体验形式与相应地对其体验相关项之

形式的"过程时间形式",因此在此即有作为在"当下样式"、在"过去样式"等等中的声音点意识之诺耶玛统一体形式之"过程时间形式"。但是仍然须明确区分:属于声音本身本质的时间形式(由于此诺耶玛而被构成的)以及属于意识过程及其诺耶玛相关项的形式。甚至从后一观点看,我们实际上所有的不是一统一者,而只是相互关联者。显然我们知晓一切所见者,因为我们可以通过反思指涉时间构成性意识本身。而且在此问题仍然在于阐明此意识的那样一种结构,由于此意识结构,对于与此意识相关的或可能相关的自我本身来说,应区分过程本身与其中出现的连续的诺耶玛序列,而且因此每一当下、每一时间点的每一元现在,与每一其他声音点的元现在,可加以区分;或者问题也在于阐明,诸现在之继替性如何能够被认识,现在或"当下"本身如何能够被直观、被把握、被判断,在它们不再是现在之后(因为在过程中我们看到,它们本身是这样的时刻,这些时刻具有其现在,本身即为"当下",而之后不再是当下,而是过去),以及如何能够明了,我们一方面在对声音判断或对其投以目光时将其称作现在的或过去的(但它们仍然——作为在其他朝向上的存在者——牢固地保持着其作为声音时间的时间中之位置),而且再者,我们那个谈到现在的"当下"或"当下的"实际现在,并谈到作为"过去之现在的过去的当下",并之后能够赋予过去的声音以一过去的现在,有如一现在的过去和一过去的过去;这些语词在完全适切理解后都具有其正当意义。例如,过去,在其中声音刚刚给予我,此声音在一秒钟前(如果允许私下引入一不可加以应用的客观量度词语的话)曾经是现在的,本身过去了的,而且在一秒钟后此过去成为过去的过去,而且原初的现在相应地进而成为过去的现在,如此等等。

　　声音或声音时相有一时间。声音具有其时间样式的所与性方式,而且在某种意义上它是单维性复多体,在其中"呈现"着声音时间(作为"客观的"时间),也就是每一声音时间点对应着一单维的所与性方式复多体(并因此每一声音时间段对应着一由诸单维连续体指出的单维复多体)。此一所与性方式的单维复多体也具有一时间;但此时间也具有其所与性样式,现在和过去,而且此所与性样式也进而在时间秩序内有其位置,如此等等。

正如前面所言，在此构成时间的意识之诺耶斯体验也获得其时间秩序内的位置，于是此链条重复下去了。应当指出，为什么这一切都是正确的，以及如何可能并非是正确的，因为我们实际上实行着相关的反思，并直观到不同的时间以及其秩序中所与性方式，而并不被引向无限的倒退，例如甚至引向时间秩序的实际无限性，为此可再与先前的图式比较。

因此，属于意识特殊本质、属于其作为意识之本质必然性者为：它不仅使得时间构成性功能具有可能性，而且不如说即存在于此功能行为中；它首先只是个体性的"具体存在"〔Dasein〕，具有个别的现实性，因为它本身被构成个别性现实。此外，它不仅自身被个别化，而且也通过其意向性获得其意向性对象，即非自我者，首先是感觉材料，它创造了个别化，将感觉材料构成个体，将它们构成诸个体，必然地和符合其特殊本质地，为它们创造了（以感性方式创造了）使个体化成为可能的时间形式。一切对于意识与意识主体在个别性上不同者，其本身与其在其中被构成的诺耶斯之外的对象，都是以一所属的时间形式和时间样式所与性方式被构成的，并仅能原则上如此被构成；而且原则上，它只能是时间性的，因为如此被构成者与可被构成者，并不具有时间形式如同某种本质之外的存在者，而是具有本身属于本质者以及符合其本质者，此一具有的意义是，这是由构成性的意识本身所赋予的。

但是并不可能呈现与意识本身赋予其意义的不同对象。一自我，一纯粹自我，我们将其设想为可能认知的一般主体，因此即每一思维性自我本身，只能谈论可能的对象以及赋予其正当存在之可能性者，如果它可显示此可能性并产生直观性的话。而且这进而意味着显示其可能的构成，后者因而对此自我及其体验是可能的，并因此使一对象被直观到，意识本身赋予此对象以其意义。但此意义并不依存于此自我，而是属于任何思维性的自我；因此纯粹自我和带有一切相关意义的对象一般等等，以及因此还有相关于此存在着的个别性对象的时间规定性，都属于最彻底的本质必然性。一非时间性的具体存在对象，因此在带有相关所与性样式（时间样态）的、被描述的本质结构之时间构成性意识中，不是可直观的，这样的具体存在对象概念是荒谬的，而且它不是一个对于我们（作为主体的我们）来说不可达及的自在之物。

因此如果人们问：一声音现在（一当下）如何区分于另一声音现在？那么回答自然是：它们在意识过程中是不同的，它们作为声音本身的时间样态具有一具体存在并相互区分，有如时间中的一切个体物，它们在时间中有自身的位置。当然这样的回答并不充分，它显然也与关联域有关，并一般来说在此仍然成为一个疑问！

§4. 多个时间与单个时间。主体的时间与主体间的时间

首先来看我们前面反复谈过的多时间〔mehreren Zeiten〕问题。每一时间指涉着一构成性关联域，但是此关联域显然自身并非是分离的，而是共同形成着一个独一无二的关联域。在某种意义上全体关联域都是彼此相符一致的。但以何种方式呢？此相符性是否意味着，所有这些时间都是一个时间，或一切个别者都属于一个"世界"因此带有一独一无二的时间本质形式呢？然而我们所指的是以下这一切：非自我者与自我者，物实者与主体行为，意识流与人物，归入一个世界的一切物均带有一个形式，一切与一切都存在于时间关系中，此时间关系是独一无二的、自行规定的并因而是可规定的关系。当然所指出的一切都是真确的。不过，问题在于，此真确性与何种意义相联系呢？显然，如果我们实行现象学还原并使我们回溯于纯粹内在性者以及其中被构成者、一般被意指者、被思考者、被显示者、自所与对象本身等，那么，最初被给予的不是"为我"者，不是"我们"，不是多数的主体，而首先是体验流与此流之纯粹自我以及一切其中存在者。"异他"主体对于我相当于纯粹"自我客体"〔Ich Objekte〕，后者在我的意识流中意向性地显现着，或显示着。正是在这里提出了问题：在其他主体处的此对象的构成性过程看起来为何呢？在其中异他主体、纯粹自我和意识流不属我的意识流，而且此过程赋予这些异他者以何种意义呢？因此我们首先具有内在性时间，并之后才有一"客观的"时间之构成，一在内在性时间内被构成的非内在性时间，并之后再有一其他意识构成的时间，再后是其他意识和自身意识所构成的、作为人的、主体间可认识的"最终者"。

因此应当开始考虑这样的问题：在纯粹内在性中，在其中还未构成

133

一超越的客体性以及在其中的客观的主体性（或者如果不考虑这样的客观化及所属特别加以结构化的行为的话），本身相互分离的不同时间彼此的关系如何呢？时间，它还不是"客观的"时间，而且也不是任何意义上的主观的时间。如果它们甚至有其客观性，它们是诸个体之形式，这些个体被构成于内在性中，而且并不与其具有任何偶然性关系，它们有其独特的客观性。

但是现在似乎实际上应当说，一切在此"相互符合的"时间，实际上是作为构成着一同一性时间而相符的，而且应当说，一切个体系列因此在此时间中都获得了同时性①。

§5. 作为客观时间段的延存与主观所与性

134

首先应该努力澄清概念。当我们谈到一种内在性感性材料如声音时，它有一时间伸展性，一事件，此事件在时间中充实着一时段。于是我们在此时间和时间段下理解了一客体物。时间是一切时间段之形式，而且一时间段，如声音段，是同一的，不论说我从现在开始直到结束是否都听到该声音，因此在活生生的现在中具有该声音，还是说我是在回忆着它；而且正如此声音个体是同一者，在该当下我自己（可以说）处于活生生的警觉中。而且从那里我在此一彼一过去性深度中把握着它，于是作为个体形式属于它的时间段是同一的。对于内在性对象正像对超越性对象，乃至对于其超越性时间而言，都是如此。伯罗奔尼撒战争是一事件，它充实着某一定的时间段。该时间是一切历史事件具有的一客观形式。物理自然的时间是一形式，物理事件按照一定的相继性被插入其中，而且没有任何事件能够逃脱其时间位置或其被规定的时间段。时间位置或时间段属于其本质。

反之，如果我们说，一事件"延存着"，这意味着，其时间段处于status nascendi（起始态），处于生成中，它当下发生着，在当下时刻中，在其中我说着、想着、看着它，在实际现在样式中的任何时间点上，而

————————————

① 平行的内在性时间或一个内在性时间（唯我论的主体性）？

且在时间段流逝样式流中它本身是现在的，在其呈现中。至于延存我们说：声音当下延存着，或干脆说，声音延存着或一直延存着，其延存是相对于实际当下的一越来越远退者，我从实际的当下说话，并在实际当下中我自己具有实际的现在。虽然实际的当下在流动中，而且正是因此流动的曾经存在具有不断更新之值，是永远同一的声音之延存，只不过被设定为或被给予不同的过去样式。因此人们将说延存本身和时间段本身是一回事；但是仍然应该注意，"延存"一词有其显然并非偶然的歧义性。

如果我在一直听着该声音时说，该声音具有一相当长的延存，这就正相当于说：该声音（当下）在延存中，而且其延存，只要它到此为止延伸着，就已经具有一长时延的特点。对于超越性同样如此：我们抱怨战争的长延存并谈到一仍然活生生的延存。但如果某人质疑伯罗奔尼撒战争的延存，那么他所意指的是过去的延存。世界战争（当我写此字句时）延存着，处于时延中；伯罗奔尼撒战争延存着，它曾经在延存中。另外，穿越诸过去连续性变化的同一物，永远保持其同一性，不论该延存后退多远，此延存甚至处在实际当下之流中，从当下开始目光都朝向着它；这就是"延存本身"，就是穿过一切原始的和持存的或记忆的所与性之样式的同一者。

此"自身"就是作为相关个体本质形式的时间段，此个体本身具有一同一性客观性作为时间客体，作为存在于其时间中者；但在此属于每一时间段本质的是：它只是作为时间样态"永恒"流质的同一存在者，它必然与一流动性当下具有必然的关系，而如无此当下，任何现在与过去都不具有意义。而且随着此当下同时存在对于一主体性、对于一自我的指涉，此自我具有活生生流动的生命，在此生命中构成着当下。当下确实是实际上一直被构成着的吗？然而我们仍然需要将此描述的中心暂时搁置。我们根据以下方式理解此歧义性：在"永恒的"时间生成流和每一时间对象构成中，每一个体，连同其客观时延或时间段，都必然具有一现在作为其同一的客观时间存在的起源点，一活跃的生成时期；而且在此时间构成的（或如我们习惯上说的：时间性的）生成流内的此原初性被构成的延存，立即失去其原初性存在，并在诸过去性连续体中被变样，此过去本身是该现在之过去，是原初性存在的变样化，在其历程中同一存在正是永远被保持在时间样态之不断更新的样式中的。

因此，此同一物，它在现在之样态中具有其最初的设定或其最初的出现，而且它在一切其他变化中都指涉着此元所与性，作为被变样者，并因此元现实的存在过渡到过去的、不再是元现实者，而成为时间客体，而且作为本质时间的客观时间即属于此时间客体。

§6. 时间作为广包性的固定形式与流动性当下。时间样式和时间之所与方式

作为客观时间段之无所不包形式的时间是固定不变的，而非流动的；但当下是流动的，时间样态是流动的，而且时间样态必然属于每一时间点、每一时间段，以及属于全部时间，这些时间样态就其真实性而言应归于此客观时间性，因此具有其自身不可被动摇的对象性，而且它们一点也不是主观性的，像在偶然的主体性事件、附属物或观念方式的意义上那样。因此这些样态具有一种客观性，此客观性存在于连续的流动中，然而是自身有效性之客观性。于是时间本身也具有某种自身永远流动性因素，虽然其本身为一固定不变者。时间正是流动中的固定同一性，而且在此流动之外或之旁并无时间存在。就其同一性而言，时间是对于流动之规定性系统，而另外，如果我们使其自身成为客体，它就成了未规定的形式，其规定性要求着真实的流动标志。

但我们不应该说："时间"是一切现在之流，是一切现在之连续的出现和消退吗？人们也许可以这样说，但之后应该注意，我们还需要有另一意义上的时间，即作为同一性的、连续的线性秩序，此秩序在此流动中构成了同一的固存者、同一的时间点和时间段，正是那些使得同一性个别物与事件成为可能者，它们以自身的方式参与着此流动，但是作为时间性对象，在其同一的时间位置上，在其同一的时间延存中，它们是固定不变的。

137

如我们所说的，时间样式是属于时间本身的规定性或样式。这意味着，我们应该区分时间样式和时间的所与性方式。当然，时间样式是时间的本质因素，如不给出时间之样式就没有任何时间、任何客观时间被

给予。但是只有当时间样式被原始地给予了，我们才有关于其对相应时间的一定归属性之明证。同时我们将应该说：客观时间的原始所与性并非意味着客观时间的最原初的所与性，即现在样式中的所与性。最原初的所与性是在时间流中的最初所与性，而且它也是独一无二者，在其中时间段的和在其中延存者的存在，都是在活跃的延存中，在活跃的生成中被给予的。但是，实际上它不是客观时间点和时间段的原初的（在明证性的意义上）所予者①。对于时间点，这意味着，作为客观时间点，它们并非是在生成中，即在时间点出现中，被原始地给予的，而是在出现与退出的流逝中，或不如说在后退及一直退远的（沉入过去的）流逝中被给予的。客观时间点是一连续复多体之统一体，对于客观时间段也是如此。在生成中，这就意味着在延存者和其时延的原初性自结构化中，"时点统一体"与"时段统一体"大概已经在某种客观性意义上被构成此延存之内部。但是，作为被客观化的时间段的整个延存是在整个已生成过的延存之沉退中被构成的，而且这再次意味着：只要延存中还存在着一活生生涌现的生成点并且它只是结束性的现在时相，只要一个部分或此结束点本身仍然还是客观上被时间化的话。因此在活生生的持存之流中或在持存内的元现在之流中，我们在此持存中，并穿越它，在原初的

138 所与性形式中，明证地直观到了客观时间。

§7. 补充。在内知觉和外知觉中的、在再忆中的以及在想象中的诸时间样态

内在性时间存在于内在性领域②，如内在性声音之时间具有时间样态，它与声音时间本身的所与性方式相互符合，如果我们将所与性方式理解为在流动性持存中的原初物的话。在再忆中，我们在"再意识"特性中为每一延存之时相获得"当下"。但是其"质"只有在其出现于其原

---

① 客观时间物的明证所与性与时间物的元现在并非一事。

② 在此内在性领域时间样态被充分给予，连同充分被给予的内在性对象，而且在某种意义上样态与所与性方式相符一致。

初时间构成性过程的位置上时，只有当其直接具有此"先前"〔Vorher〕时，才具有此当下〔Jetzt〕，此"先前"与已下沉者相互一致，如此等等。

一现实的再忆因此要求一切在前的意识重新出现。这使得一想象面对一知觉时与之产生了显著的区别。在想象中我们具有"发生—消退"之出现，但连带着有不确定的视域，而且在"突现的"再忆中也一样，当然二者之间还存在区别。在想象中一般来说视域是空的视域，它仅只受到知觉性形式之限制。在再忆中我们具有一内容上多多少少被规定的及可说明的视域。在一被现实知觉的事件中，我们具有（在开始处）一充分活跃的、"原始性的"过去视域，其终止仍然是直观的。在再忆中我们具有一晦暗的和非活跃的视域，它是对于其他再忆的线索或标志，此再忆将发展它们，而且其产物将再次给予我们活跃的视域，再忆者在此视域中有其根源。只有当此再忆者被产生时，时间才实际上是直观的，此再忆的时间，或不如说它之后就是完全直观性的了，而且直观性越完全，此背景就越详细地被获得，也就越丰富和越有特殊性，这就再次要求着背景之背景。于是我们不断地后退着。视域创造了时间样式和成为直观性的时间，而且不难明了，为什么就时间关系而言我们不满足于孤立性的再忆[①]。

139

这意味着什么呢？在质素材料的内在性知觉中，在声音时间点和与其相连的持存的"元现在化流"中，每一时时的当下，每一时时的过去者，均原始地被给予，充分地被给予，即使是在某种连续的晦暗中被给予。同一性，这些时间点和时间段的同一性，穿越着流动性过去之如此给予的连续体，而且这些统一体是在其每一样式中存在的或被给予的统一体。统一体的所与性方式，在其本质性时间形式中的声音个体本身的所与性方式，仍然只意味着时间样式的所与者流，它自身明证地带有此统一体，该所与者本身具充分的内在性，其意义正相当于人们一般关于内在性对象所说者和将应说者。

---

① 问题的解决在第 7 页（胡塞尔指手稿 D5，Bl. 12a，大约指本书第 297 页 28 行及以下——原编者注）。

在超越性的时间对象中，时间样态是在此对象知觉中被原初肌体性地给予的，而且在其中其统一体也是如此被给予的；但是像统一体一样，时间样态也是超越体验和内在于体验本身的。在内在性样态中呈现着、在知觉上再现着超越性时间客体本身的样态。

140

§8. 在活跃性现在中的、在持存中的以及在再忆中的诸时间样态之时间性

时间样态本身在时间中具有位置吗？如果它们在内在性领域内有位置，那么在超越性对象世界内也有位置吗？

我们说，一事件、一声音活跃地延存着，它作为活跃的现在展开着。此活跃的现在，此事件的流动性生成流，其延存的时间有多长呢？现在以最初事件点开始并以最后事件点结束，而且客观的延存，事件本身的时长，即原初涌现的延存之活跃性长度，或者对于事件之"活跃性现在"之时长。在一声音过程中，作为同一者的同一声音延存着。此同一者存在于一切过程时相中，而且以变化中的方式或保持着相同性的方式存在于其中。声音之现在是由其延存的客观性时间来量度的。

声响行为之过程本身是在一过程中被给予的；现在性之过程，声音过程的现在生成之过程，不是声响行为本身的过程。声响行为过程是客观统一体，具有客观的时间，它是在现在样式中被给予的，而且此现在样式本身是一过程，因此本身是一作为现在生成行为的客观物，也就是当下，存在着，并之后为曾经存在着，并在同一时间段内穿越过程中一切时间样态。

那么时间如何呢？在时间中作为过程的样态流流逝着，是只在成为一过程的方式中并只要其具有留存的固定位置时流逝着吗？这是相关于内在性的和超越性的对象与时间的问题。在此仍应考虑以下问题：如果一过程是在原初生成中完成的，那么它就"沉入"过去。一变化流进行着，并就此而言为一连续的"生成"，但所生成者不再是该个体本身或任何属于它者，而是成为对于每一个别点的过去之一不断更新的样式。如果直到最后者的一切均已生成，那么在先者直到最后者已经被变样了，

141

它们已经成为过去，而且每一个都已达到其过去层阶，此过去正是确定的已生成者〔Gewordene〕。而且此不断更新层阶的生成，继续连续地进行于一定的齐一性秩序中。此全部被生成的过程如此连续地展开于层阶的变化中，层阶变化使得一切点按照同一层阶变化下沉着。此过程，即此进程，不是在世界中进行的吗？此过程的每一部分本身都有其现在，有其过去，以及有其通过现在及过去的同一物。

原初现前化过程及其相关项，原初现前。从何处我们知道过去之变化伸展至无限？原初的现前仍然是有限制的，虽然是朝向其界限"流动着"。我们如何得以设定时间流、时间样态流以及时间本身？

现象学时间的卷缩问题。重复性的穿流行为。每一被卷缩者如何去卷缩化。每一被下沉者如何再被提升至高端并被再次输入作为每一直观性现前形式的"时间场"内，但是在再忆之方式中（类比于："视场之中心"）。但是，此"单侧"被意识者未被移入此"中心"，并再次沉入该侧内。

一"远逝过去"之再忆。缩短的、压缩的记忆。对一次旅行的回忆，对粗略估计中的或直观记忆中所经历过的一天之回忆，但此回忆是被压缩的。相应的时间之再现性观念，此时间是通过其"图像"以及插入的充实化过程，通过与新插入的图像之同一化而被加以充实的。

适当的、完全的记忆作为"观念"，但此观念永远不可能在一直观中被产生。

记忆图像连带其记忆视域。记忆视域和原初现前视域之区别。后者是一"活跃的"视域；我们也可说，它是一原始的（原始发生的）视域。

Nr. 8   从诺耶玛观点进行的时间样态描述

§1. 在过去与将来中的当下之变样化层阶。时间变样化的两个概念。时间对象之流动性意识和流动行为之意识

一时间对象是被原初地意识到的（"被知觉的"）：一对象时间点出现于知觉中，被原初地意识到，它被意识为"新"出现的，被意识为当下；之后它被意识为刚刚曾存在的，而且一或多或少确定的"前意识"〔Vorbewusstsein〕，在其出现之前作为"即将到来者"〔soeben kommenden〕与其相关①。

在意识中（在构成着时间对象之流中），对象的时间点，是在"当下"、在"刚刚过去"、在"即将到来"的诸诺耶玛形式中被意识到的。"刚刚过去"形式并不是一形式，而是对一形式连续体的一般名称，"即将到来"形式也如此。

在此，"当下"形式与其他另一些形式组具有一种特殊关系。带有某种内容的诺耶玛"对象"具有当下形式。此对象在当下形式中具有"原始形式或基本形式"，与其相关的是一切其他的"变样化"形式。变样化在此意味着一种特殊的特性以及对于原始形式或基本形式而言的一种特殊关系："刚刚过去"只是意味着"刚刚过去的当下"，"刚刚到来"只是意味着"刚刚到来的当下"，或也可以说：被意识为过去的或将到来的

————————

①　注意：在 1 到 6 这几页中（＝本书 Nr. 8，§1，第 142—150 页）所谈的是一般时间对象之意识，而且在描述中对于内在性对象与时空对象最初并不加以区别。

"对象"，在此意识中具有"曾经的当下"或"未来的当下"之特性。在作为诺耶玛"意义"形式的形式中包含当下意义，但这是"被变样的" *143* 当下意义。被变样的：过去者不是当下，"不再是"当下，而是过去的当下。

变样化，按其自身意义是连续地、逐渐地增加或减低的；在一般的诸部分中，变样化因此标志着一连续的连续体之层阶序列，也即，变样化之连续性在"形式因素当下"中有其零界限。再者，每一变样化形式本身因此可被看作对于其继续变样化而言的相对性起点，即对于在零变样化或当下变样化系列中与其有关的先前变样化形式的相对性起点。如果从零开始的连续性数系列是当下因素或零因素之连续变样化之符号，那么每一连续数对于较高的数都标志着一相对的零。但这意味着，因为此符号事实上是诺耶玛状态的一精确表达，不只是每一变样化自身都具有"当下"变样化之特征，而且也作为相对的变样化以及在与一过去的零变样化的关系中的特征而减少着。如果我们取 0…a…b 为例，b 表示零变样化 b^{te} 并同时表示 a 变样化 $b-a^{te}$。因此 a 也被看作对于 b 的相对的零（相对的当下），此 b 作为其变样化 $b-a^{te}=c^{te}$。每一过去的 b 都不仅是过去的当下，而且也是过去的过去，即对于每一靠近当下的"过去"。因此"当下"或者是当下本身、绝对的当下、原始现在之诺耶玛形式、原始现在之形式，或者是一相对的现在之形式，即一变样化之形式，即相关于其变样化的形式。

然而为了确保此论断可靠并赋予其完整的意义，还需进一步讨论，确实还相当欠缺着一种纯粹、彻底的描述。我们尚未考虑未来变样化和过去变样化的不同作用，也未反思"变样化"概念之不同的而又必然彼此相关的诸意义。

一时间对象的原初性意识，该流动性生命，在其中我们将其意识作原初所与的，被知觉的（被注意的或未被注意的，主题上被注意的或不被注意的），此意识可被标示为一连续性"变样化"之流。"变样化"于 *144* 是似乎标志着一种运作，此运作具有永远相同的意义。此运作行为是意识本身的活跃性地连续的流动，并标志着其特殊的、连续变化着的意向性功能，一种来自诺耶玛内容〔Bestände〕的连续性流动，其中每一内容在其"形式"上都是先前内容之连续的变样，并与其自身的意义一致。于是虽然此运作"在一种意义上进行着"，即只要问题相关于诺耶斯的流动及相应地相关于诺耶玛，那么我们在每一时相上（我们首先排除边缘时相的作用）仍然与两个彼此虽相关却在此保持着对立的"变样化"有关。

我们先来讨论过去变样化。

1）起始点，最初被意识的"时间对象点"，在流动进程中被变样，被改变：它以"当下现在"样式开始，并变为"刚刚过去"，变为"不断继续的过去"，变为此过去样式的连续性序列；过去形式秩序中的样式序列相符于流动时相序列。每一过去样式本身，在其自身意义和属于它的"内容"中，都是"……之过去"，即该当下之过去（带有充实着此形式的内容）。但它是这样的过去，它同时是处于以下二时间点之间的中间点的过去样式：相关的对象时间点和具有当下特征的时间点，此当下与实际时间点一致（此具有当下特征的时间点在同一流动时相中被给予，并在与一切"流逝点"之过去样式的一连续体中被给予）。诺耶玛样式与这些过去者的相对性关系是连续性的，而且这些样式是在连续的中间性中彼此相关的（按其自身意义），每一样式在其秩序中穿越了诸点后均相关于"元点"，即相应的零点。

145　　就其过去样式而言，每一诺耶玛与其他过去样式之连续体的内在性关系给予了一变样化概念，变样化本身既不包含任何流动因素，也不包含流动中发生的从一流动点向永远更新着的流动点的变化，以及也不包含从其诺耶玛内容向永远更新着的诺耶玛内容的变化，也就是根本无关于任何流动点内容的、来自其他流动点的（经由变化产生的）"过去存在"〔Hervorgegangen-Sein〕。但是此状况是，意向性变样化，此处所称的"过去变样化"（在这里，正如从现在起往后一样，一般来说一直都是以后一意义为准），是按照该系列在流动中、在构成其本质的连续变化中聚拢的；即在流动的前进中，变样化之零点（元现在）连续地变化于一不断远退的过去中。

但是，形式的变化并非没有内容，而且对此我们应该显著地区分：a）内容，作为当下形式之质料和每一过去形式之质料，是一种意义核心，它同一性地贯穿于一切这些形式中。相关的时间对象点在内容上

"被意指为"相同者，即正是按照该意义，它对于一切在此连续的变化来说都是同样的。b）但是不仅如此。在每一形式变样化中，在从一时间所与性样式向相同质料的永远更新的样式的观念性的（或许也是在流动中设想的）过渡中，不仅质料是相同的，而且时间点本身也是相同的。它是彻底相同的时间对象点，其形式为：纯粹的时间点和其内容，按照意义，对于此时间对象点的一切所与性方式都是同一性的相同者。相同的时间点有时"显现为"当下形式，在其中它被意识为原始未变样的，有时显现为变样化的形式，在穿越诸变样时它始终"被意识着"。问题最终还不止此：内容虽然按照意义始终是同一的，但内容也有变化着的所与性方式，它平行于时间点的所与性形式之所与性方式。我们谈到直观性的不同层阶，直到非直观性。我们说，内容在当下是原始地被意识的，在过去样式中它不是原始地存在的，而是存在于多多少少黯淡的级次变化〔Abschattung〕中的。通过此级次变化它呈现着过去，而且此特殊的呈现样式正是在其层阶上的"过去"形式。

146

　　如果我们将元意识（构成着时间对象的意识）看作流动或流动段，那么它就正像是相关于其时间点的时间对象本身一样，为一普遍时间段之直线连续体，为一单维连续体，插入其中者为其作为时间段的时间①。但是流动连续体的每一时相，不仅是被意识为时间连续体的一时相，而且如果并只要此流动作为一时间对象的意识行进（或如我们也可说的，只要时间对象对于它是其"事件"，是其对象的"现在"，在此意思相同），只要在流动的每一时相上一切时间对象连同其一切时间对象的时相被意识到，即使在不同的所与性样式中。更准确地说，在流动的每一被抽取的中间时相上，只有一个时间对象点被意识为当下，而一切在时间中"存在于先的"或更早的时间对象点，都被意识为"过去的"，意识为在先曾存在的。因此，时间对象点的时间秩序对应着一当下变样化的连续性级次序列，从零级开始连续地增加高度，此序列从被意识为实际的当下开始，后退至最早的时间点，后者被对象充实着并在相关的流动时

———————

　　①　在此我们不说普遍时间是对一切一般时间对象的一种形式，而且对以下问题保持开放性：不同的对象基本范畴是否具有作为形式的不同普遍时间。

相中被意识到。应当注意，时间本身就其时间点而言自身具有一秩序，它带有两个时间上在先和时间上在后的相对方向性。但是，过去与未来是完全不同的概念，它们相关于流动中时间所与性样式，而且此处所谈及的仅只是二者之间的规则性关联。对象的时间点相对于当下样式所意识者越在先（绝对的或元现在的对象点），它在其"刚刚过去"变样化中，在"先前曾存在"变样化中，被意识者的级次就越高，因此就越具中间性。

现在我们可以继续描述过去之透视性，描述直观性与晦暗性的其他样式区别以及相关的问题。

2）我们现在也来考虑第二个相关性的变样化系列，在其中当下被变样为"将到来者"，变样为即将的（或"原初的"）"将到来者"。正如我们在从当下起的、从时间对象的元现在点起的每一流动时相中具有一过去视域一样，正如我们就此而言必须将时相体验看作一诺耶斯连续体一样，在其中，按照原初过去样式的连续分级次的所与性方式，获得了作为诺耶玛相关项的"过去的"时间点连续体，于是我们在从"元当下"以元现在方式流出的同一流动时相中，具有一原初的未来视域，它在观念上应按连续的级次变化（其零级再次是元当下）被描述为原初的（"即将"）将到来者类型的诺耶玛变样化连续体。在两侧，诺耶斯因素和诺耶玛因素的划分都是一种观念上的划分，只要时相意识是一个，而且同样，只要被意识者本身即诺耶玛是一个。但它正具有两个分支。它们在零级具有共同的时间点和一个具有完全特点的时间点（双侧变样化的零级）以及两个"级次升高"的方向。因此每一流动时相的全部诺耶玛是一双重直线连续体。两个直线连续体相遇于一共同的零点上。我们称二连续体的点为"元流动—原子"〔Urstrom-Atome〕。

当然我们并非如此简单地发现问题，好像是两个分支（如图像所示），它们像两个系列那样完全分离地存在着，并只在零级交遇，两系列可能存在于同类的、类似秩序化的、绝对类似结构化的变样化的流束〔Strahl〕中。需要非常困难的描述来对于这一切给予忠实的表达。的确两个分支的说法是正确的，即无可怀疑的，一个从元当下流出的时间对象段，在相关于当下时间点时构成了时间对象的下一状态，此时间对象段在连续的被变样的方式中被意识作"将到来者",作为在先的、立即带来的下一点,而其后到来的更远的点作为更高级次上的"未来者"。前者是"较近"的,后者是"较远"的(未来方向较远的),正像原初性过去有其现象上的近者和远者,并有其现象上的远点①。

然而其中已经存在一种重要的区别,即过去者具有已完成者、已结束者、已被规定者之特征,而将到来者具有非完成者、维持开放者、某种意义上的未被规定者之特征。直观性造成了困难问题,一旦我们区分了"前预期"和预存之后(预存作为原初性未来意识,它取决于元现在者之意识)。因为困难性已经存在于过去,即使我们在那里将明确承认某种真正直观性领域,而且该困难仅只相关于我们如何说明非直观意识。然而至于未来,问题一般来说则是,是否应该承认一种前直观,这并非容易证明之事。

我们在沿此方向继续思考以及同时也涉及过去与未来间之困难的相互关联性之前,此关联性,尽管具有双重分支性,含蕴着如下意义:例如就其过去意识言每一流动时相都不仅是一原子连续体,后者以不同样式将"流逝的"时间对象段本身意识作过去者,而且也使其被意识作过去的全部当下及其属于它的全部预存——我们首先要通过思考流动统一体内诸流动时相间的相关关系,来扩大对每一流动时相的分析。

流动一般来说不仅是流动,而且在流动中也存在一种对流动之意识,一种从流动时相到流动时相过渡之意识,流动时相即连续性过渡点本身,也即被意识为流动本身之点。让我们思考此过渡以及其中受到规则性支配的流动时相间的关系,这些流动时相是较深级次的时相连续体,即诸"元原子"〔Uratomen〕的连续体。我们考虑了一流动时相之时间对象的元现在点,而且我们在保持时间点时(时间点始终在流动中被意识到)穿越了新流动时相连续体中其所与性方式。于是,虽然每一时相的(严格说,每一中间时相的)一般结构是始终相同的,但其内容是变化的,也即一流动时相的每一元现在点都在下一流动时相失去了其元现在性形式,并因此采取了最低等级的过去时相之变样化的形式;在下一流动时 *149*

---

① 应引入作为术语的过去的"远点"和未来!零点是"近点"。

相中，被意识作刚刚过去的时间点失去了此形式并采取了进一步过去的新形式，之后即如此连续下去。同一性内容，即充实着时间点的相关对象点的内容，"穿流过"过去变样化之形式系统，此过去变样化可以说始终起着固定架构的作用。其形式的诺耶玛本质，其全部形式系统，均固守于"流动之流"中，而且相同的时间内容只采取着此系统的不断更新的形式。

我们也可如此描述所见者：在此时相之连续性序列中我们不断发现一种诺耶斯因素，它使此时间对象点被意识到；这些因素作为对"同一者"之意识在过渡中"相符"，其相符性发生于其诺耶斯形式穿越一固定变样化系统时，而该诺耶斯形式的相关项就是刚刚曾存在者的连续变化的诺耶斯形式（继替性相符，在此谈及的是流动中相继关系意义上的继替性）。

如果我们从一被选取时相的原子连续体出发，而不是从元现在时相出发，来考虑原初过去者的任何时相，那么结果也是完全类似的：在流动进程中，在此被意识作过去者的时间对象点仍然一直被意识着，但过去者样式连续地变化着，而且下降的序列从变样化的固定连续体中连续地穿越至不断远逝的过去者，因此即穿越至远去时间之其他继续的样式中。最后，与此相关的法则是，在每一流动时相中整个形式系统始终是被充实的，只要我们仍然具有一流动，在其中流逝中的事件以及活跃中的事件是活跃的现在。情况并不需要连续地如此，而且在这方面不需要补充描述。但是只要情况如此，只要元现在时间对象点向其最近过去者的每一变化，连接于对象之一新的元现在点之出现，此对象于是在继续流动中自然再次服从于元变化的法则。

但是我们现在根本没有谈到未来样式。未来视域对于将到来的事件段或时间对象段的意识始终是作为特殊形式系统而存在的；然而，在此形式中"流动着"一不断更新的内容，此内容，即使是未规定的，作为"直接"将到来的被意识者变化为闪现的元现在的诺耶玛形式；此内容作为下一间接将到来的被意识者，是一直接作为将到来的被意识者；而且此一过程如此连续地继续着，虽然一完全的视域仍然持续地延存着——当然，这对于一事件结尾的期待情况而言，要求一种限制，在此仍然始终留存着一超越出结尾的视域，就仍然被意识到的事件起始点而言，正与一种超越它而后退的视域意识仍然存在着一样。在此我们绝对需要继续思考和描述以下诸方面：起始点和终结点，视域和远距点，一跨越所与事件的无限时间之意识，由诸多事件进行的时间充实性，以及"同时性"，等等。

§2. 流动和时间对象与时间段的侧显形式。 *151* 时间与空间。（论术语）

　　流动是一流动时相连续体。每一流动时相是时间对象的一个方面〔Aspekt〕，我们所说的时间对象方面是相对于空间对象方面的。因此，流动在诺耶玛上是时间对象方面的继替性连续体，一种从时间对象方面向时间对象方面的连续溢入。在流动中我们有一诺耶玛流动连续体，诸方面之连续体。我们不可能需要使用"侧显连续体"一词，因为它具有歧义性。时间对象是一时间连续体（嵌入普遍时间中的），并在诺耶玛上通过连续体在每一流动时相中分层次地显现着〔abschatten〕。

　　（完全具体的）时间对象的每一单一层次变化，正像它作为诺耶玛存在于每一流动时相中一样，或者同样，每一单一时间对象的方面，其本身都是一连续体，而且也是一"层次变化连续体"①。这就是，全部时间段由于每一时间对象点的层次变化而层次变化，而且按照形式，每一时间点在流逝样式中都是层次变化着的。

　　因此我们应该区分以下二者：一方面是时间段的层次变化及具体时间对象层次变化（诸方面），另一方面是时间点的层次变化及时间对象点的层次变化。

　　或许我们可以说"点层次变化"和"段层次变化"。我们称段层次变化为"方面"。点层次变化构成了一种点层次变化连续体，后者构成了一线性段，点层次变化段＝方面。但我们需要特殊的词语来表达作为相关

---

　　①　我们应该进而区分：具体的时间对象方面和纯粹的时间段方面，时间形式的方面和被充实的时间形式的方面，对象本身的方面。

于其点的连续体的方面，并为此可使用"点层次变化连续体"一词。

152　　　时间图式对比于空间图式：

我们将具体的时间对象与其时间"形态"〔Gestalt〕加以区分。然而形态指涉着单纯形式〔Form〕，正像在空间对象领域中一样，我们欠缺适当的词语。在空间中我们说图式〔Schema〕，并称全图式〔Vollschema〕是在性质上被充实的形态，称零图式〔Leerschema〕为单纯形态，但非单纯形式。但在此有一区别：时间形态是时间本身的一个部分，而空间形态不是空间的一个部分，而是在运动中（在时间领域没有与运动类似者）同一的，并仅只与每一运动（因此时间时相）中的一空间部分相符。

为了称呼一片空间本身，最简单和最好的方式是直接谈"空间部分"（我在手稿中常常说"物体"，但其意思不清晰)①。存在一平面部分的类比者和一零部分的类比者，对于后者也说"时段"，当标示一流动方向时。在空间中空间部分与物体（或最好说与空间物体）相区别。一空间物体在单纯运动中（单纯位置变化中）始终同一，而且在其中流动着一致性空间部分（如果我们将不以物体运动来定义一致性的话）。

在时间中，时间部分，或时间段，以及时间物体，是相互一致的，即在此不存在可与空间物体类比者。对于时间对象而言，如果我们关注其时间形态，就会关注时间对象，但不会关注此形态是一时间部分，因此是一相关于无限时间之部分。

153　## §3. 对于时间对象与时间图示方面之诺耶玛结构与诺耶斯结构的进一步研究。对于时间构成的"统握与被统握内容"之模式也适合于空间客体构成吗？

在此主要的问题是：是否应该在此按照"统握内容"（"再现性内容"）和"激活性的统握"（具有某种引诱力的统握）来实行在空间物对象上被抽象的结构类型，并直到进入点侧显〔Punktabschattungen〕。按

---

① 但空间部分指涉着部分与全部无限空间的关系。空间物体，而非物图式，称作空间物体，只要它只是一物性之图式（形式）。与时间对象领域内的类似词相对立，我们说空间的图式。

此观点，语词"侧显"是可疑的。如果每一流动时相从诺耶玛角度看是一"方面"，因为它自身包含着一感性材料连续体，后者以某种方式作为"元材料"或"初始声音"以及"消退声音"是连续地进行着差别变化的，以至于我们在流动中就具有这样的感性点连续体的一种互融性，而这些点连续体则"伴随着""激活性的统握"①？肯定的是，我们相对于在每一流动时刻中显示的过去性都具有一直观性时段，但应该在此区分"显现的"过去时间内容和此内容的一显现方式之"如何"。可以肯定，例如作为过去者的在先时间对象点的所与性方式并非绝对区分于作为元现在的时间对象点的所与性方式，因为相同的感性内容在实际的流动时相中有时是在"元现在"形式中被给予的，有时是在"曾经存在"形式中被给予的，以至于它实在地包含着感性因素，而且此外将每一感性因素引入另一甚至实在的现在的形式之内。在此我们也需要谨慎确定，"实在的现在的"〔reell gegenwärtig〕在此意味着由实在的现在性组成的结构，在其中意向性的因素"被意识着"。流动中的每一时间对象点都在其"差异变化"或"呈现"的连续性序列中被意识作同一的。在此其"内容"②始终是同一的，而其时间位置对于在此时间位置上的每一对象点来说则是不同的。

154

　　我们因此在流动中有一连续体（相继性连续体），它是一时间对象意识，一意识，其本质是流动中之存在，因此它在每一时相中都是"……之意识"，但它在每一时相中本身都应被看作一意识点之连续体，其中每一点都再次是"……之意识"。但是，诸点都是非独立的，因此无须再加以说明。对于此流动连续体来说，意向性对象是一个，而且它是如此这样一个对象，此连续体是由逐点意识因素的诸相继性连续体所构成的，而且每一这样的相继性连续体都有一时间对象点作为意向性对象。作为意向性对象的全部时间对象都是由内容充满的时间图式，时间图式是一诸时间点（因此为被规定的诸点）连续体，而且每一时间对象点都具有其点图式，时间点是由内容充满的。这就是意向性对象，因此即作为

---

① 　"再现性（统握内容）—统握"是否赋予原初性时间构成以一种意义？

② 　内容＝充实着时间点的一般对象本质。

"被意指者"之意义，带有某种内容的被意识的某物。它具有逻辑形式"某物"及逻辑形式"内容"，它们通过作为其谓词的"规定性"被说明，相对的规定性即根基于谓词之上。我们看到，逻辑形式和逻辑内容间的此区别性，并不相符于形式与质料之间的区别性，后者我们即将讨论。时间形式、图式与时间质料都同样属于逻辑质料，属于规定性内容，而后者是逻辑形式"某物"或"对象一般"之规定性内容。

具有此结构的意向性对象，现在成为这样一种诺耶玛之"组成部分"〔Bestand-stück〕：它是诺耶玛的意义，但意义是在一所与性方式中被意识的。意义是流动性诺耶斯之同一者，后者是在其时相中被意识为同一者的，或者是在就时间对象点而言此时相之相继性点连续体中被意识为同一者的。作为构成于相继性相符合中的意向性统一体，它并不"实在地"〔reell〕包含在意识中作为流动性生命。在每一时相中我们都在意向性关系中，但在不同的所与性样式中，获得此意义。因此我们将看到时间图式和其在其所与性样式中的图式点，以及它们按照元现在的、元未来的和元过去的诸样式之诺耶玛形式而变化着，但我们也将看到在不同的所与性样式中的内容①。

在此应当考虑什么呢？在此应该引入内在性的和（时空上）瞬逝性的〔transienten〕对象之间的区别。我们暂且假定，瞬逝性对象是由对内在性对象的统觉〔Apperzeption〕构成的，因此是较复杂的②。时空性内容经由非时空性的内容而呈现，正如时空性的时间图式经由一内在的时间性图式而呈现。无论如何我们现在宁可选择内在性对象，也即由感觉对象开始，如一纯粹在其自身中响动着的声音，而不考虑内在地伴随着它的作为提琴声音延存之统觉，提琴声音延存本身仅只是延展着此内在性对象，并且是内在性的。

一声音点在其每一时间点上都属于意向性对象，而且声音点在声音段的、具体内在声音的形式上形成了一内容连续体。现在声音点如何被

①　参见本书第 145 页，16 行及以下。

②　观念性对象的关系中的时间意识，也是属于本著作的一专门课题，观念性对象也只可能"在意识中"被构成，然而它不是时间性的。

意识，如果其图示经历了元未来、元现在、元过去之样式？显然在永远更新的方式上十分明确的是：我们在诺耶玛中通常永远不可能看到同一者，然而在意义中同一声音点就内容而言被意识为同一者。然而应当如何描述法则性，按此法则性内容的所与性方式与时间图式的所与性方式间相互平行地变化着？我们或许试图说：在元现在样式中被意识者意味着：声音点是原始地被意识的；于是就像它是其自身，它是在意识中的实在的因素，而不像它是在另一流动时相及其在时间图式的另一种所与性方式中被意识着。在此另一流动时相中我们发现在意识的实在的内容中该原始者之变化。例如，声音点不只是在其级次上被意识为过去者，它也就内容而言在原初性声音点的"声音消退"样式中被意识，此即原始者曾经在在先的流动时相中被实在地意识着。因此，此"声音消退"是在变样化的意识中，在过去意识中，被保持为原始者吗①？当然我们也应该问询：一"过去"时刻是否也在任何流动时相中被实在地保持着？不是的，人们最终会这样回答。在声音点是"元现在的"时刻内，声音内容不再是原始地被意识到，而且此外元现前成为其他原始的时刻，而是在意识中实在地被保持的内容，在此意识中的原始性特征内被躯体性地统握为其自身，而在已变化的内容的新流动时相中被把握为再现者，如同代表着他物的形象，通过此形象我们像是在一形象意识中意指着、意识着此原始物。但是，实在地被保持者并不意味着与原始地实际被保持者相同，并不是"纯粹意向性地"被保持在意识中，而且我们并非具有一关于此原始性之意识？在任何方式中当然均如此。我们并非异想天开般地谈到意识，谈到流动，而是我们能够对其投以目光，并在现实中把握它，因此我们也应该具有或能够具有意识的一切实在的组成成分。但是，体验在那里被称作"意识"，"流动时相"具有如此特殊的类型，其某种实在的因素作为"呈现起着作用"，它将统握经验作关于某物的统握，由此存在一瞬逝性意义，或一穿越此意义的把握，即一意向性对象，它并不被实在地意识到。

156

---

① 参见附录Ⅳ（第 159—163 页）中更深入、更准确的思考。但就诺耶玛和诺耶斯理论而言，此处开始的和继续的讨论并不减少其重要性。

应该慎重清晰地检验、思考此情境以及其中包含的结果。因此让我
们继续考察！人们不应该说：此内容的呈现于是并非真是在时间点样式
意义上的诺耶玛项吗？那么对于一空间对象来说，呈现性感觉材料不再
是诺耶玛，正如一般来说构成性的体验之实在的内实〔Bestand〕不是诺
耶玛。在"如何"中的对象是诺耶玛，它包含括号中的对象本身，作为
"被意指者"，意向性地被意识者，以及包含着样态性方式：它如何在此
显现。它显现于某一方向中，某一透视场中，颜色透视场、形态透视场
等。但是在瞬时性颜色透视场中的对象颜色还不是（以及同样，在形态
透视场样式中的被正常视见的对象形态）某种包含实在的感觉材料或实
在的外延材料及其外延形态的东西。而且人们不再能说，在对象颜色和
感觉材料之间存在一种单纯的关系，在一者和另一者之间，以某种方式
形成了关系。当然，在诺耶玛中（在其"如何"中的意向性对象中），应
当在某种方式上看到在级次变化中起作用的颜色因素及其形式的外延因
素和外延形态。这些因素在级次变化中起作用，因此这些因素作为呈现
者和被呈现者是以特殊方式彼此相符的。人们也可以说，它们彼此相似，
而且这是与形象式呈现相同的，即带有被构造的平面形式，而空间形态
是通过从平面形式连续性的过渡产生此完全形式之潜力的[①]。当被侧显者
通过侧显的因素以类比方式呈现时，二者相互符合，而且在此相符中发
生了"在'如何'中的被呈现者"，二者的一种特殊的融合，但它是一完
全特殊的结构，是意识的一种特殊功能（它绝不是不可理解的事实，而
是在本质上和必然性上完全可理解的，如果人们实行了意向性分析的
话）。人们可以说：此融合是统一性因素，它是关系设定之前提。

但是我说过：意向性对象本身是在对同一物之复多性意识过程中的
"相符"者，是带有同一规定性的同一性对象（在括号中的）。它也具有
变化着的未规定性之诺耶玛样式，此未规定性是多多少少被规定的，并
包含着同一性的 X 以及在未规定性视域介质中的任何一次规定性。只要

157

158

---

① 但在此须注意，我们没有考虑这一事实：在一透视性显现方式意义上的一空间物的"方
面"（当然是从视觉上说的），是从此处所说的侧显变化开始的一种眼球运动的统一性。为了与时
间透视相比较，不需涉及更复杂问题。

真正的侧显功能起作用，就给予了以侧显方式呈现的被规定者。同一者
观念和同一规定性观念（在其括号中"作为"被意指者）能够被把握为
体验之实在的部分吗？我说过：不行！因此只要同一性意义是成问题的，
我们就没有体验之实在的部分。而且如果我们把诺耶玛概念理解作在
"如何"中的、在被规定者的"如何"中的甚至在直观性呈现方式之"如
何"中的意向性对象，那么我们就不能实际上把诺耶玛称作体验之实在
的因素，虽然在其实在的本质中有某种东西与其相符（就像是在单一物
及其单一的本质中其一般的纯粹本质类似于艾多斯，我说"就像是"，因
为该同一的意义不是一般性"概念"，不是"比较"之单位）。因此，呈
现性因素之单位与意义单位不再是体验之实在的因素。或者呈现性因素
本身不可能进入此统一体内。

按照自然的态度我设定了空间物。它存在于外部世界。于是如果我注
意呈现，那么我会倾向于说，对于物，其透视性呈现是在外的——否则将
在哪里呢？然而荒谬的是将其呈现方式插入空间物作为其自身因素，因此
作为内部的属性。呈现性因素不是在外部，它当然也不是在心灵之内，如
果我先前曾将心灵置入躯体或大脑内的话。但它们是在意识内，在其内正
像呈现性因素在其内一样，作为其功能性作用的质素材料。因此，我的意
思是，为了获得侧显因素本身，需要的只是自身的目光朝向（在广义上，
目光在诺耶斯层面上朝向意识生命或体验之实在性），但它们不是作为实在
的材料属于诺耶玛的，而是当它们发挥作用时，它们的一种观念性变样
（可以说）进入了诺耶玛。在态度变化后，实在的因素以特殊的方式相符于
诺耶玛的一因素，这是同样的，只是在诺耶玛上变为诺耶玛。

希望在这些具有启迪性的思考之后我们返回我们的起始点。如果时
间对象变化地呈现于流动性的意识内，那么从元现在时相我们就有了一
变化着的"呈现性内容"（在我们所采用的观点意义上）。此呈现性内容
本身并不属于诺耶玛，并不属于刚刚过去的声音"本身"，而且在其所与
性方式的"如何"中，正好不是在我们刚才谈到空间诺耶玛的方式的意
义上。但是共同属于诺耶玛的，除了作为同一的、内容上被充实的时间
点观念的意义外，仍然是其内容的每一"呈现"侧的方式、"侧显"侧的
方式，我们将此侧显假定为流动时相的"实在"因素。

159

附录Ⅳ　现在原初所与的声音点是一实在的意识内容吗？关于诺耶玛的时间对象问题以及关于时间意识中的统握问题（相关于 Nr. 8 的 §3）

a）在元现在时刻，声音点"原始地"被意识到，作为图式的时间点作为原始者被给予，以及声音点内容原始地被给予；在一流动时相（它原初地将同一声音点意识作过去的）的每一时刻中我们有 b）原始者的一变样：时间点被意识作不是原始地被给予，而是在过去者的变样化形式中被给予，而且时间点内容不是元声响，而是声响之消退。

但是让我们再考虑一下！"这个声音（以及此声音点）是当下"，"它实际上是现在"。"此同一声音点曾经存在"，之后这意味着，"它刚成为过去"。在后来的流动时相中声音点不是原始地被意识到；在第一种情况下这意味着：a）声音点是意识的实在因素吗？意识是体验，在其中声音被意识到，被意识作"原初地"被给予者。b）在另一情况下我们有一意识，在其中声音点不被意识作原初地被意识者，即被意识作在刚刚过去样式中的被意识者。"作为当下现在被意识者"和"被意识作原初地被给予者"因此是一回事。但是此表达法仍然并非直截了当地意味着：如此被意识的对象，当其作为原始地被意识者时，就是体验之实在的部分。否则每一外知觉都也应包括其作为实在意识材料的对象。

从存在论上说，形式与内容不可分离地合为一体，在此作为时间图式和时间质料，而且如果在某一意识时相中声音点连带此两个因素在"当下现在"样式中被意识到，那么，如果我们使原始性（＝当下现在性）意识等同于"在意识中的、在该时相内的'实在的内容之存在'〔Reeller-Bestand-Sein〕"，时间点（它是声音点之形式）就必定是意识的实在部分，因此与意识一起出现和消失。但是让时间点出现和消失没有任何意义。然而声音不是"内在性的对象"，对它来说"存在＝被感知"吗？声音只有作为当下存在者或刚刚曾经存在者才可设想，如此等等，而且因此如无意识是不可想象的，意识作为知觉者和构成者赋予声音以意义和统一性。但是它在其时间位置上，而且是作为被充实的时间位置，尽管其具有此一彼一实际的所与性样式。

在此，内在性对象概念成了问题，或需要进一步加以规定。我们说的"内在性感觉对象"是对比于外在对象来说的。后者是以不充分的和有条件的方式被意识着的，前者则否。前者的原始所与性"绝对地"包含着内在性对象。但这意味着，它们是意识之"实在的部分"——对此我们需要问，在这里"实在的部分"意味着什么？它不是在指涉着如下的事实吗：我们正是将意识与其对象加以区分，并把意识本身被把握为一对象，之后正如通常在一对象中那样，我们具有部分规定性，它们组成着对象，共同形成着其自身本质，或通过对诸因素的抽象凸显出其本质？于是我们必须说：声音意识本身不是声音，而且并非像部分那样包含着声音。一声音不是意识。意识的一被构成的统一体不可能在构成性的意识中成为意识之部分，而且意向性对象同样不是"意向性对象本身"及其所与性之"如何"，简言之，一切诺耶玛因素都不是意识部分。

161

但是，实在者〔Reelles〕不是并不对应于以下诸内容吗：现象学时间的客观材料，声音及一切声音点，以及同样，声音在体验本身中的所与性之诸诺耶玛样式？因此，对于对象意识来说，不是不应区分相关于作为原始性意识的形式因素〔Formale〕和相关于作为原始地被意识者的内容吗？我们在对应于客观"声音"（即使是"内在性声音"）的流动性意识中是否没有一"声音感知行为"，一实际上在流动中出现和消失的生命因素呢？或者我们说："实在的质素材料"是意识本身的组成部分，而不是被意识的对象的（内在性时间的所谓内在性声音）组成部分①？

同样，我们在持存性意识中，在关于刚刚过去者的意识时相中，是否具有被变样的质素材料（在上述意义上！）（它在反思中才成为对象），而且我们是否可能运用"统握内容和统握"之图式？当然不是像在外部对象之意识中那样，在那里统握内容本身是通过元意识的内在性构成而成为被构成对象的②。然而应该问，那么"统握"一词是否仍然有一意

---

① 质素性材料概念的新表述。

② 但是为其本身及为自我本身的意识，及其一切实在的因素，它们都不是在对象上甚至时间上被构成的吗？

义？自然，质素性因素是一非独立的意识核，它由诸功能覆盖着；首先重要的是，应该通过实行一切可能的反思来系统地探讨这样的结构，此结构存在于意向性对象本身（在存在论上），存在于诺耶玛因素中以及实在地存在于意识中。但是就此而言，在此真的要实行一新的功能吗？如不考虑特殊的自我样式，此自我样式在《观念 1》中必定与意向性的特殊意识样式相分离，而意向性始终本质上无关于自我样式之变化，那么在检查非实在的意识结构时我们并非必须跟随着诺耶玛吗？

无论如何在此需要更新、更深入地思考。首先我们必须防止使不同的层次以及不同的反思所与性相互混淆。当下意识，原初性现在之意识，在时间对象点的原始的"意识具有"以及充分的及无条件的、所谓完全的意识具有，都是确定的，因为问题相关于"内在性的"对象。而且我们可以同样肯定地说，在我当下现在意识的时相中的时间对象点之流动性意识，实在地包含着对应的质素材料，可以说是作为核心内容，此核心内容实在地属于当下意识而且是诺耶斯的"基底"，诺耶斯设定着带有其内容的时间点，而且在原始性的统握和设定的样式中。我们于是也可以这样表达："对象内容在此质素的因素中被再现于意识中"——正如我们也可以说，在另一意义上或另一方式上，形式因素、时间点及其诺耶玛的当下样式，"被再现于"现在统握之实在的因素中。但是人们绝不应随意地论及"基底"和不同的"再现"，而这意味着，应该从体验中、从实在的和意向性的分析中来把握它们。否则人们一开始就面对着强烈的诱惑性，企图从某种诸如内在性的声音对象及对其统握中来构建"构想着构成时间对象"之意识〔Zeitgegenständlichkeit Konstituierende Bewusstsein〕，并据以提出完全错误的问题，例如像：人们应以何种方式说明在过去意识中的原始物，如当下被意识的、实在存在的、在其消退中的声音点，此声音消退是新的感觉，还是再产生者，还是完全特殊的变样化，如此等等。

人们不应将在生命流或意识流中的所有一切加以混淆，在意识流中时间对象在某种样式中被意识，在各种反思方向本身中，在对象层次上，被意识作为意向性对象，作为诺耶玛，作为"再现性的"对象（记号等），以及作为任何其他物项：因为人们并没有说，在不同的行为中并不是各种不同的功能性要素均可在反思中被证实——从实在的观点看，诸要素在此仍然不是意识本身的诺耶斯因素。于是我们看到在想象中具不同程度活跃性的感性内容，它们属于想象对象的诺耶玛样式。我们也看到在原初的过去意识中具不同程度活跃性的感性内容①，它们属于作为持存性的时间对象之诺耶玛样式。而且我们再次看到元现前时相中的感性内容。我们不应在相同的层阶上将这一切加以混淆和一并研究，好像是在此采取相同的"意素"具有一种意义似的，这些要素只不过给予了不同的混合的结果。而且为本质上不同种类的要素增加不同的"功能"也并无益处，好像功能只是某种与那些要素有联系的东西似的。

　　如果我们深探"最终的"意识流，那么我们就正是具有了最终的诺耶玛结构，并应指出，它们是如何含有这一切的，以及含有它们和自身相关于客体的意识，是如何通过诺耶玛的所与者和意义内容，使我们有可能意识到意向性对象的。

　　最后诺耶斯和诺耶玛成了中心的问题；应该清晰地规定，在何种程度上此区别一般来说是绝对的而非单纯相对的，如我开始时曾倾向于承认的那样，以及在何种程度上归根结底始终仍然必定存留着某种绝对物。

　　但是这一切都仅仅只是暂时的考虑，而且现在需要系统的阐明。最终可把握的意识、意识流在反省中是一意识所与者，因此其本身是一意识中被构成者，但正像我试图指出的，它必定是一自构成者（作为意识流），而且诺耶玛的一切其他层次在其中向下被构成着。无论如何我认为，人们只能通过其诺耶玛成分真正地描述此元意识，而且对于诺耶玛成分人们应该逐层阶地加以探究。

---

　　①　我们在知觉中也看到感性内容，它们属于被知觉者的诺耶玛样式；但每一被知觉者都在完全不同的方式中。对此我们应加以区分。

II

关于在原初性时间意识分析中的内容及统握的模式之运用以及关于无限后退之危险

Nr. 9　在外知觉和内在性知觉中的统握及被统握的内容

§1. 外知觉根基于内在性知觉之时间对象

在进行超越化的〔transzendierenden〕意识中我们区分统握和被统握 164
的内容，就此而言原始性形式自然是存在于外知觉中的。超越性对象被
呈现着，并在"感性侧显中被侧显"，这就是在"质素材料"中，质素材
料本身不是被知觉的超越性对象的组成部分，而是"呈现着"它。而且
"呈现行为"〔darstellen〕意味着统握性的意识。质素材料本身具有其内
在性存在，此即在现象学时间形式中的个别性材料。（此形式不仅必然属
于这些材料，而且它们也必然是统握的形式，并因此是一切"意识"的
形式，一切"内在性的"意向性之形式。）知觉体验是一连续的序列统一
体，而且一意向性统一体贯穿此序列；感性材料的诸统握（按与感性材
料维持一致性理解），在其于现象学时间内的连续性进程中维持恒定的
"相互一致"，而且一延存的同一物被构成，此同一物是在不同的显现方
式中被给予的。

因此，每一"外知觉"在一定的意义上都是根基于内在性的体验的，
是根基于现象学时间的内在性的所与者的。这意味着，在给予的显现方
式上，一切超越者都是在内在性中被构成的。因此这完全不意味着，自
发性行为完全根基于自发性行为（每一综合性的根基化）；因此这也不意 165
味着，如在一综合中那样，内在性的所与者，最初被把握为、被设定为

存在着，接着被构建于、根基于较高层阶上，此所与者应当被设定在存在之中。反之，情况是：如果一超越性对象应该成为原初性所与者，如果它对于意识主体来说应当可把握为原始存在的，那么给予性的体验就应当具有一定的结构，一内在性的体验流，质素材料及其统握的内在性流，就应当并以某种更精细的结构，在现象学时间内流动着。而且之后我们看到，正如可在此推断的：每一外知觉都是一双重客体化之交融，或如我们也可说的，一双重"知觉"之交融；外知觉按其本质是某种内知觉的连续过程，而且在此即内在性时间性之知觉，并且一第二意向性穿越此内在性的知觉过程，在此意向性中，在其超越性及其客观时间中的外客体通过"呈现化"成为原初性的所与者。

按此思考，内在性知觉被理解为一相互连接的、有时相同有时不同（连续地变化中）的感性材料之连续体，此感性材料充实着一（内在性时间的）时间段并如此般原初地被给予（"被知觉者"）。此外，在连续地逐随着感性材料并与其具体地统一的超越性统握，属于作为内在性知觉所与者的同一内在性时间，而且"方面显现化"〔Aspekt-Erscheinungen〕也是如此，它们正是内在于其中的样式中的感性材料，由于此样式它们即该外在者之呈现并可与之相关。

§2. 不同类型的内在性时间对象之活跃的运作及统握性把握

166

如果我们考察内在性知觉，即质素材料的知觉①，那么它们本身不再属于被知觉材料的时间系列，正如外知觉不属于被知觉的空间物的时间系列。然而二者不可分离地相统一；时间对象的两侧的时间彼此相互构成，而且它们不只是：外知觉或（不如说）一时时延存着的质素客体的一延存着的外知觉，是按照原初的时间意识被排列的，并正因此有其完全的存在。在最初的现象学反思中我们称作一内在性声音的"知觉"者，并不是一完全的、构成着声音统一性的意识，而只是一元现前化的（时

---

① 纯粹元现前和纯粹核心材料——对立于内在性知觉及其内在性对象——对于核心材料起着呈现化作用。因此我们企图将核心材料解释为"统握内容"，解释为内在性时间材料之呈现。

间）线，正如在他处曾指出过的那样。由于构成着一切的意识之结构，它使本身成为一"统握"的特殊对象，正是由此统握，现象学的（一阶的）行为客体化被完成着，正如作为"核心"出现于此系列的元材料成为"统握"的对象一般，由此统握它们在意识流中成为自身现在的、客体的声音时间点，成为内在性时间的延存性声音点。

因此我们在此说"统握"和"统握内容"，我们把在元现前化的系列中出现在原初性时间意识内的核心（元材料）称作"被统握的内容"，而且此"统握"应当是那种穿越它们而将"客体的"声音材料意向性地构成原初地显现于内在性时间中的统握。或者"元材料"应当意向性地"呈现"内在性的材料。自然我们也必须说：在元现前化的行为因素连续体中原始地出现的个别行为因素，对于统握起着统握材料的作用，而且于是作为内在性时间的一具体对象，而成为对于（感觉材料的）内在性知觉的对应时相之呈现。

在此应该注意，我们应当将这些主张归于不同的反思，因此归于不同的关注和理解，它们的可能性在反思全部构成性意识本身时应当成为可理解的。对于感觉材料（内在性材料）的反思，对内在性知觉的反思以及对全部流动本身的反思，这些都是原初性体验的不同的注意形式；即使对看起来相同的或部分相同的内容的反思，它们也仍然并非把握着相同的对象。朝向质素材料的目光，穿越了元现前化过程，但在此元现前化起着预存充实化的作用，而且同时具有向充实化过渡的状态；因此目光与将到来者相遇，把握着它（相同者），看见它（相同者）下沉，但永远达到新来者及达到对新来者之把握，此新来者永远被意识作"单个者"和同一物。而且当在朝向继续性的内在性声音时，目光也继续朝向新的材料，而且如所说的，已经与其相遇，于是曾被把握者仍然始终保持在意识中，新来者永远朝向另一新来者，后者则是作为一被充实的、与其一同展开的时间段的终点。因此目光也穿越一切对应的持存，并仅只达至作为顶点的所偏好的新来者。

因此，全部构成性的意识在此处于行动中，或者把握性的行动以一定的方式围绕住〔umgreift〕其一切意向性，这就是，它以在描述中应加以说明的一定方式，在作用中侵入一切意向性。行为显然并不与目光相遇，

167

168 但甚至元现前化的元材料并不这样被把握，而是它们在"起着作用"，而且内在性声音（它不是过程的任何组成部分）在把握中在如此起着作用时（作为全部构成性的体验的一特殊样态化）被把握着。如果我们把声音的知觉及其时相把握为内在性知觉，只是在这里注意的把握行为以另一种方式"透彻照亮"整个过程，将意向性的其他线路及连接变为起作用的线路及连接，那么其结果也是类似的。如果反思针对过程本身，把握住预存系列、现前化、持存及其相关项，其原初的或变样的核心，情况就再次不同了。于是元材料就并不活跃地起着"统握内容"的作用，行为就不在此统握内容的统握中起着统握的作用。

进一步看时，"活跃地起作用"一词，甚至"把握"一词，都获得了一种特殊意义。在任何情况下，不论我们是否"实行"统握，即不论我们是否在统握中朝向（或不朝向）此一彼一对象，体验的流动连同其一切意向性成分〔Intentionalien〕和构成性都存在于意识流中；而且这相关于全部流动过程，不仅是对于将其排列有序的、"感性的"统一体在其中被构成的流动而言，而且是对于这样的情况而言：特殊的自我行为，自由的自我行动，形成了内在性统一体，它们通过第二感性被客体化。如果我们坚持前者，那么不同的统一体将在构成性的流动中被构成，但只有注意力，即对此一彼一对象的朝向性，因此即通过主体将一定的实行激发力赋予该构成性体系，实现着该系统，使其正好成为对此对象的一种知觉，此对象在把握前当然已经"存在着"，但却未实际被把握，因此并未实际成为主体之对象，也不是其实际的周围环境的实际成员。

但是，于是相应地，存在有对象，而且生命结构是以这样的方式存在的，每一生命律动本身都顺应着构成时间对象的流动之法则，因此本*169* 身也是通过反思可把握的，这就是，通过对于它们的构成性意向之实现化，这些意向在注意力实行之前某种意义上是潜在的或非现实的，在实行之外，虽然它们仍然具有完全确定的本质特性。其后实际的把握行为将意味着相关意向性体验的实行样态，即相关于行为内容，后者像感性材料一样出现于起着作用的行为中，但其本身不是起作用的行为，而且行为内容在穿越诸行为的把握中具有特殊性，即以特殊的方式呈现着被把握者，并在此呈现中成为过渡点，但不是目的点。

于是行为本身也可起着行为内容的作用，即起着呈现性因素的作用；于是如果我们像洛克一样对知觉等进行一次反思，因此将实行一行为知觉：在流动内元现前化中出现的行为因素于是就是内在性的行为点被"呈现"为一内在性地延存的、在内在性时间内展开的行为之点。但是这些行为因素于是没有被实行，它们是"内感官"之感觉材料。

因此，只有在以下的情况下质素的核心因素才在元现前中经受着现实的统握，以及对于内在性的质素对象起着统握内容的作用，即仅当把握的注意性样式针对这些对象时，以及当它们正好如此实行着"现实功能"时。但如果我们据此谈到统握和统握内容，那么我们就看到了把握之相应的潜力：于是这就正是可能的统握和可能的统握内容。但此可能性不是空的可能性，它是以原初构成性的时间意识之意识结构为前提的，如无此前提就没有可担负实际功能的意向性关联域。我们自然也可在此意义上理解语词意向性、行为等，并说它们相关于潜在的意向；只是应当说，潜在的意向性不是某种促成把握行为者，而是某种以把握行为为前提者，而且一种本质共同性存在于未被实行的（或潜在的）和被实行的（进入实际作用的）意向性之间，在这里，至少是在我们的内在性的时间对象构成事例中，意向性必然是发生在前的。

从这些阐述中可以看到：所谓在元现前化中的质素核心的统握，不是仅只在抽象理解的元现前化本身中加以完成，而是在一定的方式上须考虑一个更广泛的、由预存与持存组成的系统，二者是相互从属的，而此系统是通过相符性连接体而被统一起来的。统握行为，每一新的元现前化的质素核心的原始性把握行为，不是"抽象地"作为单纯元现前化之统握行为的，而是经由"呈现着"它的元材料对相应的质素的时间对象点之把握。元现前化本身，如我们反复所说的，永远相同地"以抽象方式"存在于一不变的声音之生成或延存的进程中。但每一元现前化都充实着一预存并随着新的元现前化而失去充实性：在此也存在着相同性，如果我们排除了边缘点的话。但同样，如果我们在过程中有连续的非相同性，此过程必定将每一被元现前者变为一改变了的被统握者，对应着作为时间位置区别者的每一质素的客体点之区别性，而且这最初意味着，

170

作为按其在全部延存中的位置而不同者。每一点都是另一活跃地被意识的内在性客体之时段的终点。（或者毋宁说不是终点，而是另一生成点，它在自身之后有另一在序列中不断变大的"曾被生成者"〔Gewordenheit〕的时间段。而且这样的话，生成点每次都是被构成的，因此也是以活跃的作用方式在把握行为中被给予的。）

171   然而我们或许展开的有些过远了。因为人们会反驳说：在对相同的续存中的声音之知觉进行反思中，声音本身对我们显示为某种同样的续存者，只是除了开始点和终止点外。于是客体点、声音点对于我们也一再显示为完全相同者，即如果我们永远重新选择一点并对其关注而不考虑随其展开的时段的话，尽管该点通过其在全体中的位置也仍然具有其关联特性。与之相应，如果我们的注意力目光不是针对延存的长度，而只是针对现在的现实，针对续存的声音本身，我们就应该谈到永远保持相同的知觉，因为我们正是永远一再具有相同的、由预存和持存环绕的元现前化，它在设定着并取消着统一性的意识流中是永远相同的。延存着的声音之原始所与性意识自然实现于元现前化流中，即只要注意性的和把握的目光终止"于其中"，在其中，在其连续的、生成的存在中，发现其对象。但是我认为，只有通过贯穿预存和持存的相符性，以及作为同一延存的声音从元现前化伸展入新的现前化（在此旧的原始现前化已经沉入持存），我们才有时间对象声音；而且如果我们仅只抽象地选择了一原始现前化以及在原初性时间流内的其序列本身，那么我们就在每一元现前化中具有一抽象取得的新核心材料，但没有时间对象物，或者换言之，我们在核心材料中没有一客体物的呈现。

    因此我们不应将[①]声音的延存性知觉简单地理解为仅只客体化的系列。此系列当然是（在把握之前）被构成的，正像另一原初流动的系列并像其本身一样；但是它是在不同的意义上被客体化的。根据构成性的流动的反思性把握，我们可以抽象地划线并（例如）得出抽象的元现前化线，我们可以按这样的方式进行，即我们首先忽略一切相符性功能，似乎它们不存在于那里，并必定不在其位置上，或者我们仍然可以考虑它们并永远

---

    ①   参见本书 Nr. 6，第 107—124 页；其类似的论述尚非如此清晰！

仍然获得一抽象结果，因为我们仍然只是在考虑趋于顶点的位置。

§3. 在外知觉和内在性知觉中统握之不同概念。持存、想象或再忆之意向性变样化并不包含任何新统握

但是一切应该更清晰地论述并以比较不同的方式加以说明。

统握概念应当予以妥善考虑。如果我们关注持存的和预存的"变样化"，那么其中每一个及其连续性的诸统一体都不应称作统握，而是至多称作一统握之变样化。而且这对于我们称作一进行变样化的，或称作一意识变样化的一切意识均如此。

统握的概念及被统握的内容是如何呈现的呢？例如在外部所与者领域中：我们称一物为一统握内容，如当我们说一信号被统握为某一意义的信号时（因此是在另一物中的另一过程）。于是显然我们有一原始给予的意识，一知觉的意识，在其中相当于信号的物过程对我们显示于活生生的现实中，并于其上构建着一根基性意识，此意识是赋予此物或此过程以作为信号意义之意识。此新的意识样式不是自存者，而是某种以根基化方式构建于纯粹知觉性意识内者。

我们于是可以把在与所谈例示领域相比时每一"纯粹"名为外知觉者本身，再次称作对于统握内容之统握。我们是在相关于诸感觉材料和诸抽离方面之复多体时这样做的，在此复多体中的知觉内，被意识为肌体性给予的现实之物因素被呈现着；因为反思对我们指出，我们已经可以发现被名之为"感觉材料"的此对象复多体是属于知觉本质的，对象本身不是外知觉，而且具有"呈现性的"统握特性，后者赋予材料以"显现"特征以及（显现之）方面或方面成分的特性。因而在此我们也有一"有根基的"意识。因为感觉材料本身是被意识的，它们是"内在性"时间中的延存统一体；它们不仅是被意识的，而且是被知觉的，它们在此对于反思者是作为肌体性现实的，在反思前已"存在的"，或者对于自我施予着刺激，自我屈顺于刺激而最终朝向它们，而且当将它们把握为对象时已经发现了它们。外部的统握行为或知觉行为是根基于此感觉性

的统握行为或知觉行为的[①]。如果我们直接谈到外知觉的体验，那么我们以此理解的是完全具体的现象，此现象包括具有其基础的、有根基的统握，在此被称作感觉的具体内在性知觉，而且因此也包括内在性对象。

如果我们再后退一步就会提出这样的问题：内在性知觉行为本身是否可称作统握行为。显然不再在同样的意义上如此；我们不再有一具体的意识，连同一在其中被构成的最低阶对象，它存在于感觉材料之下，正像感觉材料一样被类似地构成具体个体，而且我们因此不具有一作为感觉行为的有根基的意识，它根基于一个别对象更深层的意识之上。

但我们还需举出补充性的例子。我们也在以下情况中谈到"统握"：在昏暗的森林中我们听到一阵声响并将其统握为奔跑着的动物的声音，统握为在树丛中滑行的（但未被看到的）蛇。或者我看见一运动着的对象并将其统握为一狍子，但之后犹豫起来，并改变了该统握，而现在我认出它是一条狗，并"将其统握为"狗。或者我发现一引起关注之物——一块石头，并将其统握为石器时代的一个箭头，将一块碎片统握为一古代瓶罐的部分等，并将碎片上面的图形把握为罗马神话中的莫克尔神，如此等等。

对于所有这些"统握"我们能够极好地谈到有根基的行为。如果我在知觉统一体中改变了我的统握，那么新的统握自然是有根基的，因为从一开始并按其自身本质知觉即统握，即有根基的意识，如我们说过的。然而实际上在这些例子中仍然存在一新的统握之意义，因为语词的意义仍然是在在先的知觉中被给予的对象（有声响者），未被确定的对象，只是后来才经受了统握，即被统握为蛇，后来又被统握为蝎虎，如此等等。如果我们从一开始就清楚地看见那个动物，那么在此意义上我们就不会谈到统握，而是谈到知觉了。因此统握在此意味着一知觉，后者将先前的知觉中未被清晰明确给予的客体引入一较确定的所与性，虽然这还不是引入一清晰的和被充实的所与性，后者已经决定着永远仍然属于"前把握的"知觉之统握。

---

① 但这并不意味着统握行为的实在性及相互构建的诸积极设定之综合。但是感觉材料的构成是外部对象构成可能性之前提。

但是无论如何这样一种进行更准确规定的知觉再次为一有根基的行为，此知觉在关联域中提供着一新动机化的知觉性统觉，因为本质上此种动机化的、仍然不完全的更准确的规定性，假定着一先前的对象意识，在此即同一对象的意识。在其他例子中，问题也相关于有根基的行为，但非相关于知觉；在陶器碎片上看起来像是莫克尔神像之物，实际上我不可能看见，根本也不可能看见，如果我把某种物质物统握为工具，统握为餐具，统握为房屋的话，简言之，统握为文化品的话，尽管在此我也宁愿说知觉（我在那里"看见"一房屋、房屋前一辆车、器具等等），而且此外在某种扩大的意义上也并非没有理由这样说。

我也把我看见的一房屋统握为我以前曾经看见过的一房屋，把一条道路统握为我小时走过的一条路，如此等等。最后，我们可在一切领域中谈到统握，在领域中存在任何对象，不论是原初所与的，还是准现在化的，或是被知觉的，抑或是通过归纳法，通过任何抽象的思维所与的，确定的或不确定的，明证的或非明证的，直观的或非直观的，以及建基于其上的一有根基的对象意识、一认知行为、一意指行为、一判断行为。

但在狭义上统握是一原初给予的意识，一知觉者，在其中一知觉性统握根基于一知觉行为，并因此根基性知觉之被知觉者，对于一较高意向性来说充当着统握内容，在其中归予它的对象本身被意识作被知觉者①。

被变样化的意识本身（按照自身的意向性本质）显然不是一对其被变样者〔Modifikates〕进行统握之意识，不论是在狭义上还是在广义上。将想象看作一特殊统握，并将其统握内容看作被想象者，这是错误的。想象是相应的知觉之一变样化，想象内容是相应的感觉材料之被变样者，

---

①　在此应当说：1）"统握行为"一词并不适当；2）谈到"统握内容"一词时突然在此引进某种因素，它在统握行为的通常词语中起着一种非常不同的、仅只类比性的、十分牵强类比性的作用，但这正是应该在其之上，而不是在有根基者〔Fundiertsein〕上，加以着重强调者；3）但在此人们分离出了"将所与者作为 α 加以认知"，因为之后最初所与者其后本身是一 α，作为被规定为 α 的对象。但在此问题不是相关于外知觉中的呈现（而且也不相关于一象征化关系），不是相关于一"统觉"。后者不是相关于认知，如统觉的通常意义所示者，而是相关于在一内在性材料中的一客体之完全特殊的呈现。而且此关系于是应该为类比性的转换而根基于原初时间意识上，不论发生的是一"呈现"还是一"统握"。

它们本身不是仅只是被不同统握到的感觉材料。同样，一持存、一再忆、一前忆不是统握，而至多是一统握之变样化。正如一想象的房屋，一过去的、未来的房屋不是一房屋（即不是现在的现实物）一样，一想象行为、一记忆行为、一预期行为也不是统握行为，而是统握行为之一变样化。"变样化"的此令人至为惊异的意向性已经在《观念1》中论及（其前很多年来已在讲演中详细阐明过不同基本种类的变样化，如一切种类的"准现前化"）。

176

　　每一"变样化"的特征都被这样表述：在其内包含着与另一意识的关系，它是该意识的变样化，一实际上并非包含在其内的意识，但对一适当朝向的反思来说仍然是可把握者。每一变样化因此都具有一特殊性：它不仅容许属于每一意向性体验的那种反思类型并通过该类反思自身成为作为内意识统一体的对象，而且还容许有第二反思，通过该反思被变样化的意识成为目光对象。于是，因此特殊的反思与对应的行为相关项联系在一起了。例如在想象中，或者也在记忆中，因为记忆通过此内部的反思（此反思是目光针对被记忆者）使得先前的知觉成为可见者。连带着先前的诸方面等，它们都达至直观的所与性，但是均存于"再产生"之被变样化的特性中。一切属于变样化本质的特殊反思在行为和行为相关项方面（包括感性材料）所取得者，都具有一相对于反思的变化的特性，此反思针对未变样的行为以及针对其中包含的相对项内容、感觉材料、诸方面、诸统握等。

§4. 时间构成性流与核心材料的关系仍然具有
对一实在性内容之一统握的形式吗？

　　现在如果我们返回一阶现象学区域，返回一阶现象学时间内的一阶内在性之诸所与者，因此例如返回内在性感觉材料，排除了（或许是）统握，此统握构成着外部对象之侧显，并探索内在性知觉之结构（即感觉体验之结构，在其中它们是所与的感觉材料），那么在此我们就触及意向性连续体了，后者就其时相而言是完全非独立性的；而且在其中我们发现作为非独立时相的感性元材料，元感觉材料，如果问题相关于以内在性方式所与的感觉材料的话，但它们只有一逐点逐刻的、瞬间性的存在，而无一具体的实际存在，如同感觉材料本身那样，后者是内在性时间中的固存性的统一体。此外，我们发现一由连续性持存与预存组成的区域，此区域，略去其单纯的时相特征不计，具有变样化特征，因此其本身不可能被称作"统握"，即使我们已经想要在此逐点逐刻的所与者上将统握概念转换为统觉。但如果我们要在所尝试的界定意义上坚持统握概念，这就根本失当了。在内意识中，在最原初的意识中，在构成着内在性的对象及内在性的时间的意识中，我们并非已经具有具体前所与的对象（这将要求一更加退居深处的意识），而且此对象将由一有根基的意识统握。

　　人们可能试图来这样比较：在外知觉中外部对象是以"单纯"意向性方式在躯体性现实特征中被意识的，但（意指该"单纯"）其中并不实在地包含着它；反之，知觉的实在的组成部分是质素材料（质素材料提供着外物的颜色、形式等侧显性"呈现"），"激活着"质素材料的统握、设定特征等。因此，实在的材料被一统握着它们的意识所包围，它们实在地存于其中[①]。与后者相似的是内意识的本质内容，在其中该感觉材料被构成固存的统一体（或者被构成时间上被扩展的过程），实在地被包含在内意识的所属元现前的材料（元感觉材料）中；而且它们不是单纯地在那里，而是"运作着"，它们被一意识所激活[②]，即被"使元现前的"意识所激活。再者，外知觉是一时间上被扩展的行为；在每一时间点上我们有知觉及被知觉者的唯一现实原始的新时相。具体的知觉是一意识统一体，后者超越出原始行为时相的连续性继替系列，所谓连续地延伸着每一时相的获得，而且由于持存连续性意识统一体保持着"新鲜记忆"形式中或（最好说）原初持存形式中的瞬间被知觉者[③]。现在在内意识中已经存在类似者，内意识对于外知觉是具有构筑性的。我们在作为外知

178

---

　　① 　在此它们具有"关于"〔von〕的呈现特征。

　　② 　感觉材料被统觉的意识所激活，它们也可不被激活。元现前的材料（理解为纯核心）仍然不被激活，而是纯核心，而且它们只是呈现，如果我们将时间客体理解为元现在的知觉的话。

　　③ 　对此可反驳：连续性外知觉是一"点知觉连续体"，知觉的意识统一体穿越此连续体。如无持存维，这当然是不可能的，但我们仍然不考虑此知觉连续体本身。

覧...

觉下层的内在性知觉中具有一连续的元感觉材料序列。此实在的材料在一使现前性的意识中被连续意识着，此意识本身不断地变化着，而且对于每一时相都变化为持存性的演变，通过此演变被元现前化者始终被持存地意识着，并由于元现前的材料的连续性序列而使得原初所与的意识的一个包罗广泛的统一体可能成立①。

这一切当然都是正确的。只是在此应该慎重关注，"实在地"仅只意味着"在一未变样的、一纯粹原初所与的意识（元现前）中被意识的"，而且因此绝对不应说，当下在最内部的线索上起作用的实在者〔Reelle〕是一感觉材料，就像是在内在性的时间所与者上那样，因此某物在把握性的意识之前已经被构成了。最内部领域的实在者是一最终者，不再是被构成者，不再是以其他方式被构成的复多体的具体统一体，而且它是其所是，只是作为"内容"，作为元现前化的意识之实在的核心，如无后者是不可设想的。而且最后，元现前化的意识不是一具体的体验，而是另一元现前化时相连续性继替之一抽象的、非独立的逐点时相，在此过程中此连续性继替本身不再是一具体项，它不是自身可设想者，而只是一多维连续体的边界线，此连续体包含着持存和预存的诸连续体。

自然没有什么可阻碍人们称该核心材料载者为一统握，但它因而也并非是在旧的意义上的统握，正因为该核心材料（元感觉材料）甚至不存在，而且此外更非必然因一将出现的意识而"发挥作用"，即被此意识"统握"为此或为彼，而是在相对于带有它们的此意识时是非独立的，并只因作为此一被如是带有者才是可设想的。它们甚至不是通常意义上的对象，它们必然欠缺该独立性，该具体性，后者，如所显示的，只有作为被构成的统一体才是可设想的。但一切被构成的统一体和构成着它们的体验都使我们返归内意识以及在内意识中被实行的意向性功能的时间构成。实际上如此称名的最后时间是"内在性时间"，但在其后仍然存在着时间构成性流以及属于它的继替。但继替（以及共存）此后不再是时间，虽然一被构成的继替，一客观的继替，以及客观的共存属于时间之本质。

---

① 于是在此对于内在性的知觉或对于一内在性知觉的连续性统一体也可予以类似的论述。

所有这些讨论并不充分。主要问题是探讨我们是否有权利说，在元现前化的行为时相之元感性材料内呈现了客观的时间点，或者准确说，我们是否应该在"元现前行为"一词下做以下区分：

1）那样一些元现前行为，它们尚未在自身抽象思维中意识到时间客体，但它们只是通过与伴随的行为系列之关联和相符而获得了它，于是因此"元核心"成为时间客体之呈现。

2）正是对该第一类行为予以强化〔Zuschuss〕的元现前行为，此第一类行为使客体化、呈现化得以成立。

然而此区分不是毫无疑问的，虽然我在我的最后研究中为其奠定了基础。以分离的方式想象元现前化并认为它仍未提供任何对象，仍为一假定。仅就可变化知觉的可变化同一化之可能性而言，外知觉是否也并不给予外部对象呢？为什么元现前化不应从自身开始现前化，而且其核心开始成为时间客体本身，虽然其同一性只是通过同一化作用才可把握？

180

Nr. 10 关于最终构成性的元过程之时间性问题及可知觉性问题。一种非时间性的及非被意识的元过程之假设

§1. 客观的时间与主观的时间样态（定位化）。重要的时间本体论公理

181 我们区分了时间本身（及其每时每刻之时间充实，其事件，以及事件之基底［延存的对象］）和时间的所与性方式，其时间点和事件点，其延存的对象，其事件或被充实的时间段。

时间是一客观的形式，而且每一时间点是一客观形式之点（界限），并因而本身是客观的。一时间点是一充实着此时间点的一个体之时间点，而且共同属于此个体，除了在此同一时间点上也可能存在另一个体外。按照其一切构成性因素，个体的本质是与此形式结合在一起的，而且并不包含"当下、过去、未来"。时间本身于当下、过去和未来都不是现在的。然而不只是作为无限时间的时间，而且每一时间点都是存在的，但并非自身是"当下"的。时间点本身不是过去存在的或将来存在的：每一时间点有时"流经"每一过去样式和未来样式，有时流经现在样式①。对于作为整体的时间，一般而言可以说：它是"永远"现在的，或它永远具有一"现在时段"，永远具有一"过去时段"（［一］无限的分支），以及同样有一无限的"未来分支"。人们甚至必须肯定此一说法。此断言

---

① 但此论相关于以下诸页。

对于时间对象及其时相而言也适用。每一对象时相，正如全部时间对象，都是存在的，但它是连同其时间存在的，连同它加以充实的客观时间段而存在的，但按其自身本质（我们将继续对此概念进行分析），一现在的、过去的、未来的当下时刻并不属于对象时相。另外，时间对象必然 182 与认知主体（以及与每一可能主体）具有所与性关系，这是符合时间对象本质的，虽然这并不为其构成任何属于其自身本质之物；时间对象对于认知者来说存在于不同的样式中：时间对象不只是存在于其时间中，而且现在"它发生"着，或者它已经发生了，或者它存在于可能的样式中——它还没有发生，然而它将发生。

"事件"因此是一主观的所与性概念。而且还不止此，在"（事件）发生"中一时间点再次被区分：时间点是当下现在的，以及"一再更新的"，此外时间点作为曾经存在者被给予，于是在当下现在样式中出现的每一时间点和时间对象点都连续地变化为曾存在样式以及不断更远地曾存在样式，如此等等。时间点、时间段以及时间对象都"充实着延存"及"延存着其自身"——所与性方式对它们全无任何改变，即使其所与性方式仍然在流变中，它们也始终固存于其稳定的同一性内。时间物对于我（或对任何其他人）是实际上当下现在的，而且它已经是"一刚刚曾在者"，并继续变化着其所与性方式。或者再有：它是被期待者，出现在"未来视域"中，"被给予"为未来将来者。

时间及其对象并不流动，它们存在着，而此"存在"是稳固的。时间流〔Zeitfluss〕不是时间之流〔Fluss der Zeit〕，而是时间及其对象的所与性方式之流。但是对象不是在时间中出现和消失的吗？水不流动，鸟不飞动，众多的或一切的时间物并不起始、变动、生成，以及并不成为变动之流？我们称作"数学因果性"的稳定的数学函数性关系客观地存在于稳固的时间中。鸟飞着：客观时间的一确定的时间段是如此如此客观地被充实着，而且它们可以于观念上在"不变化"意义上，或者也在一种变化、一种飞动的意义上，被充实着。变化表达着一时间之某一确定的充实样式，不变化表达着另一种充实样式。但是在客观时间中，此被充实的时段是稳固的。在客观时间中的变化并不必须随着所与性方 183 式之"流动"而被改变，每一时间物都在所与性方式中对主体"显现着"。一种改变之显现是一恒定的"流动"，但客观的改变是一稳固的存在，一稳固的时间段，此时间段是以如此如此方式被分配的同一时间充实性〔Zeitfüllen〕所充实的。

这首先可用以说明带有现象学过程的现象学时间；感觉材料、情感、判断是被给予的，它们作为当下者出现于体验流中，沉入过去，但每一过程都被给予为客观物、个体物，带有此一彼一最初的时相，此一彼一继后时相的连续体；每一时相都是时间时相，而带有其内容的时间点是同一者，不论它是以"当下出现"的方式被给予，还是作为刚刚过去或作为再早过去被给予。它在重复的再忆中是相同的，在每一"重新"中被准现前为当下出现的，被准现前为刚刚过去的，等等；而且此新的方式，所与性方式之再忆，通过时间点和全部时间过程被给予，绝不改变此客观物的稳固同一性。它的客观存在本质上可能与现象学主体，与相关生命之自我具有关系，只要它对于此主体来说必然可达至所与性，而且之后它或者应该是原初地被构成的，在当下及刚刚曾存在样式中原初地被知觉，或者可能被再忆。但是我们永远或（不如说）必然具有以下二者：存在本身，以及此客观存在之具先天特殊类型的、变化的所与性样式①。

¹⁸⁴ 省略

§2. 客观时间，现象学时间，以及最终构成性的意识流。无限后退的危险

现象学时间②是时间；现象学过程，作为在此时间内之体验的体验，具有一种客观性。但是，此时间是一种先验客观性之形式，它不是在物理性自然形式和物理心理性自然形式意义上的客观时间。对于自然时间构成而言，即对于一先验主体侧上此时间之知觉的可能性而言，现象学时间的构成已经是有前提的。这就是最先的和最原初性的时间形式。空间和空间物借以被给予的显现本身就是时间对象，但是现象学时间内的

---

① 然而如此加以表达并不是无争议的。
② ＝内在性对象的时间。

对象。如果人们称现象学时间及其对象为与"客观的"自然时间相对的先验"主体性的",那么在此时间场域的主体性背后存在着另一先验主体性的场域,"体验"之场域(也是新层阶和新意义之场域),在其中此时间性构成着;人们因此首先说,此体验呈现着、显现着带有其时间形式的时间对象(也是更深先验性层阶的显现),但其本身不是时间性的,既不是客观时间性的,也不是作为该第一层阶先验性时间事件的,而是时间性的①。

但是现在提出的问题是:构成着现象学时间性的体验流(如此的体验使得这些时间性显现于变化中的所与性方式中)本身不是存在于现象学时间内的吗?一声音感觉材料出现并延存。它在时间中显现,因为"诸持存"随着每一"新出现的"时相而被连续地结合在一起,在持存中每一声音点都被连续地意识为同一者,只不过以不同的样式显现为刚刚曾存在者,不断向后沉入过去中,等等。因此我具有同一声音点及因此同一声音段的一个所与性方式序列。我可以对其注意;每一如此的所与性方式本身再次是某种在不同样式中被给予的同一者,当下现在地在新出现中,而之后不断沉入过去中。声音事件在其中被给予的体验流也是一个别性客体并具有其时间段和时间位置②。

以上所论自然有其难点。对于此个别性客体来说,我们也谈到并必须谈到其所与性方式;我们因此似乎退回至一新的流动,此流动本身再次成为一时间客体并有其所与性方式——这似乎不可避免地引向荒谬的无限倒退。

人们也可以说:现象学时间是个别性体验的包罗广泛的形式,此个别性体验对于现象学主体来说是通过其他"体验"被给予的,我们说,是通过一种更深层的流动性生命被给予的,在此生命中该时间性体验"显现于"流动着的所与性方式中。它们本身是时间性的吗——使其自身获得所与性的时间性如何在现象学时间中具有其位置呢?而且这样一来

---

①   问题:1)"感性的"、自我之外的材料之内在性时间;2)行为如何呢?行为是否在与自我之外的内在性材料相同的意义上实际上具有一时间?行为是否可能既"不变地"又"变化地"延存着?它们是在同一意义上的个别性客体吗?

②   体验流作为个别性客体,因此本身也在时间中吗?

185

甚至无限地进入一层阶序列中。我们岂非无限地具有相互重叠的众多时间了？

第一个问题是：实际的描述可进行多远？我从客观时间与时间对象（空间）出发，通过描述达到时空侧显，达到作为一阶先验性时间事件的感觉材料。之后在下一步骤中我获得每一（在另一方面：侧显性的）感觉材料（以及还有其客观的"统握"）的所与性方式，获得复多性的过去样式、当下样式、此所与性方式的流动，获得时间形式，作为二阶先验性时间的此时间形式包括它们一切在内。之后我是否能够进而反思并确定其他层阶呢？我是否发现了所与性方式的所与性方式，前者是某种不同之物，它对立于下一更深层阶的单纯所与性方式，其意义正如同它对立于时空客体材料？

1）声音延存——客观声音的延存，如作为事件的钟声，以声音点连续地充实着此客观时间。

2）声音感觉，它不存在于空间内而且在时空中无其位置；作为"纯粹体验"延存着的声音，或在（初阶的）现象学时间内的一事件。

1ᵃ）钟声的所与性方式。

2ᵃ）声音体验的所与性方式①。按照后一观点，作为元现前的元所与性方式，作为刚刚在先的、作为对于单一感觉点而言不断继续置后的所与性方式。但还有这些所与性方式之流，体验流，在其中声音感觉呈现为同一性统一体，呈现为事件统一体。因此流动之时间在观念上不同于初阶体验之时间：一流动段之"过程"与称作声音感觉之过程。

现在我注意着流动及其时相之所与性方式：我是否在此发现了一新的事件系列呢，以及因此某种无限之物呢？不是的！我发现了体验流，被称作"变化的所与性中的声音"，我发现此流动是一统一体；我听见某种（例如）与此前流逝的声音或声音时相相关的时段，而且注意到："当下它如此这般被给予，之后不断地以其他方式被给予。"

因而就此而言，我能够注意到声音所与者流之所与性方式并从观念上做出区别。然而，称作"声音所与性方式流"的体验，在现象学上是

---

① 此外，它们彼此关系如何？此问题从未谈过。

否不同于称作"声音所与性方式之所与性方式流"的体验呢？当然是除 187
去注意力朝向性而言。不是的！我们在显示性的描述中不可能发现任何
不同，更无须提我们会随意地发现区别之新层阶。

　　但是，在此不存在任何问题吗？我们深悉，声音统一体如无一描述
中的所与性方式流是不可设想的，此描述是我们可能并应当为此而做出
的。此流动本身不是必定被如此构成为统一体，而且在此过程中是通过
新的所与性方式构成为统一体吗①？

　　现在我们也考虑以下问题：在反思中我们看到构成性过程，此过程
给予我们初阶内在性的时间对象。我们可以注意单一"点"，即注意任何
一次当下，并注意一事件点如何在过程中被"呈现"。

　　于是我们能够思考，我们仍然谈论体验，谈论被感觉的声音，而我
们并不对其注意或对其所与性方式进行反思。应该如何思考这些呢？体
验应当不以注意性样式流逝着，我们在其他情况下是在注意性样式中发
现体验的，而且体验在此似乎肯定是时间构成性的，而且体验像河流一
样流逝着；只是在不包含任何注意性的样式中，无论它是相关于第一对
象还是相关于第二对象。但是一体验过程有可能流动着而自身绝不构成
任何时间吗？一体验过程必然应当与对体验过程本身之意识合一吗？关
于体验过程之意识和体验过程本身是如何合一的，是如何可能的及可理
解的，已经是我们先前提出过的问题。但是在此提出的问题则在于探讨，
这是否是一种有意义的可能性：一体验过程存在，但不存在对它的意识
以及在其中被构成的对象。体验流逝着，这就是某一时间形式中的对象
（我们确实仍然还不明了，这样说是否正确："只存在唯一的时间，而且
一切时间都仅是该唯一时间之诸片段"［或如康德命题通常所说者］）。这
样的时间和时间对象是否是可知觉的（在对象把握的意义上），如果它们
不是一开始就自行被构成（但未被把握的）对象的话？以下情况是否是 188
可以设想的呢：一流逝着的生命过程被意识到，在一显现着的时间形式
中被"显现地"构成，但其本身未被意识到，而且正是未被作为如此如
此被组成的过程之内容被意识到，而是首先通过知觉的、时间客观化统

---

　　① 因此这就是问题。

握的一附加过程才被意识到？

一初阶的内在性对象是否是可设想的，如果它在意识中不被构成时间对象——不被实际上构成着，不论它是否在此被把握？或者对象在此意味着在内在性中的一可能知觉之纯潜在性，后者通过一元过程而足以实现，例如通过一流逝的感性材料、消退着的声响等，但此元过程本身不是时间构成性的，而首先是通过一后继的及伴随的"统觉行为"才成为并可能随时成为时间构成性的？但我们因此也被引向另一重要的问题：刚才假设中考虑的过程对于一内在性的一阶体验将不是构成性的。换言之，它本身将是一体验过程或"意识过程"。此后一表达是否是错的呢？一元生命过程能够存在而没有意识过程实际上的存在，一意识过程可能存在而其本身作为过程却不被意识到？是否可能存在一体验过程（不是一阶的时间上被构成的体验之过程），一作为"生命流动之流"在流逝着，而它本身（因此作为流动）不被意识到，因此其本身不是在一时间构成中被构成的？而且另外，这应当是一种必然性，它于是能够因此不同于在被构成的过程中的也是一阶内在性体验者，于是我们称作是原初性的生命流只可能：1）作为一一阶内在性体验的、最初现象学时间的构成者，才是可设想的；2）同时只可能作为这样一种意识过程才是可设想的，即此意识过程是自指涉的，它只在一第二时间性中才成为具有对自身意识之意识？在此问题自然是如何使人理解并证明：这样的统握并不引向一无限的倒退过程。

§3. 不同层阶时间对象的可知觉性。带有把握和不带有把握的知觉

为了进一步深入认识此处提出的或前已提出的问题，让我们考虑以下论述。（正如在我们的一般论述中那样，我们沿着一切可能方面全面地将雷区钻孔和引爆，检查一切逻辑的可能性，并探索其中哪一些呈现了本质可能性与本质不可能性，最后我们因此洞识到相互一致的诸本质必然性体系。）

我们从事实出发，从现实的反思事实或可能的反思事实出发，即从

诸单一可能的事实出发，它们已经作为例示展现于可能性态度中，但是目光同时朝向对时间对象及时间对象意识进行反思的层阶，后者从时空对象提升至构成着时空性的体验；在此我们发现了呈现性的感觉材料和《观念1》意义上的现象学时间之其他"内在性对象"。我们又进而在新反思中发现构成着这种内在性对象的高阶体验及其"体验流"，后者具有其时间秩序。这些就是事实，而且它们给予我们可能性，在适当的态度中的纯粹可能性，彼此具有特殊关系的不同层阶的可能对象之类型。它们是在反思中被给予的，因此是被知觉的或可被知觉的对象。让我们现在过渡到先验现象学本质性态度中去！

　　个别性对象（在广义上于是也是一般对象），如无知觉的可能性，是不可设想的。对象之存在与导向所与性的"知觉"（作为如其自身所是者）之观念的可能性，是彼此具相关性的，是逻辑上等价的（对此我们已知，知觉不应是一封闭的单一行为，后者应通过耗尽对象所是的一切方面使其获得所与性）。我们现在根据知觉谈到对象，因此谈到可知觉的对象，但我们也在我们的问题思考中触及假设中被考虑的元过程，此元过程不是被知觉的，但必定是原则上可被知觉的。这就导致了知觉可能性的条件问题，也即相关于此处在问题讨论中的一切时间对象——的确，相关于一般来说的一切个别性对象，因为的确一切时间对象，按照一种先天必然性，必定就是时间性对象。

　　因此，如果我们来探讨一时间对象之可能知觉的条件问题，就立即面对着这样的问题：一构成着时间对象的过程是否不必定属于每一知觉之本质？而且一过程其本身不必定被知觉吗？然而在此需要对知觉概念加以区分，即区分进行把握的知觉和无把握之知觉，后者作为一种未被把握性的注意射线"激活的"对象意识。一切把握性的知觉是否也并不以未进行把握的知觉之可能性为前提？对此不必怀疑！知觉或至少其他给予的行为可能产生于把握性的行为，它们被给予为后者的"变样化"。于是判断对象也如此。按照生成性术语人们如此表达：判断应当是适当的，对象主词以及之后在判断的语境中的谓词应当"被设定""被把握"，或者判断内容应当以单一设定方式在直接"产生"中被把握，因此判断可能"出现于"背景并被意识到。

190

于是应该探讨这样的问题，时间对象的把握性知觉是否是元行为，而非把握性知觉是与此元行为相关的变样呢？它们是否也在其生成中以现象学方式向后指涉着把握性的知觉呢？此外，一个别性的对象之知觉，按照本质必然性，本身包含着一构成性的过程之展开，如无持存流、预存流等对于它们而言是不可想象的。现在要探讨的问题是：在此应该认为什么是本质必然的，构成性的过程如何看起来是必然的？它肯定不需要是一把握性的过程并具有特殊注意性样式。它肯定必须使人们具有一种对此过程进行反思的可能性，通过此过程只有我们对其加以认知，但还有其前提为何以及它必然应该"看起来"如何等问题。此层阶序列显然是本质必然的："外部"对象，一阶内在性对象，内在者的元构成性的过程——在外部对象知觉事例中。

191

我们现在来思考一般内在性对象：其知觉可能性的条件为何？当然，如果它们是被知觉的，它们就是在构成性的过程中者，此过程本身即其知觉行为（如果我们并不进而考虑对其把握，而是将其视为把握行为之一变化的样式的话）。但是，它们也可能存在而并不在此意义上被知觉，而且其 esse（存在）并不等于其 percipi（被感知）——在此意义上把握行为并不必然被同时包含在内？它们的存在岂不是并非不可分离地与其构成性的过程合一？在此被构成者即使无构成之存在也不是不可想象的，而且把握行为并不以无把握行为的过程性的知觉为前提：在一确定的、应加以界定的意义上？

由此立即产生了下一问题："构成性的"〔konstitutiven〕过程如何，因此下一元现象的层阶之时间对象如何？其知觉再次以"进行构成的"〔konstituierenden〕过程之形式为前提。这似乎引向了一无限的倒退，因为此过程之可知觉性似乎再次要求一第二次过程等。所有这些过程如果都是后来的、其后被产生的过程，或者仍旧属于过程之本质的是：它们只可能是被构成的？的确，但这岂非是在要求一种相互叠加的构成性过程之实际上的无限性吗？如果不是的话，构成着一阶内在性对象的过程，一般来说应该不仅是一自身被构成者，因此自身是"被知觉的""被内部意识的"，而是这样一来它在自身之内意识到自身，并不要求新的过程，而是必定成为自行构成着的过程：一最终的元过程，其存在即意识，以及对自身及其时间性的意识。这是如何成为可能的呢？

还有一点。也应考虑此问题与现象学观念论问题的关系。　　　　　*192*

§4. 现象学的观念论。现实的主体与观念上可能的主体，以及时间对象的可知觉性

超越性的（时空的）对象的可知觉性并不要求这些对象是"内在性的"，如同初级现象学对象，因此并不要求其 esse＝percipi，其存在位于构成中。时空对象可能存在而并不实际上"被知觉"。那么按照本质法则性，属于作为一构成性的过程的一潜在性者是什么呢（不考虑实际知觉必定不是充分构成性的过程，而只是给予及可能给予一时间对象之片段，而且也不考虑只有对象本身的一个"侧面"可给予被知觉的时间）？如果它是一无限的过程，于是属于它的是这样一个过程的潜在性，此过程，除其必然的单侧性之外，无限地继续着，以及实际上能够在继续性的知觉中构成着对象的全部时间性？然而在此仍然需要区分感性物（幻想）与物理物。我们所说者只是对于后者才充分适用。

空间的以及首先是感性物的知觉之可能性（后者相关于唯我论的主体）要求对于主体中内在性感觉对象之 esse（存在）的一种规则，主体的知觉可能性是被考虑的。这并不是观念性对象的情况，其"知觉"，原始性构成，在纯想象性事例中是可能的。如果超越性对象的想象所与性（例如"空间对象"观念），从现象学—生成性观点看，应当必然指涉这类类似对象的知觉所与性，那么情况对于此观念对象和对于一实际世界对象来说仍然永远是不同的，后者在此应当可能是可知觉的。因为对于现实的空间对象来说，规则意味着有效于继续性的全意识过程，而且受制于规则的感觉对象，对于过程的一切时段而言，是那类应对现实物形成可能的统据材料者：也就是对可能的统据形成感觉材料者，此统握将一致性地构成存在。但是，艾多斯意义上〔eidetisch〕实在的对象之规则，仅只相关于意识过程已过去的时段，并不要求其中实际被知觉的对象必须作为实在的对象被保持，这也是对于全体意识流的一规则。　　*193*

（此外，超越性的艾多斯〔Eide〕*并不是一切艾多斯之本义。）

我总结说：一艾多斯对象的知觉可能性要求一可能的主体和主体意识，一观念上可能的主体及主体意识。一"实在的"对象之知觉可能性不要求一纯观念上可能的主体，此主体带有对其感觉对象相应确定的规则性，而是要求一现实的主体。于是变化着的感觉秩序化仍然是同样可能的，并因此以至于此主体可能具有对象的一知觉部分，但如此一来此知觉以及如此被设定的世界就不可能按照理性的思维被继续保持。不过这一判断对于结论而言并不充分。如果我们考虑知觉的观念可能性，因此考虑构成性的关联域，那么就产生了被构成的对象之可能性。不过此外仍然可能存在某种其他的对象。但是对于观念性对象来说，原始的意识可能性引生了其现实性，后者排除了其他冲突性的可能性。一实在的世界之现实的存在，因此并不通过主体的观念可能性被维持，此主体可能知觉到它，而且并不仅只要求此观念的可能性，而且要求现实性。至于当主体是现实的而且现实地构成着世界的某物时，我们才获得此实在的知觉可能性，后者才等同于被知觉者的现实性。然而这需要诸多相关于唯我论的和社会性的主体的不同研究。

一时间对象是可知觉的，一般来说是理性上仅可设定为或当下存在的，或曾经存在的，或将来存在的。于是人们可能总结说：因此如无任何实际的主体存在，此对象是不可设想的，"当下"或"过去"或"未来"都是为主体而被构成的，如果不是通过此一时间对象之知觉被构成的，那就是通过另一时间对象知觉被构成的。每一时间对象，不论我是否把握到它，都是为我存在的，因为它是在我的未来视域中、或过去视域中、或我的现在中存在的，即使它不是实在的。时间是自身带有其对象的，因此也是为我的：一切时间性存在者都是与我的实际的当下相关的。而这不仅对我来说是如此，对于"每一人"均是如此。

于是人们将说：我并不需要存在，其他人也不需要。但是如果人们企图解释"可知觉性"以及将理性的一般"可设定性"解释为"逻辑上"

---

* Eide 为希腊词 eidos 之复数，意为"本质"，eidetisch 是以此词为词根的德文形容词和副词。中译文往往互用音译与意译。——中译者注

可能的认知主体的一纯粹观念的可能性，那么人们将遭遇到疑难问题。一观念上可能的主体，以"当下"等所与性样式在意识中具有一带有时间对象的、观念上可能的时间场——按照观念的可能性即如此。在这样一个主体的观念上的可能的知觉和理性设定中也可能存在一观念上可能的被知觉对象，它在内容上等同于预先假定为具现实性的对象，而且它自然在可能的主体之时间场内具有一位置以及与其当下的定位性关系。关于一切可能对象对于一切观念上可能的知觉者都应具有时间定位位置的断言，乃是一不言自明之理。

于是，对于一切这样的可能主体都应排除这样一种东西，后者（人们可以如此尝试）应当在同一当下中，但具有包含着变化着的互不相容规定性的对象。对于观念上可能的主体，我们具有作为相关项的观念上可能的对象，而且观念的诸可能性，作为诸可能性，是具有互容性的，但或许它们是互不相容的（在一现实中互不相容的）诸可能性。

195

如果我们设定一现实的时间客体，那么每一观念上可能的主体就不再是"实在地可能的"，如果我们设定一现实的主体，那么对于一切观念上可能的时间客体来说就面对着一种选择：于是只有诸现实者是实在地可能的。现实的主体的现实的意识过程就为一切可能的世界规定什么对于它是理性上可设定的，什么不是，而可设定者就是现实的。

如果我以此开始：我，思想者，不存在，而且任何其他主体也不存在，那么仍然存在的就只是作为主体存在的主体之观念上的可能性，于是关于"G 存在"和"G 不存在"的理性可设定性，对于每一可能的 G 来说就先后失去了特征。理性的可设定性意味着一可能主体侧的理性可设定性，而且这同样适用于二者。"G 不存在"在此当然相类于"一个与 G 相冲突的 G"〔eines mit G streitenden G〕之存在。

但是在此关于时间问题还有许多须待研究者解决以及许多疑难之处须加阐明。重要的是，探讨最终与超越性对象相对的"内在性的"时间对象之特性问题。

§5. 一种把握性知觉对于时间客体之构成是必需的吗？存在一种非时间性的及非意识的元体验行为吗？

但是与此相连的还有其他难点。我们想说，主体以多元方式生存，有时朝向于其体验，如当它"具有"感觉并在知觉中初次或再次朝向着感觉时，有时则否。主体体验着感觉，例如声音，此声音响动着并在此具有其延存，在此延存中（例如）其强度升降着，其性质和音色维持不变，但主体没有听此声音；感觉，现象学的时间统一体是背景材料。

196
我们现在要问："在背景中"时间统一体实际上被意识作时间性的吗？它必然被意识作如此这般，还是只是偶然如此？时间所与性首先是一种知觉之成就吗？以至于对时间对象的朝向行为，对其时间对象的注意和把握行为，不是注意行为的一种纯"射线"吗——一种可直接与一照明相比较的变样——此射线从内部照亮了体验，后者使意识到在流动的所与性方式中的时间对象，并因此使得此对象被注意到？宁可说，知觉是带有其所与性方式的此体验之一突现〔Entspringen〕。因此，如果时间客体是背景客体，那么就出现了两种可能性：或者，由于构成性的所与性历程它在此已经存在于背景中，它实际上就是意识中的该时间客体，只不过未被注意到，或者不是这种情况，它在此是生命流，后者还不意味着就是时间之构成，而是按照主体之指向（主体不只是注意着，而是重新构成着时间客体）过渡向一时间构成，只要主体由于其特性而激发这样的时间构成，使其成为可能。于是存在一元体验行为，它既不是时间性的，也并不使自身意识到时间对象。

可以肯定，反思所把握到的一切，在把握行为中有其时间形式，因此反思也被把握着并被同一地保持着，当其仍然在一所与性方式流中被预先触及时。如果我们注意着疼痛材料或注意到一美感愉悦，那么我们就把握到一事件，我们把握到连续地具有此一彼一时相之某物，而此时相连续体是一时间连续体：每一时相出现并沉入过去，而且在下沉时它被意识作同一者，只不过所与性方式不同。但是如果我们注意着其所与性方式，那么它们也是一时间性的系列。它们赋予所与者一时间性，但由于作为给予者的体验以及在其中所与者以这种那种方式被意识到，体验又形成了一个我们能够予以注意的时间系列，而且此时间序列又具有我们能够注意的所与性方式。

如果不论我们是否注意它，此生命系列并不存在呢？而且如果生命系列并不自身构成着时间性呢？我们谈到系列，谈到"流动"，因此谈到存在中的一种相继性〔Nacheinander〕，谈到一时间，在其中生命展现着，在其中出现着任何一种感觉材料、任何一种感受行为、一种客观化的统握行为、指示行为等等，它们变化着，一再地消失着。而且此出现行为〔Auftreten〕存在于客观时间中，一特殊种类的生命材料之存在及其自变样化：客观时间是以一定的方式被充实的，出现行为进入反思，作为被面对者，作为"被知觉者"，与其相关的是这样的事实，即反思目光将一切"出现行为"（例如在重新流逝着的再忆中）把握为和保持为其自身，通过在此呈现中的变样化意识到它。此原初性的流动直接地存在着而无构成性的意识统一体吗？而且此意识统一体只是由于反思才出现吗？但是如何办到的呢？因而按此我们有一元流动，它可被把握为时间流，但它不是一时间流之意识，不是一知觉吗？

当人们思考这些疑难之处时，也应该考虑以下方面：现象学时间及其中之过程是在知觉中被给予的。这可意味着，流动之主体"把握着"它们，注意地朝向着它们，该过程是初次或再次被考虑的。但这也可意味着，该过程展开于现象学时间中并被如此意识着，但无任何一种注意行为把握着它，它展现于"背景上"，并在此仍然被意识着①。这个"被意识"的意思是什么？我们运作着现象学感知分析或（换言之）反思，朝向于其本身或其组成部分，对我们指出意向性体验中的一复杂结构，此意向性体验在其历程中是必要的，以便穿越它，通过元现前化及变样化的过去意识，可将相关的现象学过程意识作同一者。于是存在一可能性②，在每一朝向之前或无任何朝向时，在我们的图式中如此被表示的过程流动着，在其中连续的意识统一体中的过程意向性地成为对象，因此突

197

---

① "被意识"，而不是"被注意"（被把握）。

② 第一可能性。

198 现着的事件点序列成为对象，并实际上在现象学时间内被构成一序列统一体，而此统一体并未被赋予对（朝向它的）注意行为之偏好性。此外我们也已知道，对象在其中被意识到的意向性体验可能经受着注意性变样化，而且其中也包括否定性注意之样式，在此意向性体验之结构，相关对象之意识具有的结构，始终被保持着，除了对象不是被把握的对象（初次或也仅只是二次被把握的或被注意的对象）——在此，如我们所知，在这些"把握行为"领域内，存在着只是概略地标志以初次把握和二次把握的不同样式。

　　但是应考虑的另一种可能性是①，在元生命中对应着事件的元现在性，或更准确说，系列的新出现即"当下"的诸瞬间时相相继出现，每一时相并不随着在"新当下"中出现的"新时相"而消失，而是在原初性的变样化中逐渐逝去，不过在此元产生性的〔urentstehender〕和自行变化的，或原初性变化的材料过程的流逝中，仍然欠缺着一切使一通过穿越一切瞬间的意识统一体、同一时间点意识以及过程时相成为可能者。因此按此应当理解，与新出现的瞬间材料相连的变样化，正像新的内容一样出现着，而并不像是变样化，或者更准确说，欠缺的是"统握"，它构成着变样化的内容，促成着朝向已过去的瞬间内容意识之流入，并在连续性变化中产生同一者的一连续性意识，并在持存中产生在连续不同

199 的所与性方式中带有其时间内容的被意识时间点②。于是有可能，自然是偶尔地，按照先前已经充分在意识中和注意中被实行的对时间对象之把握，在背景处，时间对象以完全未被注意的方式在意识中被充分构成，但只是偶尔地而非必然地如此。如果我们倾向于将自我生命之元过程看

---

　　①　第二可能性。

　　②　在此的想法是，对于一阶内在性体验的可能构成而言，问题相关于可能统握材料的元过程。再者，问题相关于未被注意的一阶内在性体验的如下问题：它们是否在这样的意义上是必然的，即它们也是被构成的，"被内部意识的"，或它们的存在是否意味着一纯潜在性，即一统握内容流的未被知觉的存在，以及在体验的实际构成意义上以"对内在性体验反思"的名义把握此流动的可能性。在此"1"的明证性（参见本书第203页，第24行及以下）自然被否定或被忽略不计。同样参见"3"（参见本书第206页，第16行及以下）。因此有这样的想法：时间构成是统握材料之连续的统握，因此是有如其他的、有如外部统觉的类似结构之统握。于是应当利用一种时间分析，以试图将持存视为关于被变样的元感觉材料及其消退之统握。

作在每一把握之前对现象学时间过程的一体验，那将会引起无限的倒退之惊恐。因为把握本身仍然是体验材料，因此其本身服从着元过程法则并应当在其中经受新的时间统握，那么一种关于统握因素与时间性因素之无限性将不会必然被接受吗？

因而在理解原初性"意识"或原初性自我生命时，存在极其严重的困难，因为在此也须决定这样的问题：在严格的意义上是否一切具体的自我生命都具有"关于……的意识"之特征，因此它必然是构成着对象的。现象学的对象，先验性时间的现象学对象，对于自我是在时间构成性的过程中被意识的，是在对现象学时间性事件的知觉中被意识的。但是，此被构成的时间性区域是原初性的生命之全区域，或者换言之，生命实际上是一种"知觉行为"，或者是在通常意义上的知觉行为，它是一种注意性的或非注意性的把握行为，或者是在广义上的一知觉行为，它意识到一种意向性或者这样一种把握行为，然而在其中意向性客体不可能等同于"行为"，不可能等同于作为此对象意识的意向性体验吗？

§6. 关于如下假设的其他思考：时间性构成是一非时间性的 *200* 及未被意识的元过程之后继性统握的问题

如果我们实际上通过"未被意识的"、非意向性的、"未被构成的"过程来防止无限倒退性危险，那么此一假设一般来说是可设想的吗？这不会引起严重的谬误性吗？

对此问题我们来考虑以下足以给我们带来的谬误性。

因此，在"对一阶的〔erster Stufe〕内在性体验之反思"和反思首先导入的统握之前，我们应该具有一过程，它是完全未被意识的，而且本身（在作为这样的体验的感觉对象情况下）是质素性因素的一元序列，后者因此本身不是"关于……的意识"。从所说的反思于其中开始的某一点出发，人们认为，该点获得统握，而且由此该未被意识的过程将对于一阶体验而言成为一构成性的过程。

十分明显，一未被意识的简单过程 αβγ… 不可能用于通过统握构成一内在性的事件，这将可能在最初的时间分析中被证明。（然而也不存在这

样的可能性，一被意识的过程可通过统握用于构成一内在性体验？一被
意识的过程本身是一内在性的事件。这样的过程可能构成另一内在性之
物吗？也就是通过一继后增添的统握？但是在此这并非急于回答的问题。
对我们来说问题在于，一般而言，内在性事件是否只是通过一构成作用
才存在或者才可能存在，此构成作用即统握之纯潜在性。问题在于了解，
一般来说这样的方式是否可能：可以设想，一般而言，当一生命流流逝
后还无内在性事件被构成时？从生成性角度看：可以设想，对于意识主
体而言一切时间性都只是由于生成性发展的统觉才存在的，未被意识的
过程在其中流逝，在这些过程中没有时间被构成，而且它们自身绝不是
已经在时间上被构成的？

201　　　因此，也会鲜明凸显的此问题，相关于内在性对象的构成可能性思
考，此内在性对象即后继性统觉：在未被意识的元过程之假设下，此元
过程自身并非已内在地被构成。）

　　我们现在考虑：首先十分清晰，被假定的诸生命因素的一种纯未被
意识的相继关系，例如"元感觉材料"（根据其时间统觉，内在性的感觉
对象应当被意识到）不可能为一统觉提供支持。如果一个因素成为过去，
一个新因素到来，那么对于统觉来说该已成过去的因素的确缺失了，而
只有该新因素存在，于是此新因素可能被知觉掌握。我们具有诸知觉的
一相继性关系，这些过去者不可能被保持住，因为其代表者已是过去的。
至多只可能留存其变样化。我们如何继续考虑呢？为了从未被意识的序
列中使我们能够理解关于序列和延存的样式，我们试图将每一意识序列
假定为未被意识的，并将其可能的意识解释为某种继后者。如果我们假
定了一未被意识的内容序列，而且如果从一点出发我们使其转换为一伴
有知觉的序列，那么就不会看出为什么知觉序列本身应当是未被意识的。
此问题确实永远都是同样的。我们因此构想着元法则：每一感觉行为，
每一统握行为，一切质素因素和诸耶斯因素，最终都是未被意识的诸过
程之一序列，知觉根据这些无意识过程才有可能成立，通过这些统觉，
对于过程序列和延存对象之意识才有可能成立。

　　于是现在人们对于一序列及内在性延存对象之意识的突现会具有多
种解释可能性：

a）或者我们假定元材料序列，连同其相继性统握，以及产生着新出现材料之每一统握的意识，都是现在的存在（当下存在）之意识。但是，按照一法则与新统觉相连接的是旧统觉之变样化，而且此旧统觉成为过去者意识之中介。于是我们显然感到不妥的是，通常元材料流逝着并仅此而已，但此统觉不只是流逝着，而且还经受着变样化，却不知为何如此。然而它们本身都是一新层次的"元材料"。 *202*

b）另一方面，我们可以假定或试图假定，元材料不只是流逝着，而且随着一新元材料的出现，旧元材料的变样化也出现，而且这些变样化与新元材料统一起来。但是这些变样化也是材料，自身同样被变样化，而且此过程不断地继续下去。这对于任何知觉而言完全一样，正如一致性所要求者。我们现在试图说：新材料被把握为新的，作为现在点，而且被变样者不断地被把握为过去。在此知觉本身不断地在此连续的无意识流中被变样，此变样化永远一致性地相关于一新材料和新知觉，相关于带有其知觉的未变样化的材料，或者准确说：新的 A（α）不断地被变样化并不断地过渡至 A′（α′）A″（α″）…，而且在此过程的每一被选择的瞬间中都存在一新的 A（m），它结合着过去的 A（α）至 A（m）的一"同时性的"渐退连续体〔Abklangskontinuum〕。

在此十分明显，所谓"被变样的材料"不应当是起始材料之任意性变化，而是在此它们具有如下恒定的功能：在可能的意识中形成着不同层阶的相对性过去，于是每一变样化都应当具有如是特点，并相对于每一其他变样化层阶而具有特点。因此需要一种统握材料的形式性特点的描述，无论是作为新来者的新的出现者，还是作为按照其变样化程度的被变样的材料；所需要的是应该对独立于内容特殊性的形式特点之描述。极为不同的未被意识的内容，甚至应当显示极其不同的内在性对象，也就是极其不同的内容显现着一内在性的当下，如当下声音、当下颜色等等。相同层阶的变样化在内容上是不同的，但在形式上是相同的，此形式正好对应着层阶，对于统觉而言亦然。 *203*

现在出现了一种质疑：新颖性因素（尚非变样化的元新颖性之因素）恰恰不是体验之因素，不是在一未被意识的元流动中的每一元体验之因素？如果新的体验材料被统握为当下，那么其中此因素也仍然应该被统握为当下，因此对于新颖性需要一新的新颖因素，如此以至无穷。而且每一变样化仍然与新材料合一地作为新来者出现；因此变样化在其层阶上的变样化特性之外不是还应带有一相对于"新出现行为"的因素吗？如此以至无穷？因此对于应该显示时间的统握，人们就能够诉诸"新的"因素和"变样化因素"？但这是完全错误的！

附录 V　关于元过程的意识的问题
（相关于 Nr. 10 的 §5、§6）

a）关于此问题的更准确思考：元过程是否必然可被理解为（或许还在知觉上被把握的）时间对象之构成，还是说是否只有在对元过程的继后反思中才可谈及构成及意向性对象。

两种可能性：

1）存在一"知觉"，在第一现象学时间内体验之一构成性过程，此时间之发生没有对此体验之任何把握行为，也就是如这样：此知觉不是把握的知觉的变样化。甚至还可进一步规定：自我生命之过程是一体验之恒定性"知觉行为"，带有时间充实的内在性对象之时间的恒定性构成行为。按此，人们永远能够开始一发生的把握行为，它使注意性的和把握性的"目光"朝向不断自构成者。

2）不是这一情况。原初性的生命流存在着、流动着，在时间上被构成的统一体意义上，体验自身并不实际被构成。存在的只是一潜在性，反思意味着"统握"之一新完成，时间构成行为之一引入，也即此引入永远是一可能的引入，但它并非已经预先存在，并非本来已经起着作用，而只不过是必须改变着其注意性样式而已。

这两种可能性因此都相关于这样的问题：自我生命是否是（最初）现象学时间构成的及其中内在性对象的一连续性过程，然而人们承认或可能承认，自我永远"具有"此时间性的体验，这些体验"存在"于此形式内，而且从此人们也可以谈到体验之一时间流，但这些体验任何情况下都非最终者。因此这就假设着，已经证明，体验按其本质不仅是通过知觉被给予的，此知觉具有构成性的过程之特征，而且此过程并非在同样的意义上是体验；但同样，体验只是其所是，或者作为实际被构成的，或者也许作为构成之潜在性。

对于两种"可能性"的严肃性来说，以上所说是重要的并仍应予以深入讨论。

如果元过程恒定地构成着一阶现象学时间，那么它就永远是一意识过程，一意向性体验过程；在其他情况下则不必然如此。那样的话，它可能是质素性元材料的一过程，此元材料对于一质素性体验统一体构成来说是足够的，但对于一现实的构成而言就需要并非在此必定存在的"统握"。

现在我们来通过知觉了解元过程，而且此过程正是在一自身构成着时间对象的意识中被给予的。准确地说：如果我们知觉到一内在性事件，那么我们就能够对其知觉实行反思，我们能够对内在性时间对象的诸部分与诸时相之"所与性方式流"反思，对"体验"之流反思，这些体验自身是那些其他体验的"关于……的体验"，并可能属于它们。

此一讨论应当予以最准确的描述。然而现在的问题仍然也是这样的：反思在此把握着一现实的意识过程，后者曾经是并现在继续是一个一阶超越性事件的、仍然在流动着的意识。

构成着时间的一超验性过程可能不通过反思而被注意地知觉到吗？它不必然是一反思的所与者吗？换言之，它没有假定着：把握性的注意 205
仅只是相关于最初被构造的事件吗？

再者，如果按照假设应该承认，元过程不是"知觉"，不是构成着时间对象的过程，此过程无论如何是事后被包装以时间构成性的统握的：此"事后"〔hinterher〕一词可能意味着什么？这是附加性的"统握"吗？以及最后，如果我们在外知觉中谈到统握和统握内容（再现者），那么显然属于此统握之本质的是，它们是在时间意识中被构成的，而且在此意义上是在知觉中所与的。在此并无任何困难的是谈到在统握前的和无统握的内容，谈到继后的统握、此统握之改变等。但是此处承认的内容其本身不应被构成时间对象，或更简单地说，不应被构成个别的对象。

此外，当这样的内容存在并作为一过程流逝着时，如何阐明这些内容及过程之知觉的可能性呢？前面我们遇到过那种构成着，甚至把握着时间对象的知觉，而且一种反思是可能的和可理解的。在此处，不应当存在我们反思的时间构成性知觉，在彼处，我们发现该时间构成性的统握及其内容组成本身，后者是作为在一第二时间构成性过程中的对象。但是，如无对于这样一种基础的反思，非时间构成性的过程就不应被给予了吗？而且如果按其本质应当如是，此过程将肯定不具有此基础。而且如果此过程存在而并不存在一与其相关的知觉性意识的内容，那么注意性如何触及它呢？但它的知觉在任何情况下都是不可想象的，除非是在一时间构成性的过程的形式中，它是此过程之对象。但是此过程本质上必定不存在于这样的状态里，在此状态中元过程通过对一过程的反思被获得，此过程本身构成着一最初内在性的体验①。因为这样一种最终种类的过程是这样的过程，它在反思中不仅可能作为时间的存在，而且在此也存在如下的明证性②：它是在反思前被构成过程的，对它来说存在和被构成是不可分离的。在此情况下显然，我们并非随着反思将某种统觉附加于一在无反思时既已存在的组成内容之上，而是该过程被意识为过程，正如知觉之统握内容在没有我们对其目光的关注时即被构成，在知觉中被构成时间对象，而且我们在反思中具有这样的明证性：我们并非首先引入时间对象和这样的构成。

因此，应当在此情况下断定，反思事实上是一纯目光朝向，后者穿越着作为过程之过程的已经完成之构成，并因此朝向着它。如果我们问，过程以何种方式被构成，或者说，当目光朝向过程时我们将反思其所与性方式，那么此反思，相对于对过程本身的直接反思，就是一新的反思，但我们在此没有发现一新的过程所与性方式，它相对于过程本身，有如我们在从内在性的最初对象（如声音）过渡到其所与性方式中时，在其中实际上发现了某种新来者那样；反之，我们像先前一样只发现同样的形式，只不过以其他方式进行察视，在其他态度中进行运作。因此在此

① 此外我们可能在此记起该古老的争议问题："是否存在未被意识到的观念？"此前我们说：如果存在一自身未被意识的自我生命，就可能存在任何层阶的生命因素、体验，在其中意识已被给予，但其本身未被意识到，即它本身未"被知觉"到？我们将对此问题给予最彻底的回答。

② 无意识的元过程理论主张者，或者否定此明证性，或者对其视而不见。

似乎运行着一双过程：1）初次事件之构成；2）同时，第二事件的，即
过程本身的构成。

但是，如果此过程本来是未被知觉的（本来不是在意识中被原初地
构成过程的），那么对此过程的一知觉，正是在一构成性的过程形式中意
识到它的一原初性统觉，应当是可设想的（按照这样的原则：一切存在
者都有其可能的原初性统觉，有其可能的知觉）。而且此后一过程应当是
一新的、不同于在其中被统觉的过程。因此，此统觉与刚谈到的情况中
的统觉不属于同类型，即与一元过程的统觉不同，此元过程是通过对一
一阶内在性体验之意识的反思被把握的。因为我们在此的确显明地发现，
元过程与反思地朝向元过程的统觉（在进一步向后的反思中）是同一生 *207*
命过程（而不是发现我们当然地已经具有对此特殊事态的一种理解），而
且发现，此同一生命过程只是展开了对于应把握的"对象"的把握性目
光之不同方向。其意向性是这样的：如我们也说过的，它按照不同的方
向去"洞察"〔durchschauen〕。

此外也十分清楚的是，如果未被构成的（未被意识的）流逝中的元
过程之统觉像在比较情况下一样具有同一类型，此统觉会使得元过程被
认识为一构成着一阶内在性体验的过程。但我们说：如果一个一阶内在
性体验被原初地意识到，那么显然，其构成作为内在性体验不可分离地
属于它本身，并不只是事后经统觉而被纳入。

因此我们不应该得出结论说：不可设想，并未自行被构成过程的一
元过程，因此是意识到其自身的[1]。因此一切体验都是被意识的，而且对
体验本身的意识也是被意识的。于是这一切都相关于对构成着一阶体验
之"自指涉性"的过程之阐明，此阐明乍听起来像是明希豪森先生想要
抓住自己的一缕头发将自己从泥坑里拔出的故事一样；然而我们仍然不
可能放弃此自指涉概念，如果要避免无穷的倒退的话，即使这只是一种
从较外部看的视角。内部的视角在于提升至明证性的上述阐明。明证的
关系能够仍然包含"不可理解性"；只要它们不是全面地被阐明的，它们
就可能招致"逻辑的"反驳，即提出逻辑的不可能性，其明证性则来自

---

[1] 参见本书第 200 页，第 4 行及以下。

其他领域，并以未阐明的概念来误导我们。

b）不同层阶的外部对象和内在性对象之把握样式。

"一切可以被知觉的个体因此也可被直观地设想"这一原则需要阐明和界定。

如果问题相关于外部对象，就不存在困难。一切这类对象原则上都是可设想的；如果我对此对象有一间接的、多多少少不确定的想法，我不需要有可能对其具有任何确定的观念，只要我具有的此观念不足以显示一确定的直观，但我肯定知道它可能是直接被给予的，它是类似于（例如）这些桌子一样可直观的；其类型为我所知的类似的观念，在对应于空间物概念一般性中，是可确立的。

对于内在性对象来说如何呢？在此我具有未被注意的背景。于是，正如它们是未被注意的，它们仍然是不可知觉的。我可以事后朝向它们，具有一把握性的知觉并与此一致地具有持存性意识：它们，它们本身，曾经是未被把握的。在此持存中我能注视它们，此向持存内注视的目光本身并不属于它们。但是即使我在把握它们时知觉到一内在性体验，此把握性的目光并不属于它们，即使目光在此与其一致，而且它们也与目光一致。如果一未被注意者转变为一被注意者，被把握者，如一声音感觉对象，那么这就相关于一时间上的延存者，或相关于在延存的存在及持续被给予的"不再'是'的存在"（而是曾经的存在）之时段中的一在时间上延存的所与者。在此我明证地把握到该曾经存在者，虽然是未被注意的曾经存在者，它在下沉中始终是同一的，而且如果它仍然持续地作为现在中的存在者，在贯穿时间延展的固存性存在的意义上，它是同一的。按此方式，每一内在性的对象都是原初性地"可知觉的"，而且这意味着，它是原初性地可把握的：或者作为在反思的自身知觉中的持续性存在，但它就过去时段而言是作为过去把握的原初性把握，或者一开始就作为刚刚曾是的存在。一般来说，应当说"原初性把握"而不是说"知觉"①，而且在此，例如，一判断具有其特殊类型的判断内容等继后性

① "原初性把握"假定着一原初性统觉。康德的"原初性统觉"当然是别的意思，即内在意识的最终统觉。

的原初性把握。

如果我们来看第二超越性层阶的内在性对象，那会如何呢？在此不存在固存性的个别存在，但同一的过程仍然在通过其所与性方式中固存着。一些对象原则上不可能是固存的对象，而且也不是固存性对象之过程，有如声音过程是声音之过程，对于这些对象的原初性的所与性方式来说这就是反思，反思将该所与性方式把握为一构成性的过程之"对象"，但不是在所指示的意义上的固存性的某物①。 　*209*

此反思把握着它，而且一反思也把握着这样的过程，后者将其构成属于它的某物〔etwas zu ihm Mitgehöriges〕，而不只是事后被插入的某物。

---

①　但此过程并不固存于其时间内。即使声音感觉过程固存于其时间中。但是它是一声响之过程，而元过程与此不同。

Nr. 11　在元现前化、持存及预存中的内容及统握

§1. 时间意识之基本事实

1) 存在某种像是元现在意识者，在其中某种东西被意识作元现在的，被意识作当下存在的。一内容被意识（在意识的意义上）作当下，而此当下是此内容之一形式。

2) 元现在的意识转化为过去意识之连续体，而且在此连续体中同样的内容在连续被变样的形式中，在过去之形式中，被意识。它们从元现在的零点构成了一不中断的连续体。元现在者是存在于向过去过渡者，而且一当它是这样的过去者，该现在者就不再存在。然而过去者本身存在于流动中，它以同样的方式转变为进一步过去者，如现在者转变为"下一过去者"。这意味着，过去者本身是一现在，即作为对于过去者之现在的意识，而且在其中存在着过去"本身"，而此第二现在再次转变为一过去，如此等等。

元现在意识和过去意识之连续体，是一诸流动之连续体，在其中一永远新的、其本身是现在意识的意识从元现前意识中涌出，也就是它是相关于"刚刚曾存在者"的现在意识，虽然它被称作过去意识，因为它从自己的方面首先有意识地使一现在之变样（此现在本身不是变样）被呈现。元现在意识是对于一原初的未变样者的意识。一切其他意识，涌出性的意识虽然是意识，但具有另一意识变样化之特征，而且被意识者

具有另一意识变样化的特征。因此它是一现在，此现在被意识作另一现在，一更原初性的现在。从元现在意识中不断更新的过去意识之涌出，因此即一永远更新的现在之同时涌出，虽然不是元现在的，但同时仍然具有一新的特性。 *211*

3）每一元现前意识在如下意义上有一确定的元时段，一不断更新的元现前意识连续地连接着一元现前意识的一时相点，而且在一定的情况下这产生了一延存者的意识，例如一延续响动着的声音。作为一再更新的元现前之涌出的此元现前连续体之每一时相，于是都包含着作为（同一诺耶斯构成者）系列的过去连续体。

4）像刚才一样，元现前只可能不断地聚集为一延存的元现前之统一体，但一离散的新元现前也只可能与一连续的元现前相连接。不过此新元现前正像一切元现前一样只可能作为"延存者"。

此两种涌现，在元现前中的不断地涌现者和在过去中的涌现者，是不可分离地合一的，以至于连续更新的元现前的（或诸离散的新的元事件的）意识，只有通过一切时相和时段下沉入过去才有可能。与元现前之一切时相相融合的，是作为过去的过去之先前，该过去属于同一事件意识统一体。产生统一体者应当特别加以讨论。因为一新的事件的、一"第二"事件的后沉的诸时相不是与一第一事件相融合的；即使也存在着一共同的结合形式：同时性和时间序列。例如，楼梯的声响、下雨声以及同时在钢琴上弹奏的曲子。其中每一个都形成着一事件统一体，但都发生于同一时间形式中。因此，我们应该区分此一般形式的构成与事件的构成，这些事件有时是同时性的，有时是彼此具相继性的。

§ 2. 元现前化，持存的变样化，想象意识 *212*

如果我们进入时间构成性意识之结构，那么我们就发现了一过程之元事实，我们明了此事实，因为当它自行构成过程时它存在着。我们从诸时相中发现此结构，诸时相本身是由一未变样的意识之一时相和其他时相之连续体所组成的，这些其他时相即（先前未变样的时相的）已变样的意识，也即连续变化的不同层阶之诸变样化。

正如元现前化自身具有"实在的"核心材料一样，只要它无变样化地包含着这些材料，那么每一元持存自身也具有（但不是实在地）核心材料，只要它以变样化方式包含着这些材料。这就是，作为变样化，它是带有核心材料的另一意识的变样化，并因此以变样的但非实在的方式包含着另一意识的核心材料本身。对于意识和内容来说变样化在此是一连续中间性的变样化，它也具有一关于清晰和晦暗的程度性。我们认识到类似于现象者。一想象可在非常不同的清晰性中再现一对象，而且它也可以以非常晦暗的、非直观的方式再现对象。诸替代性发生的因素也可出现在想象中；如果我们使一晦暗的和一直观的意识叠加在一起的话，这应当是可理解的。

在我们的情况中，清晰与晦暗的程度性跟随着持存性变样化的程度性。一般来说，人们大概将不可能假定一确定的持存之层阶，在其中持存达到了晦暗性零度并过渡到一空持存。如果注意力和一特殊的兴趣凸显出了一时段，那么清晰性似乎可相对地保持得更为长久，虽然不可能制止住清晰性的弱化或哪怕是保持着开端的完全清晰性。此种弱化于是与知觉所与性的弱化属于同一类型，或准确地说，与"强度降低"形式
的感觉材料之弱化属于同一类型。对于每一知觉内容都存在一清晰性减低化，直至零界限，后者相关于完全具体的内容。该内容将越来越稀薄并最终消失。

213

在此出现了一重大困难。在持存流中我们有一朝向元现前化的连续意识过渡，而且在此过程中元现前的核心材料连续地过渡到持存的核心材料。

这必定意味着，现实的、实在地被意识的核心材料过渡到元过程之连续序列中，也就是连续地过渡到非实在的核心材料，而且意味着，刚流逝的事件段的瞬间意识统一体之被构成，是发生于瞬间被统一意识的持存之一垂直连续体中的，并在与相关逐点逐刻元现前化保持一致的方式中，在其中流逝的核心材料，与一原初被意识的材料，在一不断变化的所与性方式中，也就是在持存性之被特殊变样化的方式中，同时被意识到。为什么这将是一难解之处呢？情况如此，正如内在性直观使我们实际认知者。我们发现了属于一瞬间当下的一事件段，而且按其"质料"

它被给予为一核心材料连续体，后者对于我们正相当于过去的核心材料，除了它是这样被意识的：在"先前"的、在刚刚过去的被变样样式中，在非常确定的变化中的层阶内，此外，在一不断的层阶变化的清晰性（强度性）样式中。

但人们以为，在"当下"只有事件之一现在点，只有属于它的核心材料被现实地给予。另外，我们发现，在事件之瞬间意识的全部时相中包括一活生生直观性内的核心材料连续体，以至于我们不得不说，一切都是"感觉"，而且不只是想象或再产生。就瞬间直观的事件段而言，我们说，它"仍然"在直观中，正如我们甚至也在进程中称整个事件是"被知觉的"，只要元现前化发生着。但是，就任何直观的时段而言，我们都自认为有正当权利说，直观物实际上仍然是超越元现在物的知觉，而且如果我们因此不想否认刚刚曾存在者的变样化，那么我们似乎应当将"知觉"一词建基于一感觉材料连续体上。我们说，我们在一（时段的）全部瞬间时相内所实际发现者，是一感觉材料连续体，它起着过去统握之"代表"的作用；通过现在物我们视见到过去物，有如我们知觉一图像或"看见"图像中一非现在的个人，如此等等。

214

对此可以回应的是：我们在此持存中正确地将一感性内容视为核心，而且使其区别于过去的内容，区别于作为其质料进入"事件过去点"内者。我们确实说，我们在持存性的瞬间所发现者是具有较弱强度的充实性者。而且它是当下的，虽然过去者恰恰不是当下的。一穿越时段时相的连续体延伸至元现在点，一连续体完完全全存在于瞬间的事件意识中，以至于我们倾向于将其视为感觉连续体，其意识形式导致过去之层阶变化或事件段的过去点之层阶变化，也出现于清晰性的层阶变化中，呈现于现在者中。

肯定的是，问题并不相关于纯再产生，并不相关于纯想象。一想象或再产生（记忆）可以是非常活生生的，而且我们知道，存在可疑情况，即在感觉强度或知觉强度的其他层阶的情况中会发生的那样。是"仍然听到"还是生动的"想象"，钟声是仍然在响着还是已经停止，而我对其有一生动的想象，以为是实际听到它？在此存在的是在知觉及被充实的预存（期待）和一想象（作为准充实性的知觉）之间的摇摆，而且此摇

摆，更严格说，不是同一摇摆，而是在事后的持存或再忆中的摇摆，它
相关于此听见感觉到底是一真实的知觉还是想象，甚至不能确定的是：
此知觉是否能够成立，因为在如此微弱的强度上，在经验中，错觉是容
易发生的，这并不是说，此一听见就是一想象，而只是说它是一无效力
的知觉。无论如何，我们似乎要在一"强度"极弱的、极不清晰的客体
之知觉和一相应的想象这二者之间做出并非深不可测的区别。然而我们
并不可能为想象实在地加入感觉内容。一想象的声音材料或颜色材料不
是一现在的感觉材料，而只是被想象者或对一他物之想象的代表。每一
想象于是同时是感觉，在一曲调的想象行为中我同时具有对曲调的知觉。
现在一被知觉的曲调（一被感觉者）其后可被用以通过形象化方式将另一
曲调对我准现前化，但我那时具有的是与一现象完全不同的另一现象，在
想象中感觉材料，按其自身表达作为"想象地被变样者"被给予，而非作
为现前者将"非现前物"加以呈现，加以形象化（或以其他任何方式）。

　　但这并不排除这样的现象：由于直观物的弱强度，知觉与同一物的
想象看起来极其相似。甚至当不清晰性较大时，知觉物具有断断续续的
直观性。此外还有"准相同者"具有之一般相似性。甚至一极其生动固
存的想象与其对应的知觉是相似的："我具有一如此鲜明的观念，以至于
对我来说，我'似乎'在知觉到它"。

§3. 元现前化与持存作为对被实在地包含的材料之统握

　　在持存的情况下困难在于，"元知觉"和"元现前化"连续地过渡为
持存，而且在此过程中感性内容统一体和统一的明晰性层阶变化穿越过
持存。在此一切似乎都在指出，不仅感性内容被实在地包含在元现前化
的瞬间意识中，而且同样实在地包含在一切进一步的持存时相中；因此
指出，一感性内容连续体在此实在地存在着，它被一"统握"的、意识
的"连续体"所"激活"，而且对象构成由此而形成。

　　这就是何以人们不可能在通常的意义上，即在假定着一对象已存在
的意义上，来思考统握，因此不可能思考一有根基的意识。这是始终要
加以排除的。为了再次指出这一点，人们在此应该从一具体的持存出发，

如连接于一刚刚听见的感觉对象①，在其停止后，如一纯粹在感觉上被认定的声音序列或彩色物。在此存在的不是一现前对象的声音序列（一现实的事件），它本身通过一统握再现着该过去者（有如一感性的方面经受着统握，而且因此一空间物被意识到）。于是显然，一具体的持存在一事件历程之后立即由同类型的"元持存"所构造，有如此元持存在一声音事件之知觉的意识内于进行构造时所起的那种作用一样。然而一流逝的事件之一具体持存，从同一本质到结构方式，与那样的持存是完全同一种类的，该持存构成着一被知觉的事件的一具体部分，即已流逝的同一者的部分。

如果具体意识是一有根基的意识，那么这些时相的每一个都同样是有根基的；反过来说，如果每一时相都是有根基的，那么具体事件意识本身也是有根基的。因此元持存肯定不是有根基的，在其中我们因此既没有统握材料（没有再现者）也没有以其为基础的统握行为，在已被否定的和非真正意义上的再现行为。因此非常肯定，如果我们在元现前化中和在连接性的持存中承认一元感觉材料连续体，即承认对于元现前化和对于相关于同一事件点的持存的一元材料，那么此元材料之"消退"不可能起到再现者的作用。（边注：在消退状态下正是此"持存核"被领悟，而不是［例如］除此之外还有元材料之"余音"被领悟，此元材料形成了与构成性历程平行的持续性的诸现在性，而且如此一来就经受着其自身时间构成性的统握。）

217

现在还剩余下什么问题呢？如果我们称核心是感觉材料，那么就须注意，（质素的）感觉材料在某种意义上意味着内时间意识中的对象，而这是按通常的意义理解的。对于原初性的时间意识之核心来说，感觉材料意味着什么呢？

人们可以这样回答：如果我们进一步贯彻这一观点，按此观点，在元现前化和持存中的感性材料就是本质上相同的"实在的"组成内容，那么促使我们如此表达者为何，以及理由为何？在反思中我们在每一时相中发现一区分：1）一元材料，正是感性核；2）一意识方式，它将其

---

① 为了指出持存不是"统握"，尚需一种思考。

意识为原始被给予者或统握为当下。在每一持存中：一元材料，一"统握"（一意识方式），在此原始材料中把握着一过去的元材料。人们可能试图说，其中也存在一根基化关系，只是正好并非是目前情况下被否定的超越性知觉的根基化关系。这假定着一持续存在的客体，一在现象学时间中延伸的客体。我们在此当然不需对此加以讨论。但是在此取而代之者，是作为瞬间"当下设定"的元客体化。元现前化并未以根基化方式设定一当下，它是其内容的原始意识。其内容本身并不重要，作为内容，而且在此作为一元现前化之内容，它只是其所是者。在持存中存在一原则上同类的内容，而且后者也是作为一元现前化之内容的所是者。但是此瞬间现前化对于其他意识方式是根基性的，而且这是过去意识之新的持存者。在每一进一步的其他持存中，持存的程度性（连续的中间性）在增强着，而且一现在的内容作为基础始终存在着，此内容是瞬时间地被一现在意识所"构成"的。

§ 4. 持存的消退层阶作为一实在内容统握之层阶

218

因此我们应该说：当一不断更新的消退发生时，作为一新的现在，它在持存中相对于其先前者被统握。但是，此持存的统握是一新的现在，后者本身再次消退，而且此消退本身又相对于其先前者被统握。

E_0 过渡为 $R[E_0']$，后者过渡为 $R[\{R[E_0']\}']'$。那么什么是 $(R[E_0'])'$？E_0' 应该是一现在的瞬间内容，它被统握为这样一种东西，在其中刚刚过去者被呈现。在其消退中带有其呈现性内容的此意识，于是必定是一现在的变化结果，后者本身经受着一新的根基性的统握，作为刚刚流逝者之过去者。在此于是 E_0' 变为 E_0''，而且 R 变为 R′，但此 R′ 尚非持存的较高层阶，而是一现在者，它只是通过一新的 R 被统握。因此我们有 $R\{R[E_0']'\} = R(R'[E_0''])$，而且其中存在 RR′ 和 R$(E_0'')$。

（于是，正如当一外知觉［作为瞬间时相］过渡到另一时相时，知觉统握在持存中被变样，呈现性内容也同样被变样。）RR′ 是在先的统握时刻之持存，而且 R(E_0'') 是在持存中相关于 E_0' 的统握。全部 R（R′［E_0''］）在持存中相关于 R（E_0'）并穿越后者而相关于 E_0。于是这几乎类似于发生于一中间性的图像性中，如摄影中那样，一版画之图像，它又是一绘画之图像。我们因此具有某种像是一连续的变化物者，它具有一连续的图像性。因此此过程似乎可继续下去，而且上述法则似乎可实际上被理解、被阐明了。

此基本法则是：每一元现前的材料连续地自行摆脱了消退，"第一次"消退再次是一瞬间的现前材料，但不同于元现前的材料，原因是，其统握与其一致地出现，此统握将其视作对元声响因素的（图像式）再现者。在下一时相中，先前的行为与其根基性的基底在一起，因为它本身是一现在物，将过渡到一消退，并再次经受一过去统握，因此在此统握中存在着最初元现前的材料之意识，并因此其中包含着一第二阶的意向性，后者有可能对第一阶意向性进行反思，而且因此导致一目光在其意向性的所与性方式中朝向最初元现前的材料。

因此，此一整个观点足以事实上一贯地和一致地加以发展。但是人们可能提出异议说：如果元现前材料 $E_0 E_1 \ldots E_n$ 序列与 $E_0 E_0' \ldots E_0^n$ 的消退系列完全一致，那么这是如何完成的呢？消退，作为"内部意识"材料，本质上的确与 E_k- 材料没有什么不同。当以声音在其强度中实际上消退时，我们在此是具有双重消退还是只有单一的消退，因为它们必定是含混在一起的？但是为什么其他的消退不与元声响相混合呢？于是我们进入了困难的思考。因此我们瞬间具有一时段 $E_0{}^k E_1{}^{k-1} \ldots E_k{}^0$，它产生于（声音）消退和（声音）重起中。但是每一消退本身再次消退，而且消退之消退本身再次成为此消退系列中之消退。消退必定再次经受现在统握旁的持存的统握。因此当 E_0 过渡到 E_0' 时，它经受着感觉 $V'(E_0)$ 的一持存的统握；$R(E_0') = V'(E_0)$。于是 E_0' 过渡到 E_0''，而且我们于是有 $R(E_0'') = V'(E_0')$。但 E_0'' 应当经受这个 $R(E_0'')$，这个 $= V''(E_0)$。因此 $V'(E_0') = V''(E_0)$，同样，必定有 $V'(E_0'') = V''(E_0') = V'''(E_0)$，而且一般来说必定有 $V'(E_0{}^\pi) = V''(E_0{}^{\pi-1}) = V'''(E_0{}^{\pi-2}) = \ldots V^{\pi+1}(E_0)$；$V^k(E_0{}^\lambda) = V^{k+\lambda}(E_0) = V^{k+\alpha}(E_0{}^{\lambda-\alpha})$，$\alpha < \lambda$。如果我们只是说，随着消退变化的进行，其连续变样的持存的意识建基于其上，此意识相关于作为开始因素之代表的实在的消退因素，那就不能理解持存将如何获得与先前消退的关系，此关系是类似的，但是相应地属于另一层阶的。情况将会不同的

219

220 是，如果我们将每一持存视为一持存之持存，如我们应如此看待的那样；因为不仅是消退在元过程中变化着，而且一切持存的统握，一切"……的过去"也都在进一步的过去中，在过去之过去中，变化着。这是几乎无法解决的困难。

§5. 相反观点：持存并不根基于实在所与的、现在的材料

但是按照相反的观点，人们并未在持存的意识中通过现在的意识看到根基化关系，而且并未对它附加以一作为瞬间现在的感觉现在，因此在持续的核心材料连续过渡到元材料时，我们遭遇到困难。我们在此必须贯彻的观点则是：元现前是一"内容"之意识，一非独立的意识，作为瞬间意识，如无延伸它不可能存在。内容本身是非独立的，它只是作为"现前者"，即作为在此特性中的被意识者。带有其内容的此意识本身不再是一进一步滞留着的现前化意识。（在此问题是，对此我们是如何能够知道的；因为一注意性的反思已经假定着一意识，经由此意识反思被实行着。如果我们现在忽略此显然不易摆脱的困难，如果我们承认无需意识即可有元现前的内容。）那么我们就必须进而说，此带有其具体内容的元现前意识，连续地变化为另一意识，后者是先前意识之一"变样化"，在此意识和先前意识之内容现在就在变化的意识中，在变样化的所与性方式中，被意识到。被变样化的（或对其内容进行变样化的）意识本身是一现在物：一新的现前，针对其变样化的一相对的现前，继后出现于元过程中。在此人们会问，为什么被变样化的意识仍然将是一未被变样化的意识之内容，而且未被变样化的意识则否，为什么人们将不说：一元材料出现于生命之元流动中，而且此元材料过渡为一新的元材料，它具有旧材料的持存性质，过渡为一旧材料的意识？在此再次遇到的困*221* 难是，并非为意识的某物如何变化为一"关于……的意识"。

§6. 原始意识与非原始意识。意识与把握

被知觉的 X＝原始给予的 X。相反：X 被意识但不是被知觉；X 被想

象，X 被再忆，X 以某种方式被准现前化为现前的、过去的或未来的。X在图像中，在中间性的想象中，以及在形象化中。X 直观地、原始地或非原始地被意识，直接地或间接地被直观地想象；X 直接地或间接地被空意识着。

在此，一切"X 作为想象中被意识"或作为"关于 X 的想象"的体验，其本身都是原始被给予的，都是可知觉的，而且在知觉前（作为反思）都正是现实的、原始的体验（与此相对，此体验，或这类体验"可在想象中浮动者"或"作为再忆中的过去者"等等）。每一体验都是"可知觉的"，每一体验本身都是一现在物并在其现在中被把握。原始地把握一个别物（一体验或一超越性的个体）即相当于知觉它，并将其作为现在被给予者而具有它：以原始的方式。也因为一 X 的现在可以是被想象的现在，"'想象当下'之当下"，或再忆中的当下等等。

在把握前的一体验，在把握性的知觉前的一体验。一体验作为在把握前的现实的（原始的）体验；在准把握前的或在"被想象者本身"前的一想象体验，如此等等。"原始地"具有一体验并之后朝向它，将其把握为当下的"现实"，这是什么意思呢？对比而言：具有一原始地被给予的体验等等，以及之后不只是将其本身把握为当下，把握为"现在的现实"，而且在其中将其把握为另一物，后者或者也被把握为具有现在的现实之特性，或者被把握为具有准现在化之特性等，被把握为具有刚刚过去者的、过去者的以及因此被再忆者的特性，如此等等？

这是基本性问题，但需要进一步研究。而且这正是继续着在"原初性的时间意识"中提出的问题；一质素性对象或一如此如此被构造的判断是原始体验，而且原始地被给予为充实着一延伸着的现在（一内在性的时间段），而且在此可能存在一把握性的反思，它将体验分解为其诸时间点，并对每一时间点区分出"元原始的"〔uroriginären〕所与性方式和"非原始的"〔nichtoriginären〕（持存的）所与性方式，以及理解到，延存的质素材料或继续延存的判断被呈现在一"所与性方式"连续体中，于是我们具有一原初性的连续性的序列，具有一元过程，在其中内在性的对象被构成统一体。再者，如果我们朝向一内在性对象并之后返回其构成性的元过程，那么我们就理解到，此朝向性的反思性把握行为本身

222

属于该过程的；新的把握实行于一回视性的、在持存中穿越的把握行为中，但作为某种自身不属于被持存的内容，于是有如当我们在一想象中进行反思时，我们在属于下列者和不属于下列者之间进行区别：被想象者本身及对其贯穿的目光之前的想象体验本身。相继出现于时间意识中的不同的体验最终给予了这样的新体验，将 A 与 B 包含在自身序列中的统一意识（在此序列是被意识的序列），（例如）将以下二者意识为一体或同一者：在 A 中被记忆者与在 B 中被记忆者，或者原初地被意识为 A 者与通过再忆被呈现为 B 者等等。统一意识 ＝ 这类相继性相符之意识。

有关意识、被意识的对象、对象的所与性方式，我们可能合理地提出什么问题呢？

我们区分了原始意识和非原始意识，在一者有一被原始地意识的 X，在另一者则无。这是一种有关体验的区分。但体验本身可能是或可能不是原始地被意识的。而且在其本身为原始地被意识的元过程中，我们在任何过程时相中区分那些"元原始时相"和与之相对的那些"非原始时相"。但是非原始时相本身是原始的体验时刻，只不过在相关于其中另一"被意识者"而言，它们不是原始给予的。被意识并不意味着被把握、被注意，或被体察（被把握）。

把握行为本身是一体验因素，后者可以是现存的或非现存的。如果意识是关于 X 的非原始的意识，那么关于 X 的此意识（例如，关于它的空意识）本身是一原始的体验，而且这意味着，它不是在另一非原始的意识中的被意识者，而且其本身被把握为原始地所与者，因此正如人们首先将补充说的，其本身是一原始意识之对象。而且一切体验，甚至一原始所与的体验，就其作为原始被给予者而言，是被意识的。此"被意识的"意味着什么？按照通常的意思，一体验意味着它是在原初的时间构成的过程中被意识的，而且按照在此过程中对作为原始意识的原始时相和作为非原始意识的原始时相的区分，我们达到了一最终结果：过程的一切瞬间时相都是两类时相之连续体，其中一种时相是原始被意识的而且本身是其对象的原始意识，另一时相是原始被意识的但本身不是关于其对象的原始意识（时间对象的过去时相）。

§7. 在关于现在元过程之原始意识中的无限性后退危险。有关一非意向性意识之把握的问题

如果每一过程时相都是被意识的，那么因此我们应当将每一时相看作关于该时相的意识。此时相之意识本身不会必然地在同一意义上再次被原始地意识，并如此以至于无穷无尽吗？这是困难所在。每一非原始的意识，在作为元过程时相的后一意义上，永远是某种现在物，即使对象不是现在物。如果它们是现在物，那么关于它们的意识也是现在物。在超越性对象的情况下此困难并不存在，因为我们有内在性对象，后者在时间意识中被构成，而且超越性统握以其为基础。但是元过程的现在物，对于后者的意识，意味着什么呢？特别是对于每一时相，此意识不再是现在的，它不再要求其他的现在意识吗？如此等等。归根结底，这是"内部意识"的老难题。

解决之道可能在何处呢？显然，切近之道在于尝试思考一被持续的潜力，在于重新构成一"关于……的意识"（现在意识）。我可使一事件点之现在被意识为现在，然后是此意识，如此等等。显然，对于任一事件点而言这并非如此直接地是可能的，当此事件点立即从其原始性中消失而进入持存时，正如此持存不断地消失并通过变样而展开着。但是我可以将目光朝向一将到来的事件点，之后在持存中朝向其过去的现在性，或从一开始在持存中朝向一未被注意到的时间点之过去的现在性，并甚至预先在一将到来的事件点中将目光朝向其现在性，朝向其曾被意识为现在者〔Als-gegenwärtig-bewusst-Haben〕。之后同样朝向此曾被意识为现在者之现在性，如此等等。

现在人们能够，特别是为了摆脱困难，将注意目光朝向把握行为并说道，这就是构成着永远可重复的"现在"意识者，只要它不穿越一本身被准现前的意识。于是如此朝向着此意识及其意向性内容的把握行为是"使现在化"的。过去之"曾被意识"是现在的，过去者作为在现在的意识中被意识，但过去者本身不是现在的，它被把握着，当把握行为朝向在过去意识中的被意识者时。

224

225 　　但对此应当质疑的是，它本身并不是清晰的，而且它在持存的意识中仍然能够反思"曾经为现在者之存在"，或者反思"曾经被意识为现在者之存在"，甚至当其不是被把握者时。

　　在我的注意力理论中，注意力是作为一意向性体验的一样式被理解的，此样式有其相对样式〔Gegenmodus〕。这意味着，注意力是把握行为或准把握行为，这取决于意向性体验是原初地给予的还是在变样中给予的。而且在此立场采取的样式或者是或者不是共同被变样的（或者在此有彼此的一致性，如在我们共同进行的记忆中）：注意行为是意向性体验的实行样式，在此，在所谈的理论中，没有触及立场采取遭遇的困难。不过我现在不谈这个问题。共同进行或无共同进行并非简单之事，在此起作用的是新的意向性和相应的相符关系或冲突关系。通常我们只有一被变样的或未被变样的"实行行为"，此外有较简单的或较复杂的行为，以及与之相反的，否定的实行变样，最终是相关于意向性组成者的一切，此意向性本身也是意向性的。于是因此有"理论"或者（不如说）描述。

　　如果我们现在放弃或基本上改变此理论，这就是，如果元过程及其时相的把握在自身之前并不具有意向性体验之时呢？因此存在非意向性的元过程体验的一注意性变样，存在元现前材料及作为材料之持存的一注意性变样。自我可以将其目光朝向意向性的瞬间体验，而且自我可使目光穿越瞬间体验。但是这将意味着什么呢？如何去理解将此二者等量齐观：一方面是把握或对一意向性体验的朝向性，另一方面是对不是意向性的而是"简单的"某物的朝向性？因此我们将不再沿此方向继续下去。谁要是在此感觉不到窒碍难行，就没有理解到意向性的特点。因此我们要重新探讨，我们对于一元过程是从何而知的？在元过程中又是从何而获知元时相的？

226 # §8. 在预存中也存在无限性后退之危险吗？

　　因此我诉诸预存并试图指出，每一作为元预存之预存，都通过新来者之出现被充实。如果通常一充实化发生，例如，在知觉进程中一知觉出现，那么一意识就在接续性"相符"中通过一意识而被充实。但是除了意向性的一特殊样式外这还意味着什么呢？此意向性指涉着一先前的意向性意识？如果现在元预存在过程中被充实，那么我们正是首先具有与未被充实的意向性，它过渡到一"关于……的意识"，后者具有被充实的意向性特性。但是在其中要区分开核心与行为特性。核心在此不是一以其他方式构成的统握内容，而是对象本身，此对象在充实中并不经由任何中介被意识为"其本身"；而且此"绝对被意识作'其本身'"者即其"被意识作当下"者。因为此核心原则上只可能出现为核心，即出现为一充实意识的核心现象。

但是关于此意识的一可能意识又如何呢？如果我们要避免无限的倒退，然而在此预存本身及其充实再次成为现在者，对此现在者我们应该能注视之，而且事实上我们能够注视之。那该如何呢？为此我们预先将目光朝向将到来的（因此本身被期待的）预存及其充实。

因此预存在此也朝向预存（及充实化）；后者本身再次成为现在者，因此也应假定为朝向现在者的预存，如此以至无穷。

§9. 解决尝试：元过程的现在之直接意识作为持存的 与预存的中间性之双侧连续性界限

此一困难并不是不可克服的。以下的讨论指出了解决之道。在元过程中存在每一当下之充实和每一作为过去者的过去之充实化。整个元过程是一预存及预存充实化之流。我们当然同样可以说，这是一持存与持存虚空化〔Entleerungen〕之流。元过程的每一时相都可被描述为：

R（∞…0…E_k）P（E_k…0…∞）

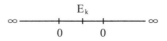

此一图式的意义如下：在元过程的每一时相中我们将直观性连续时段与一非直观性时段相区别。而且此结构是双侧性的和对称的，它具有一持存侧和一预存侧。因此我们有一持存连续体，以便首先考虑来自一直观性"区域"者和来自一非直观性区域者。二者的界限是零，即直观

227

性之零；顶点是直观性的连续充实性，此即在强度层级连续增加中，在现在点 E_k 中。在先前存在的是"仍然"直观地被意识的，但是持存的，即在过去样式中，而且在不同的过去层级中被意识的"在先过去的"E点，即事件点；因此整体而言我们具有作为过去的，即直观上被意识的过去时段，后者消失在"晦暗中"，这就是不断地过渡到"清晰度之零点"。（此一过渡行为当然不是过程，因为我们在此谈的是元过程的一唯一"点"。）

现在关于非清晰性区域，非清晰地被意识的过去，它本身可被再次划分为一双重物：以被区分方式被意识的过去，例如刚逝去而仍然可辨识的，但是虚空地、非直观地被意识的声音，和存在于被直观者背后的被意识者，以及以未区分方式被意识的过去，即现象学上一个"无区分〔ohne Differenzen〕点"。这类似于空间的地平线区域，后者使此地平线结束，即现象学上不再指示任何深度区别（在此即指，在直观上）。但此过去之地平线点∞不是一被意识的，或只是似乎被意识的最终事件点，虽然人们可以将其作为最终被区分化的意识，作为非直观的区分化之下限加以谈论。因此这是第二个零级。但它有一样式，我们只能将此样式称作一开放的地平线，或者不只是非直观的，而且是未加区分的，其意义本身存在于持存本质内的阐明及准充实化的可能性中，即存在于一再忆的形式中，在再忆内终结于此所标示的时相 E_k 的元过程，在再认知样式中被更新着，而且在此过程中不清晰的地平线"被显明"〔expliziert〕了（在由持存或再忆所维持的，或再被意识的"过程时相"之诸意向的同一化中，一方面按照相关的意向性因素而另一方面按照再忆中的部分，"地平线"被"显明"至清晰性程度）①。元过程时相 U_k（在其中 E_k 被意识为当下）的持存侧内的秩序化是一个系列的秩序化，即一连续的系列之秩序化。此连续系列的每一时相都是持存的时相，一意向性的点，此意向性一般来说不仅是连续地变化着的，并在此过程中具有连续变化着

---

① 在此欠缺了关于预存无限性显明化的相应的讨论，此预存在前进的充实过程中在一平行的射线束内被显明，此射线束在无限性线（此线水平地终止了被区分的及清晰的过程）下方，先是过渡到显明的预存，然后过渡到清晰的预存。见图示。

的对象，而且可能显示为相关于过去者的意向性之连续的中间性。直接性的最大值如此地存在于 E_k 中，以至于绝对的直接性是一观念，他在 E_k 中有其界限，即在当下的意识中，后者是 E_k 的直接性意识，而且持存只是被视作持存的连续性界限，此持存反之相对于零点及进而相对于无限性永远是中间性的，并无限地"被包含在"中间性之开放的无限性中。

正是此一考虑过渡到了第二侧，即 U_k 侧，它通过朝向相反的预存侧而被构成。预存正像属于 U_k 的持存一样是一意识，但此意识有其连续的时相，它从直观性流逝，迅速消失为零级，而且它具有朝向一无限性的被区分的非直观性，即朝向一未区分的界限，后者具有空的、未被区分的视域，它包含着一开放的无限性：未来视域。清晰性的最高点再次是 E_k，在此相反朝向的诸时段相连接，而且组合为一时段统一体，这就是：一唯一的意识在此被标志为瞬间意识，一意识，它具有内在性的意向性之两个维面。在此，中间性的，甚至预存的零点存在于过渡点上。这意味着，相对于此点，预存是绝对直接性的，但当然实际上不再是预存了，于是，同样，持存"实际上不再是持存了"。中间性的程度性、直观性与区分性的程度性，沿着意识 U_k 的两个分支向相反的方向延伸去。

§ 10. 图示表达（图表）中的区分化尝试

我们已将瞬间意识描述为一具有两个维面的连续体，此瞬间意识产生了构成时间的过程之时相——作为一种意识，它具有两个连续的意向性维面。但是现在应该有进一步的描述来阐明这样一种法则性，它按照一般的风格支配着一致性的诸瞬间时相之先后序列，并因此也将诸特殊性插入每一瞬间时相的内部结构中。为此新的、完全的过程图式是有用的。在此时间展示当然不会具有图像式的感性表达。在 $U_{(x)}$ 中我们谈到一种持存分支和一种预存分支，而且二者彼此穿过一中性点相互过渡，这是一种持存和预存间的零点。

但是现在我们也能够说，每一 $U_{(x)}$ 都是一持存和预存组成的连续体之时相，即它本身是对于一持存连续体和对于一预存连续体的零点。在我们的图式中我们可将浓黑色的垂直线 $U_{(x)}$ 视为零点，将其持存视为在

229

230

其左侧的垂直线连续体，而将其预存视作在其右侧的垂直线连续体。

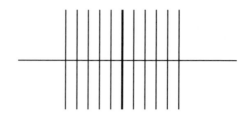

因此这些垂直线可标志意识，正类似于 $U_{\langle x \rangle}$ 本身作为点连续体中的情况。因此我们有一作为诸点连续体之连续体的垂直线连续体，每一点连续体即一垂直线。

如何理解此图式呢？在过程之先后序列中，$U_{\langle x \rangle}$ 当然是一连续的序列中的成员，但在此有序性存在中，我们说，每一 $U_{\langle x \rangle}$ 在预存维上朝向一切后续的 $U_{\langle x \rangle}$，而在持存维上朝向一切在先的 $U_{\langle x \rangle}$。在此应当考虑时间展示的法则性，按此法则性对于两侧的关系之直观性具有其狭窄界限，因此我们达到了此预存和持存的直观性零点，接着达到了被区分性的（即使未被规定的）意向，并最终达到了一无限者，后者是没有显明的继后诸形式的一种潜在性。

$U_{\langle x \rangle}$ 本身被描述为带有从零点出发的两分支（持存性分支和预存性分支）之连续体，此 $U_{\langle x \rangle}$ 如何能够再次作为两个分支之零点，而对此两分支而言同一物均应有效？$U_{\langle x \rangle}$ 的在下分支被称作持存，它相关于流逝的系列之 E，直到终点，位于视域上的过去的"E"。或者说直到过去视域之边缘，后者表示一种开放的无限性。（我在描述中并未考虑一"开始"〔例如一钢琴曲〕之意识的非常不同的宽度。在此我们区分了直观者、非直观地被区分者，之后是在晦暗中继续延伸至开始者，在其后仍然有"其他物"，但不再是事件的部分。）但它也是相关于持存段的持存，在其中呈现着过程中"E"系列的已流逝时段。我在先前的图式中这样说过。但现在我想说：存在相关于过去的 $U_{\langle x \rangle}$ 的持存。如何这样说呢？

我们从一确定的事件开始。在开端 E_1 中它并不具有任何相关于其事件点的持存，其在下方的 $U_{\langle x \rangle}$ 分支属于过去的事件，在其开放的视域中存在着一新开端的空可能性，它就此而言是被接受的。

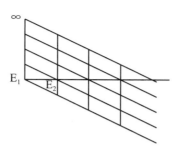

  由于 E_1 在此存在，在上方的分支 U_x 也存在。在过程的进展中此空的预存连续地被充实，即它随着直观的最终充实性 $E_2E_3\cdots$ 被充实。这是一种意义上的充实化。但同时时段 $E_1\cdots\infty$ 向下移动，它们下沉着。而这也是其包含的意向之"充实化"过程。未被区分者成为被区分者，不清晰者成为清晰，清晰者移向终点，但此终点本身移向负区间，它经受着去充实化和持存性变样化。意识（$E_1\cdots\infty$）经受着一连续的"变样化"，而且经此变样化在持存维上包含着被变样化者。而且因此存在的不只是过去时段的"过去存在"〔Vergangensein〕，而且存在的也有过去的 U_x 的"过去存在"，只要它们在每一先前的 U_x 中相关于事件（因此首先不是在我们前面描述的意义上，该描述在两侧展开至无限性）。另外，每一 U_x 时段都"增长着"，虽然它被充实着，永远不断地朝向无限者，而且在上方分支的此完全形式上以及与其下方分支一起，它进入其后全部的未来，而且这意味着，它包含着 U_x 右侧的全部半面。每一 U_x 不仅是由于一先前的 U_x 之变样化而增长，它也是一类似未来之"期待"。

232

附录Ⅵ 渐增的非区分性与中间性之解决模式的困难性。在持存的下沉中的差异性（相关于 Nr. 11 的 §9— §10）

  将被区分的意识中之过去与未被区分的意识中之过去加以区分造成了困难。当我们听到一曲调时，如一简单的民间小调，它一节一节地重复着，此时我们实际上必须对之加以区别：直观听到的曲调部分，它越过了正在响动的声音，而我们"仍然听到"它。但再往后我们还显著地听到其他曲调部分，后者对于我们而言"仍然在耳"并在其声音分化中被意识着，但已不存在仍然被听到的声音系列了。因此我们应该完全承认此一区分。在小节末尾我们仍然有对于全小节的意识，虽然与其开端相比，声音清晰度可能显著变弱。此种情况甚至延伸至更多小节。就小节和迭句等等的结构而言，一意识统一体最终达至全词曲，如果它不是"过长"的话。这与读一小说、看一戏剧等的情况不同，它们的统一性并不根植于直接统一的持存的一包罗广泛的"感性"统一体。

在此被区分的过去意识领域之内，区分性随着过去展开而减弱，从观念上说，此区分性具有一种趋向零点的程度性。但这并不是说，区分行为在任何意义上都在消失着，因为再忆会与此小节上的持存一致地以其方式自行"再出现"。我们该如何设想此状态呢？

我们可以试图这样做：在"下沉中"，在持存之连续变化中，我们首先有相对高的注意力程度，核心的区分行为被严格分别，持存的变样化统握也被严格分别。在最先被考虑的领域内直观性迅速减弱，但如此一来相对的差异性〔Unterschiede〕十分显著。然而在接下去的一低层阶上核心仍然存在于那里，但在清晰性减弱中它们失去了大部分"差异性"或凸显性，尤其是相对的清晰差异性。但就持存之"统握"而言，我们说，持存本身作为"关于……的意识"，始终仍然在其中作为基本的意义分界，而其余的意义分界则"消失于"非清晰性中，沉入于潜在性状态中。它们于是成为可显明的〔explizierbar〕，但不是作为被显明的〔explizierte〕种差，作为凸显的意识因素而存在。最后，例如，仍然存留着某种像全体更早过去的小节的意识，此意识在小节的内容方面是未被区分的，但仍然是以晦暗的方式被界定着的意识。于是在实际上被意识的（原初性的）过去领域内部，甚至混合了未被区分的意识部分、区分化和潜在的包含性，而且只要此领域仍然延存着，就不应谈及一直观性的实际零点，而应说其另一直观性程度，后者不再凸显其直观性区分。但是当然在此诸组成部分可自行区分，一者是实际上已有一直观性零点，另一者则无。一般来说，构成着一事件统一性的下沉者在其一切时相中并不具有"直观性充实"，而且在持存连续体的同一位置上并不是每一时相都必定达至零点。一开始直观性强度越大，它在下沉中就坚持得越长，而且诸持存也参与其中。

233

仍须考虑，不只是持存的诸逐点时相下沉着，而且它们都汇聚为意识统一体、声音统一体、节拍统一体、声音时相统一体、曲调小节统一体，如此等等①。但当这样一种统一体被产生后，它就仍然是在一意识统一体形式内的统一体，后者当然包含着诸持存点统一体，但不仅是这些持存点的融合，而是在一持存点连续体流逝后，一特殊统一体将自身包含在一简单自存的声音内，某种事情发生了，它从现在开始，以其统一性和独特性过渡到其他的持存过程中。对于每一较高层阶的统一体来说也一样，此统一体从若干声音开始汇聚为一和谐的声音统一体、节拍统一体等。因此每一这种意识都具有一种封闭性、一种凸显性，以及因此具有一种在其连续的具体持存中的自行维持力。作为构成性的统一体它具有一意义统一体，并可在持存变样化中，当它永远维持着意义统一体时，在"统握内容"、根基性的被构成统一体以及相关构成性的统握方面，仍然失去区别性。因此人们或许可能确立现实的事态，并因此应该一般地考虑观念上被凸显的诸点时相之持存，在时间意识中形成的被构成的统一体之持存，以及甚至"内在性的"统一体之持存。

234

附录Ⅶ　关于过去意识及其变样化的名称（相关于 Nr. 11）

如果我们应该承认，每一元体验因素都是被意识到的，那么对其就不需要有专门称谓。因此如果我们描述 E_0，E_1，…，这就意味着 $B(E_0)$ … $B(E_1)$…于是显然适用的法则包括无限的倒退：$B(B(E)) = B(E)$，即并不存在意识之意识。或更明确地说，关于某物的原始意识本身在相关于它的一原始意识中不再被意识。我们用 V 标记原始意识的连续的变样化（如果我们称其为"持存"，那么也可用 R 表示它）。于是 V 可以意指 E 的过去所与性方式。对二者应该说：变样化具有一连续中间性之程度性。我们通过一连续的数值将其表示为指数，例如 V^k。

在此适用的标示法则表达着一种本质法则：$V^k(V^\lambda(E)) = V^\lambda(V^k(E)) = V^{k+\lambda}(E)$。一个没有括号的 V（E）是未变样的，一个没有括号的

---

① 如果一超越性统一体被构成，情况当然也是一样。

E 也是未变样的。但是在括号中 V 具有进行变样的记号之意义。因此 E 并不实际上存在于 V（E）之内，V（E）是 E 本身的原始过去的存在，或者 R(E) 是这样的意识（原始所与的意识），在其中 E 被意识作过去者。

如果指数是零，因此 V^0 被选作名称，那就意味着没有变样化。$V^0(E) = E$，$V^0(V^k(E)) = V^{0+k}(E) = V^k(E)$。

附录Ⅷ　图式中时间位置与过去者之连续体的表达（相关于 Nr. 11）

E_0 原始地出现。

E_1 原始地出现，持存从 E_0 到 E_1 相结合，或者说，过去变样化在一连续性中被原始地意识到。

$V(E_1 \cdots E_0)$，即相应于 E 的连续系列 V^0E_1 到 $V^1(E_0)$，是变样化之变样化，以连续相继的方式被原始地意识着，而且 V^1E_0 意味着此变样化在其中间性中，只要它对应着 E_1 在 E_0E_1 系列中的位置。因此，如不考虑 E 的本质，不论此本质是同一的还是变化的，但至少是在一瞬间内连续地变化着的，那么 E 具有一位置连续性指数，一新的时间位置指数。而且此指数固定有序地被纳入持存指数内。对此我们已知。

因此，时间系列是给予我们的。此事件在一方向上被给予我们，而且我们可以在反思中说：一切时间位置都是相继作为当下存在的，被给予的是作为当下的内容，之后是作为刚刚存在者被给予的，如此等等，而且与每一实际的当下一致地，一曾经存在者连续体，这就是，带有其内容的时间位置连续体是与当下的时间点及其时间内容一致地在连续性过去之所与性方式中被给予的；而且我们被给予的是，每一时间位置都必然属于另一过去，而且似乎是，此过去连续体贯穿着每一时间位置。一时间位置连续体是与过去连续体相结合的。

此外，我们被给予这样的事实，这两个连续体相继流逝着并在此于变化中彼此相结合，而且在此过程中事件意识被连续地构成。如果整数表示时间连续体中的位置，而且 E 在相同的或随即变化的本质内容中，我们不进而标示其差异性，那么我们就有 $E_0E_1E_2{}^-$，它们像是连续的数系列，以连续的位置予以表示。位置记号相对于起始点的远近。

假定 E_0 是当下，而且是事件的起始点（时间系列中的零点）。如果 E_1 是当下，那么与其相结合的是从 E_1 起（不包括 E_1）直到 E_0 之前的过去变样连续体，而且这也是一中间性连续体。

再者，给予我们的还有，在一切过去者之过去连续体中，过去者不 236 只是相关于现在，而且也相关于其先前的过去者，也即无限地相关于在先过去者。时间位置指数始终稳固地被归入持存的指数，归入过去特性，因为一切同时性事件也具有与时间位置指数共同的过去指数。

时间位置是如何归于过去指数的呢？一时间位置自身当然与一过去指数没有关系，因为它实际可以接受任何指数。

如果一个从 x_0 到 x_1 的时间段连续地进入原始的所与性，那么就永远只有一个原始点被给予，而且该当下连续地变为过去者，过去者之过去者，如此等等。x_0 的过去指数，当 x_k 进入该当下时，就由 $x_k - x_0$ 规定。而且 x_p 的过去指数是由 $x_k - x_p$ 规定的。

$$\infty \quad\overline{\quad\underset{x_0}{|}\quad\quad\underset{x_p}{|}\quad\underset{x_k}{|}\quad\quad}$$

如果此数值是负数，那么过去指数就是想象的；或者该点不是我的知觉的时间点（$x_p < x_0$），或者可以期待该点是未来的（$x_p > x_0$）。

过去中的位置（作为刚刚曾存在者），或者层阶变化指数，不是由绝对的时间位置规定的，而是由两个点间的距离规定的，一个时间点其过去样式是可规定的，另一个时间点恰巧存在于"当下"中。

因为开端 E_0 的时间点是 x_0，于是 x_0 的过去指数等于 0，如果 E_0 正好是当下点，与 x_1 合一的 E_0 的过去指数（如果我们假定时间统一体中的 $x_1 - x_0$ 等于 1），于是与 x_k 合一的 E_0 的过去指数等于 k，如果 x_k 是时间点，在其中 E_k 是当下。在此应注意，k 此时是一连续的变样化之符号，它本身被意识作零点之连续的变样化 k^{te}。

再者，如果 x_k 被意识作当下，那么 $x_k - x_0$（因此 x 在先存在于事件延存中）与其一致地被意识到。因此我们有一过去所与性方式连续体，它一致地相关于完全被充实的和至此被意识的时间段，而且此连续体是在流动中的。我们的第一个图式是，对于在其当下所与性中的其时间点而言，每一流逝的是极端的所与性方式之图式。

为了在图式中指出所与性方式归属于流逝的时间段，我们是否必须 237 明显地划出 45 度斜线呢？

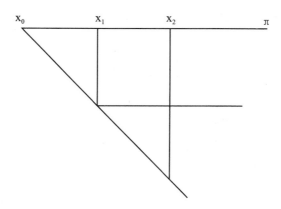

过去样式的纵坐标被归予距离 $x_0 x_1$。如果按其数值 $x_0 x_1$ 是 x_0 的变样化指数，那么我就应该将此数值赋予纵坐标。但是显然我不可能比较变样化的"数值"和时间段的数值。因此任何一条斜线都是足够的，只不过它每一次都相关于一确定的、不变的而且并非偶然的归予关系。如果我们用相同的数字代表时间段的相对距离和相应的过去变样化，那么为此最好就是选择 45 度斜线。

如果我们用 E_0（起始点）E_1 表示事件点，那么我们因此就是用起始点的距离数值来表示。而且对于位于当下的一事件的每一点来说，此距离的数字指数永远对应着相同的过去时段，后者因此可以通过相同的数字加以表达。

238

附录 IX　元体验流的形式体系及其在图示中的连续
变样化[①]（相关于 Nr. 11）

我们试图确定"形式"与内容间的区别[②]，但在此应对以下问题加以考虑。一体验因素"新"出现，这可意味着：1）与"被变样者"的对比

---

①　一个非常重要的、未完成的以及假定性的思考，但它本身值得再予讨论而并非诉诸任何神秘想象。

②　对此而言并未谈及，"形式"是内容之一实在的因素，其意义是，我们如何将某种光亮性表示为颜色的因素等。仍然待解决的问题是，此形式是否不是一诺耶斯因素，一所与性方式，而且内容不是一意向性对象，此对象在此所与性方式中被意识。于是此一结合〔Verein〕不是真的结合，而是每一生命点是一内容之意识，生命流是一意识流。

性（当下因素对比于过去因素）。但是 2）在一层阶内的被变样者应该区别于一切其他层阶的被变样者，任何层阶的每一被变样者对比于较高层阶的被变样者。较高层阶应当相对于其他层阶存在，正如后者相对于其他不同层阶存在，并最终相对于绝对零点存在，于是，一变样化相对于其他变样化，可具有相对新的特性，此其他变样化也具有其变样化特征（显然对其并无任何统握）。

这意味着：一切元体验的一形式因素沿着一"元新〔Urneuheit〕点"的一直线连续体变化着其层阶，我们称此点为 1，它向下连续朝向一可以无限方式达到的观念性的零界限。此所谓"运作"从 1 开始，被动地沿一系列继续变化，以至于形式与意义始终同一，而且此运作从一所达至的点开始永远继续保持同一。于是此条件足以导致：被变样者的变样化与未被变样者的变样化，与变样化的形式出发点的变样化，是相同的。我们也可以称之为一连续的增加。因为后者确实属于一"增加"的本质，只要我们不将一无界限的无限性之"强度性"归诸此概念。从一开端起始的增加可再次增加，而且连续的增加是一被增加者的增加，如此以至无穷。此形式对于一切元生命时相，对于最初生命之时相，是同一的，是一稳定的连续体。而且，此"流动"对于一切生命因素是相同的，形式 1 的一切生命因素，以相同的方式和"相同的速度"，过渡到"1...0"的连续新形式。这意味着什么呢？ *239*

我们还没有回顾这样的问题：形式 1 的生命因素是或可能是与形式 k（变样化）的生命因素"同时的"；我们还没有思考这样的问题：如果形式 1 的一相同的生命因素是新出现的，正是这样一因素变样为 k 之后，此新与新之间应当加以区分。在元流动中并无任何存留者。每一 1 都有一新的个体性。形式 1 不是一形式，而是一诸形式连续体。对于此新的向度而言，并无任何开端，它可通过一新的 1，例如 I，来标志，在此出现的是一双侧的无限直线连续体。此新的形式属于生命因素之个体性，正是此个体性的指数。"1—0"系列的每一变样化的生命因素再次具有其个体性并赋予该内容以个体性特性，而且两侧的无限系列属于此同一指数。一个 1_z（z 在此以符号表示双侧连续的数系列之数字，并以此表示此处相关的个体性复多体，虽然在此并不存在数学的数字表达，不论是度量范围还是计算，因此只是起着一图像作用），一 1_z，我再次说，它可能在自身之外具有多重变样化，它们以统一的方式出现于生命流中，但是所有这些变样化 k 都以相同的 z 作为指数：k_z。它们因此都具有"同时性"特征。而且现在同一形式 1_z 的生命因素统一体全体变化着，以至于此形式（此形式永远属于相同的变样化层阶 k）之一切生命因素的变化也必定具有同一的 z。

因此如果内容 E 和形式 1_z 的一种事件因素变化着，因此 E_{1z} 变为 E_{kz} 而且一 E'_{1z} 变为 $E'_{k_{z_1}}$，那么就必定有 $z＝z_1$。这意味着相同速度的流动。我们现在也说：原初的生命流（尤其在新的具体事件中，它们出现于"行为"的、物统握的以及其他统握的类型中）具有双重形式统一体。当它在其存在中包括一切存在者时，它就是存在于一流动中。一切流动时相，连同包含在其中的一切个别的生命因素，都具有一根基于时间的个别性之形式 z，以及此外具有与其缠结着的第二形式"$1－0$"之层阶变化。

240 然而我们注意到，在这里还欠缺着什么。如果我们应该承认，个别性的形式 z 与形式 1 永远是同时连接在一起的，因此新来者永远原初地出现于流动中，那么一切变样化 $1…0$ 也应当对于一切新的 1_z 在同时性存在中显露出来，作为"在先"过去的 $1_{z'}$ 的变样化，因此这些形式应该永远实际显为被充实的形式。我们因此在流动中永远有一切层阶的被充实的变样之一"同时性"连续体。旧的图式可适当地对此提供说明。

但是现在问题在于，在此概念下，随着所谓的目光朝向，应该如何理解时间对象的统握和把握呢？

统握的引入。不是按照加法去添加。变样化 $1…k…0$。变样化 z。每一 1 都是另一 1。每一 1 都是一连续体的起点，都是属于此连续体的、与其合一的另一 1 之变样化片段的起点。参见图式。这些变样化是意向性的变样化，仅只是诺耶玛核心的消失。变样化的程度性是具有核心之诸程度性之意向性程度性，"整体"是渐进性形成的。每一 1 都具有意向性变样化零点的特性，或者非中间性顶点的特性。但它是潜在的充实化和一充实化系列之极点，此系列是以变样化方式被意识的。对于每一新的 1，此系列都是另一系列；而且由于系列中的统一性，此 1 具有另一特性。因此同样的"内容"永远是重新被统握的，并具有另一特性：意向性的特性。

于是在每一单一片段中和在每一同时性事件片段中一样。但是有关在流动统一体内的诸片段结合而言，在不同的再忆（它们不是对同一物之记忆）中一个 1 的多样性是这样被给予的，一预存的统一体穿越着整体流，而且每一点都是充实化的，两个相继中的内容不可能是相同意义上的预存之充实化。对此应该进一步探索。

附录 X   元现在与过去作为形式及作为个别性所与者。公式中的持存变样化之表达（相关于 Nr. 11）

241

一超验性事件 E。它充实着一现象学时间段 $t_0 - t_1$，此被充实的时间段就是该事件本身，在其时间延伸（时间延存）中的感觉因素或一 cogito（我思），我知觉着此物或彼物，我感觉快乐，我痛苦，我判断，等等。这些事件是在时间构成性的（构成着时间对象的）意识中被构成的。此 E_{t_0} 是现在被给予的而且是作为当下的一元现在物，它在 $V(E_{t_0})$ 的"流动"中变化着，它新出现于 E_{t_1}，二者都是在现在形式内被给予的。于是变化连续地进行下去：

$$V(V(E_{t_0})),\ V(E_{t_1}),\ E_{t_2}\ （作为新来者）$$
$$V(V(V(E_{t_0}))),\ V(V(E_{t_1})),\ V(E_{t_2}),\ E_{t_3}，如此等等。$$

在此也应该区分：E_{t_0} ＝元现前中的 E_{t_0}，以及后者是一确定的体验特性，一所与性方式，它属于 E_{t_0} 的意识，或者属于作为意识内容的 E_{t_0}，此意识内容对于意识主体正是元现在。按照我们先前的表示法，一切整体表达也自然具有作为一意识形式的元现前标记法。但是当我们相继书写每一行时，虽然我们在每一行中和在每一项中都具有元现在之一般形式，但我们应当区分此一般形式和个别的元现在，后者是绝对的一次性者〔Einmaliges〕。此一当下和新当下不是相同的当下，而是另一"个别性的"当下。于是一当下，一个别的当下，即作为其元现在者，属于每一 t。我们因此能够区分 $J_0(E_{t_0})$，$J_1(E_{t_1})$，…，而且诸指数应该彼此一致。并不存在 $J_1(E_{t_0})$ 等等。同样，我们应该区分一般形式 V 和特殊的过去样式，后者又成为体验所与性样式。但是不仅如此。在"流动"中 E_{t_0} 于 $V(E_{t_0})$ 内变化着，有如我们最初所写的，或者 $J_0(E_{t_0})$ 在 $J_1(V(E_{t_0}))$ 中变化着，接着在 $J_2(V(V(E_{t_0})))$ 中变化着……诸特殊的过去具有形式 V，$V(V)$，$V(V(V))$，…，但 V 再次连接于 J_1，$V(V)$ 再次连接于 J_2，$V(V(V))$ 连接于 J_3。

因此我们也这样书写：$J_0(E_{t_0})$，$J_1V_1(E_{t_0})$，$J_2V_2(E_{t_0})$，…，但在此应该注意，用整数进行标记并不意味着任何分离性（最好使用连续无理数进行书写，虽然不够清晰标记），再者，对于 V_k 指数不止意味着一连续新的流动中的位置，此位置在其连续的数字系列的延展中以指数 k 加以表示，在此流动位置中只是按此连续性一新的 V 才出现，而且此 V_k 也意味着一连续的 $V-$变样化，我们上面将其表示为 $V(V(V…))$。如果我们沿着"所与性方式流"进行，那么我们因此对于元现在而言就有"$J_0…J_k$ 流"。我们称其为一"深度时相连续体"。

Nr. 12 对于无"统握及被统握内容之模式"的元过程进行分析之尝试

§1. 借助"统握及被统握内容之模式"对元印象的 "所与者流"和持存的"消退变样化流"进行分析之概述。 对于无限后退之反驳

消退行为〔Abklingen〕属于先验性意识的一切材料之元法则性①。 或者，现象学时间的一切超越性事件是被构成的单位并沿着两个构成性 变化指涉着一结构：元涌现的印象，在其中永远产生新的"元材料"，纯 粹意识的元印象的所与者，以及元涌现的持存，在其中每一元材料（每 一元印象的材料）变化为一第二元印象的材料，先前元材料的"消退"， 以及在如此连续变样化中每一消退本身再次经受与先前的、更为先前的 消退变样化同样的消退变样化，如此等等。"变样化之流"与"新产生之 流"合一（在此事件之新材料的"元产生"当然可能终止），因此我们有 一元过程，它带有一元产生和一"被产生者"的一元变化。这一切均属 于一切先验的最内部意识材料之本质，其中包含最原初的意向性，在后 者中产生了第一的（在一定意义上）、带有第一超越性事件的、现象学事 件的"客观时间"。此第一客观时间即在《观念1》中描述的现象学时间。

---

① 此一探讨意在彻底思考与我先前的理解相反的结论。已经构成着时间对象的一种背景意 向性被否定。此探讨对于疑难问题十分重要。

因此，首先在对此流动或元过程的先验性反思中我们发现了元印象
的材料，称其为"消退"的连续性变化。但是我们也发现统握功能，作
为事件之真正及纯粹现前（纯粹现在）的元材料统握。其次是这样的统
握，其代表者即消退，按此消退，过去者，即作为刚刚曾存在者，被呈
现着。最后统一意识贯穿着元过程。在此意识中，同一元材料、同一事
件点或一被充实的事件点，连同消退之相继序列，被连续地意识作时间
客体，而且在对于每一元材料的"元产生流"中也如此，同样还有融
合，由于融合产生了对于一被充实的时间段，对于一客观超越性事件的
意识。

于是出现了与"功能"有关的困难。元过程作为最终层阶的先验性
意识材料的一元法则性而流逝着，即作为这样的过程流逝着，在其中先
是客观的现象学时间，之后是一切最终其他的意向性单位被构成着。而
且此过程流逝着，不论是否朝向现象学的事件，以及不论是否有一较深
的超越性反思朝向现象学事件及其构成行为。

我们是否应问询，现象学事件实际上是为先验性主体所构成的，不
论人们是否注意或把握此构成性过程？因此我们是否应假定，出现在元
过程中的元感觉材料（质素性元材料），永远被统握为元现前（元印象的
现前），而且同样必然的，一切消退都按其层阶伴随以变样化的统握，按
此统握它正被意识为此层阶的时间侧显，被意识为某一消退？因此我们
不仅有相关的构成事件的元材料（属于时间充实性）及其在一切反思前
的元过程中的消退，而且我们也有作为最内部的意识生命之其他因素的
诺耶斯因素，后者赋予材料以统握，赋予它时间性意义。但是这些新因
素于是不应当再次是材料吗？是对于处于背后的有价值者〔Dignität〕的
其他统握的统握材料吗？通过此有价值者它们获得了时间性意义？如果
是这样，我们将必然达至无穷的倒退。

例如我们是否应说：质素性材料具有一优越性，它们必然伴随有统
握，不论我们是否知此？但这并未使我们了解原因何在。无论如何，我
们不只是把感觉材料理解作时间性事件，而且也对材料从功能上加以理
解，并将材料视为与统握合一。例如，体验，在其中一物在显现中以无
限复多的方式被给予，因此是一物之显象（"知觉性图像"）。但也有逻辑

244

245

行为或各种多设定行为，把某物统握为主体的行为，使某物与某物发生关系的行为，如此等等①。

§2. 替代性模式的发展：在其发生与变样化的消退中的元过程仍然未含有任何统握。正是通过自我，即时间客体构成，导致对元材料及其消退的反思性知觉把握行为，要求对过程之元材料进行一种意向性统握。消退变样化知觉的特殊性

我试图以下列形式解决上述难题：反思之前的元过程，或者最好说：在每一注意性把握行为之前的元过程，是元产生行为和消退行为的一单纯过程，它不包含任何统握或再现，正如当感觉材料不被注意地出现和流逝那样。

然而应该注意，一旦一现实的构成性的时间意识形成后，一背景统觉可能成立后，此背景统觉将背景过程统握为时间对象。按照我所称作第二感性者的方式，一时间客体可能在背景处被给予并引发其刺激倾向。 246 于是问题在于，我们是否不应从生成上说：存在着一元可能性以及在生成上一元开端，以至于还没有任何真正的时间意识被构成，或者对于自我还没有任何事件存在于一时间中。这是一原初性的睡眠中的意识，它还没有苏醒，或者这是一原初地睡眠中的自我，它还没有醒来。或者，我们假定着这样的可能性，即使自我已经苏醒，存在着这样的区域，在其中元过程流逝着，其中并无时间构成性的过程。这意味着并不存在一种原初性的必然性，即每一元过程都是对时间性事件的意识，其中都含有相应的统握。

现在我们假定，出现了一元材料并刺激自我去把握，或者不如说，出现了连续重新产生一过程的元材料。（人们或许可以将以下事实称为元

---

① 一种独特主题：有根基的多设定行为，在其中较高层阶对象在带有简单被构成对象的"简单"行为基础上被构成。有根基的〔fundierten〕对象之时间构成与根基化的〔fundierenden〕时间构成关系如何，以及同样，与行为的关系如何？

法则，一切材料都是一即使"很小的"连续体；一如此短暂的爆裂声仍然有其延伸时间，此延伸时间还不意味着是现象学时间的延展。）人们也可以说，每一感性材料，我们偏好它因为"感性"前于一切功能性，此材料产生了刺激，但只有"分离性的"感性材料"超出了门限"并最终迫使把握发生。

　　于是我们现在从以下事实开始，一种目光朝向性发生：这是对于一时间事件意识的构成。我朝向感觉材料，把握它。但它自身是一连续的新发生行为，而且进行把握的自我之目光朝向着新发生行为。自我，连续地把握着此新来者，此元发生者，以及以元力度刺激者和捕获者。（不是一种连续性，我们可能具有更多的材料，它们具有本质上的同类性，而且在相继性中形成了一性质上有根基的、彼此结合为一体的诸内容系列，例如一声音系列。问题在于，此系列意识如何成为可能的。如果此过程已经具有作为过程系列的一"感性统一体"，正像一序列统一体呢？但在这里问题也在于：连续体的感性统一体或元过程的统一体意味着什么呢？）

247

　　然而让我们首先探讨所尝试的思考内容。自我一再地朝向新来者和更新来者，而每一新来者都在连续地变化着。每一元印象的声音时相都在消退中。但是，生存于把握内容中的自我不仅生存于对新来者的连续把握中，也在一定的意义上继续生存于被把握的旧者中。这就是，对新来者的把握正是对新出现在元过程中者"如其本身"那样的把握。这是一种自发性行为，它现在甚至经受着连续的消退行为之变化。在此连续的消退中我们具有一连续的"功能"之变样化，一意向性行为之变样化。把握性的自我留存于此行为中，固守着首先被把握为"此"者，而元现在的把握，即带有其"元产生"的新来者之把握，仍然继续着，并具有最初把握之优越性。因此变化同时是与注意性"中心"的一种距离化，另外，"同一物"的保持在第一意向性中被把握并被设定为存在者。

　　因此，我们具有如下的元法则：对在元过程中连续出现的新来者的一把握性目光朝向，是一元现在意识，后者设定着一元现实，此意识必然经受着一消退行为之变样化，以及此变样化具有一进行变样化的意识之特性，该意识在此连续的序列中必然具有在过去样式中的相同的意识。此同一者不再被意识为自身在元现在中的所与者，而是被意识作同一者，并在一定的意义上也被意识作其本身，只不过是在过去变样化中。但在此感觉材料消退着，并就此而言它是不同于先前的。但是随着此材料连续地消退，把握性的意识也必然如此被变样化，以至于同一者始终被意识着，并因此该消退具有一变化的统握之样态的再现者特性。并非是它们为被把握的，而是过去的元材料通过它们被把握。一“元特殊性”意味着，元现前的意识变样化，作为其消退行为，获得了过去意识之特性，因为它作为序列的连续变样化带有意向性因素的一连续的自身相符性，也就是“一度被设定者”应该在此意识变化及其感性内容中被维持着。 *248*

（以下所论可被视为一种平行的思考。如果一声音在恒定相同方式中继续着，那么就此新来者而言，我们就也有一连续的序列，并一直具有元现在的意识，后者在形式和内容上连续地与新来者一致相符。在此相同的与不变的始终是同一者吗？甚至在性质的“改变”中一意识作为同一者，同样的声音，只是变化着吗？在此，意识方式〔元现在化〕是相同的，而且内容，至多是完全相同的，本质同一的，或类型相同的。但是在前面的论述中我们曾有一意识方式变样化，并同时在双侧有一内容变样化。）

因此，时间构成性的功能只是通过朝向性的自发性才存在，作为一元现在者之把握，如此等等。否则我们只有单纯的元过程而无一切时间构成性的统握，并因此也没有时间事件的现实地被构成者，没有现象学的时间。一切对象，甚至时间，都是构成性功能的产物，即自发性的产物。

但是时间对象一旦被构成，那么第二感性法则就发生作用了。

因此当我没有实际地及真正地构成一时间事件时，一元产生行为和消退行为的元过程也对我的把握产生一种刺激，并通过产生过程中在一时间事件意义上实行一统一性统握，但后者只是其后才被插入该过程中的。我重新历经该过程，此过程在再产生中不断更新，以再产生方式实行着（即使不是作为再忆）元现在化功能及准现在化的过去统握功能，如此等等。这正是一插入过程中的时间意识之成就。另外，时间统握 *249*

"被激发"，我是在实际实行统握之前将此过程统觉为时间事件的，正如我只是在一单设定的〔monothetischen〕总视〔Überschauen〕中把握到其本身一样。

于是人们也将不再说，关于完全在视域之外的背景物话语意味着，在属于它的、作为侧显的感觉材料之变化中，相应的空间对象的统握被本然地实行着，而且物统一体被本然地直观到。另外，相关的统觉是我们的旧获得物，一种朝向它的目光即已足够，而且对象的统一体直接存在"那里"，统握被实行，而且如果现在感觉材料在流逝，那么它们立即是再现性的诸侧显，而且一统一体（同一性）意识贯穿着作为物对象的全部统握。

是否应当在如下意义上同意说消退行为，即在声音响动中实际的消退或余响在时间意识中充作"再现者"？

反之，也许并非如此，在经验中一声音在其从一时段的实际延存中存在，或者更经常地存在于一时段中，此时段由一相对高的强度所充实，当声音突然终止时，与该强度联系着的是趋于 0 的强度之连续性递减？但是两种事件都被实际感觉为（印象的）现在的。如果我当下感觉到余响，我实际听到它，而且它不是充作时间再现者，在其中或通过它我并未原初地相关于该过去的特别清晰的声音，如果我握持着此最初的声音的话，虽然像在一延存者的继续中或变化中那样可构成一向后的关涉性。当然，最初时段的声音对于我们具有声音之优越性，它是客观的并具有其客观的意义，尽管在消退中，其余响仍被统握为一序列事件。然而在声音的"完全消退"中，人们不可能使延存意识相关于在先时相的先前充分响动之余响，后者是与每一时相的充分响动一起被构成的。

因此谈论每一当下的现在再现者连续体以及谈论此再现者之统握连续体是否是错误的呢？想象材料，再产生者，是不再存在的（此外，对此问题我们已常常遭遇类似的困难），因为在再产生中我们具有同样的关于新来者的问题：被再产生的声音或声音串列在时间中"类似地"重新出现和"类似地"消失等。另外，我们仍然具有短小的时间段，在其中我们只能说，刚刚曾存在者"仍然"是直观地现在的，仍然没有从直观中消失，只不过它不再正好是当下的，而是刚刚过去的，但仍然滞留于意识中。这正是消退比喻所要标志者。然而它只应是一比喻，如人们所说，一并非无疑的比喻。如果我没有弄错，那么一钟声的余响可能仍然是足够清晰的，当钟声已经长时间消失于直接过去意识的清晰域时。这是一再可被证实的！因为我不大相信自己会一再倾向于采取另一种观点。感性材料存在于当下，而且此当下存在者在"消退着"，而且在新的当下中的每一存在者亦然。此消退当然根本不会被理解为一事后效果（如同经常发生的那样），理解为一种作为事后效果的、"感觉现在"之较弱延长的连接现象。后者是一种偶然的现象，前者是必然的，而且以同样的方式相关于每一体验因素，因此也相关于现在统握（或知觉统握）或作为行为的自把握。如果人们说，这是每一体验因素的一特殊一般的变样化，那么这或许会是正确的，但描述对此加以否定。如果人们在早先时期的心理学中说"时间记号"，那么此表达也非充分适用。人们能够保持者只是相关于一种变样化，它使得时间意识、时间统觉（事件和时间对象统觉）、时间对象知觉成为可能。但是人们在此始终可将变样化理解为一在任何现在中显示的再现者（甚至理解为现在的再现者）以及类比于一再产生的变样化。

251

　　自我的元生命之后为其原初性的生命流，后者不是一统觉流、知觉流、体验流，体验已经必然具有"关于……的意识"之特征。"知觉"的本质不在于具有各种不同样式的注意性，虽然被称作知觉的体验在其本质中始终被保持着，而是在于知觉是"关于……的意识"，而且本身具有其意向性客体，更准确地说，此客体被意识作活生生的现在。在知觉的诸样式中，应当作为原初性知觉被指出者是注意性知觉，原初性的把握者。与其对立的是次级注意性的第二知觉，被变样者，而且背景知觉也是原初性的第一知觉之注意的变样化。但自我的生命流不是一现在的、活生生赋予意识的行为之背景客体。它是同时及相继的存在者，是存在的过程，是带有元时间的共存性及相继性的元时间存在流。它是如此的，但只是由于一客观化才被意识，此客观化是自我在"把握性的"以及因此统觉性的行为中实行的。此统觉，原初性的时间统觉，一般来说是一切统觉中的最原初者。一切其他统觉都以其为前提。关于原初性的时间流的一切认知都以其知觉为前提，或者，一原初性的事件的一切认知都以对其知觉为前提，而且在此知觉中，事件就是对它而言的事件，是作为它的客体被实际构成的。知觉甚至再次是一自我生命之过程，甚至再次是可知觉的，如此以至无穷。但是，作为确立知觉之一纯潜力（知觉，按其作为生命事件之本质，是连续体，是过程），这永远不会引起其他的困难。

当然，并不存在对于已流逝事件的真实知觉，而是只可能对其有一再忆，它本身在"再产生"的意识中具有一再知觉特性。人们能够对一延存性的对象进行二次知觉，只要它在原初的和重复的知觉的两时段中可被假定为相同的，因此假定为一连续贯穿中的知觉。因此人们在此假定着先前时间段中对象的（清晰的或晦暗的）再忆以及穿越时间段的延存意识，在此时间段中对象未被知觉。其时间所共同从属的一时间对象，不可能两度被知觉，而是只可能在再产生的、再忆的变样化中被知觉。它仍然一次地流逝着，但不是"真实地"而是在变样化中流逝着。在此，再忆是现在事件，它能够被重复。我于是具有重复的行为，它们本身被相继地意识到，而且在再忆中被意识为相同者。在一任何当下的横向系列中（或者连续地在带有不断更新的横向系列的序列中）我发现了带有其对象的再忆之持存，而且"同一化"，"相符化"，将它们横向地结合起来（连续地贯穿着该横向系列）。如果我注意着一刚刚曾存在者，它仍然在意识场中（虽然如我们假定的，作为刚刚曾存在者未被意识着），"在意识场中存在者"只不过意味着仍然在活跃中的过程之一片断的"消退者"——而现在我对其注意着。现在在此，我在一过去再现作用意义上"统握"着该消退变样化过程，有如作为在一过程中的彗星尾似的变样化过程，此过程自未变样的时相起即被我客观化为现在的了。

但这是如何可能的呢？并不存在一种知觉统握和把握，后者按照同一速率和同一必然性连同其"内容"被变样化，即这样一种变样化，它应当是"过去意识"。为什么因此我不把消退统握为"躯体性因素"〔Leibhaftiges〕呢？一种转义的〔übertragene〕统觉是可理解的，因为只有消退变样化才具有一充分特殊的习性；而且这应当意味着，没有任何新的感觉材料是可能的，后者相当于一被变样的材料。属于变样化领域者自身已经被标志以一特殊的特性。当然，连续性变样化习性并不足够，因为在存于最初目光中的变样化之前无任何被给予者，而且我们还没有任何有助益的时间意识，其出现应当首先加以阐明。在此方式中并不存在任何困难，如果人们应当赋予此元时间的变样化以这样的特性的话。我们在此也可引入再忆，就是说，就像正在消失的过程激发我们的注意一样，它也对于过程的一再流逝起着刺激再忆的作用，而且在目光朝向和把握中当然发生着时间对象的统觉。

然而人们也可以说，此渐渐消失者〔Verklingende〕那时只是在对注意力进行刺激，如果在背景处已经插入一对象的统觉的话，正如我将事后注意到钟声（例如我的注意力曾被我对于一图像之强烈兴趣所俘获，此兴趣之后充分饱和，以至于不再起到足够强的阻碍作用了），此钟声于是在背景处被统握到，并能够现在对我具有重要性。

我如何能够知道，此元体验过程发生着而无伴随的统握呢？我能够知觉到它吗？一当我朝向一"新的"内容、一时间上未变样的内容时，我就具有了最初的时间事件。如果我朝向已经被变样者，我就再次具有了时间事件。而且在此我通过知觉统握之助在意向性上给予了时间事件，因此知觉统握在此永远存在着。我如何能够知道，一切生命事件并非已经被统握，而且我在每一注意力朝向中仅只通过已经存在的统握审视，而非重新产生此统握。

自我的生命是一元过程，它存在着，即使对其把握，或者将其作为现象学时间中的事件关联体予以统握，并未同时发生。

因此现象学时间仍然是最终意识体验之形式，因为现象学上被构成的体验的确是在时间知觉中被给予为"客观的"事件时相序列的，而且这就是最终的生命因素。它们是自身现实的，是在元现前化中被给予的，而且自身实际上是一序列。必然与最初材料相结合的"消退"，应当同样是在现象学的知觉中被把握的。 *254*

§3. 对于作为时间客体之元材料及消退构成的疑难性研究（在二相互竞争的模式中）。无限后退的危险

通过消退作用（或事件侧显作用）一事件或一时间对象被呈现，此消退本身是时间对象，时间侧显连续体本身是一时间物，一在现象学时

间中的事件。

如果我们假定，不只是每一原初性材料（此材料构成着现象学时间中的事件）遵从消退作用法则，以及如此的原初性生命是一元过程，而且每一原初性材料和其消退之连续性序列，在一切目光朝向性之前，由于元现前化和元准现前化的相应连续体而必定经受着统握（持存作为构成性的意识之过去），那么不理解的是，消退本身应如何成为时间对象。那些统握使时间对象得以通过消退而被构成，例如一声音材料的消退，此声音感觉被视为事件。但是统握在何处呢？消退本身通过统握应当被意识作对象，消退连续体应被意识作一事件吗？或许人们说：每一消退本身是一当下，它本身在一现在化中被统握，而且此消退之消退（因此对应的元声响之中间性消退）相当于此现在化之消退的再现者，此现在化起着过去意识变样化的作用。因此，我们不需要探讨再现者。它们存在着。到此为止一切正常。但是人们可以说，未解决的困难出现了：所假定的现在化及其变样化仍然也是元意识材料，它们本身应该再次构成一时间序列，并因此对于它们而言也应当假定元现在化和变样化。如此以至无穷①。

相关于这一切的基本思考是：对于最原初性的意识事件及其过程的目光朝向性，必然在时间形式中统握所有这一切，此目光朝向性存在于一单纯的"注意力射线"中，后者已经以此统握为前提并通过统握朝向其意向性对象了。但按照前述理由，此解释可谓是朝向着一种荒谬的无穷倒退。

另外一种避免此荒谬性的可能解释认为：一切原初性的生命材料都是渐渐消退的，自我的元生命是一材料流，这些材料部分上是原始出现的元材料或元材料的消退。而且新来者永远连续地出现并渐渐消失，与过去的材料之消退合一及结合；这一切都发生于所有统握之前。但是现在存在这样的法则：这些原初性的生命之一切材料，无论是元材料还是消退，都是我可把握的，即"作为直接肌体性因素"被把握的，都可把握为原初所与者。此"原初所与者"意味着在对比于另一把握性的意识。

---

① 这当然是不正确的。以前讨论的概念已经接近于给出正确答案了。

此即该原初所与者立即在消退中，并且与此一致地，进行知觉性把握的意识（后者本质上是一持存的意识），将原初所与者之消退把握为此同一客体之再现者，如果我们假定继后的把握没有偏离。此设定是一作为自身现在进行知觉的统握，而且在此设定中对于材料的朝向性〔auf das Datum Gerichtet-Sein〕不含中介性的"再现作用"。注意力射线即自我对对象的朝向，在此并以对象意识为前提①。

自我如无一"关于……的意识"即不可能有朝向行为。如果在此意识中，意识被朝向着而且没有发生任何偏离，即通过另一已经存在的意识实行着自朝向，那么此朝向性就继续于现在意识之消退变样化中，此现在意识完全按照材料和按照现在化行为被变样，以至于现在化行为在其连续的相符性中保持着对同一物之意识。自我朝向于同一物，但它不再是原初现前化了，而是成为持存，后者"穿过"消退朝向同一物。但是在此元材料之消退和现在化意识之消退可能成为主题，因此使其本身通过现在化的统握经受着把握，而且其他的消退现在起着新时间意识的"再现者"作用。此过程可能无限下去，但并不预先假定行为及再现者的无限性。

现在似乎一切困难都已经由此解释而排除了。在此仍然需要研究，如我已经说过的那样，为了达至一事件统一体之构成可能性，应该满足某些条件。事件标志着一相互一致的统一体，而且诸多互无关联的事件可能流逝着。如果现在 E 是一事件，它是在一目光朝向过程基础上被充实地构成的，那么 E 的消退过程和其现在把握之功能形式的消退过程，也满足着一事件的此一构成之条件，满足着这样的事件之条件，我们于是称此事件为：E 的事件侧显过程。因此，为了进行不同的时间客体化，我们任何时候都有可实现的可能性。在一最初的客体化中，我们借助其消退的伴随性过程、伴随性目光朝向以及带有其消退的把握，将元材料的一过程客观化。在一第二次客观化中，我们在进行知觉时将目光投向此侧显连续体，这就是，作为现在设定的对其可能的把握，如此等等。

256

———————

　　① 但是应如何思考此"前提"？因此在这里，把握和统握还不是注意性样式，而仍然只是自我的一种自发性行为。

实际存在者即各个元过程，部分地是感觉及其消退的元过程，之后是自发性功能之元过程，后者在开始后即顺从于元过程法则。例如，如果我运作知觉功能，那么它们就具有元过程形式。如果我朝向它们，那么此朝向性不是一单纯"射线"在朝向该现存者，而是它在朝向一诸功能之系统，这些功能现在原始地发生并原始地构成着该时间事件。与此极其一致的是一切继续的呈现。只是此呈现显示，在此可能的反思序列中并不必须要有无限多的新统握，而是显示，新的统握实际上已经必然包含在旧的统握之中了。然而为了克服此疑难，我们仍然应该对此一切进行彻底思考。

现在，在朝向性和真正构成之前，作为时间事件的一体验之存在意味着什么呢？岂非正是意味着自我在前于客观化的元过程基础上（或在再忆中）运作自发性功能的此一观念上的可能性。

Nr. 13　通过证明时间构成性意识对自身之持存维的关涉，以防止时间构成中的无限后退

§1. 问题性质扼要重述：内在性时间对象及其所与性方式的变化

一内在性的材料在现象学时间中延存，它开始着，它充实着一时间 段，并消失着。这就是客观的元存在内容〔Urbestand〕。

在时间段内部，应当在事件知觉中区分出开始的知觉，按此知觉，开始点是在现在方式中被给予的。此知觉是一过程，在其中一不断更新的时间点在现在样式中被连续地意识到，而且过去时相的意识是与事件点 E_k 一同在现在样式中被给予的，其实这也正是在过去样式中被给予的。过去者 $E_{k-1}\dots E_0$ 现在存在于过去者的所与性方式中。我们确实有一元现在点，即 E_k，它是"在出现中"被给予的，而且与此一致地存在一第二现在性连续体，它是在"过去"样式中的诸先前的 E。此过去样式对于一切 E 都是另一样式。而且现在此 E 的每一个过去意识都"恒定地""变化着"，或者此 E 的所与性方式恒定地变化着（只要一般来说它"始终"被给予）；一不断更新的 E_{k+1}，从元所与性方式开始进入不断更新的、变化了的曾经存在性，它与 E_k 相关的所与性方式的此一变化一致地、不断更新地出现，以便在元所与性方式中直接进入此所与性方式之

变化，如此等等。

因此，如果此描述正确，事件时间点被区分出来，例如 E_k 本身及其所与性方式，后者有时是元现在性的所与性方式，有时是在任何变化层阶上"刚刚过去"形式中的现在性的所与性方式（持存之形式，仍然现在之形式）。如果我们称事件是一当下存在者，那么此事件中只有一个事件点在严格意义上是当下的（即元现在的），一切其他事件点或者还不是现在的，而是不确定地前意识的（将到来的），或者是在持存方式中的仍然为现在的。

如果我们现在谈到 E_k 的所与性方式，那么我们是在实行着对时间对象样态的反思，或者实行着对知觉的意识的反思。意识是对 E_k 的意识；或者 E_k 是在知觉的主体中，而事件 E_0-E_n 是在连续的知觉过程中，在连续的"体验"中被意识的[1]，而且此反思对我们指出变化的特殊性，对我们指出任何事件点如何以永远更新的方式被意识到，对我们指出我们如何能够按照其特殊内容思考现在的体验：一现在的体验时相被称作 E_k 的意识。例如，在向同一 E_k 的不断更新的意识的过渡变化中，我们发现了相符性连续统一体，即"同一个" E_k。另外，我们在此体验中没有发现 E_k "本身"，即原始者，作为元现在者，而是在现在的意识中我们发现了一侧显，一"余响"，我们"穿越"此余响，以不断更新的方式意指着此 E_k。而且我们在此区分出了"侧显内容"本身和"统握"，即"使活跃化"〔Beseelung〕，后者在侧显变化中形成了同一者之意识统一体，而且在反思变化中相关于同一物〔dasselbe〕时，反思有时注意于整一性〔Eine〕，有时注意于展现〔Darstellung〕之复多性，此同一物正是被给予为变化着的展现，即同一物的过去展现，或者说，在不同的所与性方式中的同一者。完全如此，正像同一空间平面被给予为同一物，而且另外，永远一再以其他的方式通过侧显呈现自身，这些侧显，我们可按其内容（即使其成为对象）对其注意，而且由于使其激活的统握（此统握使我们指涉着该"综合的"关联体），它们就是"关于"同一物的侧显。

以上所述一切仅只是概要。这些概要可使我们十分清晰地深入相关

---

[1] 因此一事件的原初性体验＝知觉。

事态中。我们从中还可能发现什么难解之处吗？

§2. 反对无限后退：构成事件时相的体验其本身
不也是被构成的吗？

我们从所假定的事件、现象学时间中的所知觉者、延存的感觉材料，返归于"构成着"它们的意识体验关联体。我们所看见者，并不是被发明者，我们看见了此体验，我们知觉到它。而且在这里，对于事件时相，我们具有关于元给予的体验之连续序列；它们按照序列方式出现于绝对的自身性〔Selbstheit〕中，以便随着此出现迅即失去其作为元所与性的绝对自身性。而且我们在作为过去的所与性方式类型的第二现在性中具有此元所与性的、元现在出现的事件点的变样化系列。我们从"体验"观点，从"意识"观点，观察一连续的产生行为、消失行为或自变化行为。我们具有相继性和并存性。第二现在性（过去体验之现在性）与第一现在性并存，此第一现在性即新出现的"事件当下性"。从意识观点看，因此我们具有一带有涌现和消失的元过程，而且我们使用的一切词语都似乎是具有一时间意义的。构成性的体验本身不是存在于现象学时间中的，因此它们不再需要构成性的体验，那么这将如此无限地下去吗①？每一先验性 *261*
体验都是现象学时间内的事件，它显示为存于先验性反思中者②。

在一阶先验性反思中我们具有第一层阶事件，其图示中的构成呈现为：

$$
\begin{array}{l|l}
C_0 & E_0 \\
C_1 & E_1 \quad V^1(E_0) \\
C_2 & E_2 \quad V^1(E_1) V^2(E_0) \\
C_3 & E_3 \quad V^1(E_2) V^2(E_1) V^3(E_0)
\end{array}
$$

————————

① （根据"α"）节详细论述的反对意见（＝本书 Nr. 12）并应加以明确拒绝者：此设问并不恰当。我们仍然有先验性事件的知觉出发点，而且我们在知觉中描述了所与性方式，此知觉是一过程，知觉本身存在于其中。在何种程度上"它需要构成性的事件呢"？自然是当我们应该知觉到它时，我们必须如此做以便进行反思。但是我们应该反思，因此不应该对其有任何知觉，这就是我们不应该具有以类似方式给予的意识，如一再忆之准知觉。

② 但是并非一切先验性体验都是"被构成的"、被意识的、被知觉的事件。

但从此图式可看到，一方面其中不仅是构成了连续的时间段（具体时间段，因此在时间段的延伸中的具体事件）E_0-E_n，而且也看到，第二超越性层阶的构成性的第二层阶事件序列，某种意义上是作为先验性时间中的被构成者被给予的。

如果我们用 $C_0 C_1 C_2 \ldots$ 此系列来标示第一层阶事件系列的先验性构成的意识，那么以下所述即一目了然：如果 C_0 过渡为 C_1，即如果 E_0 过渡到 $E_1 V^1(E_0)$，那么当后者出现时，我们就由于 $V^1(E_0)$ 而意识到过去的 C_0，或者同样，我们将 E_0 意识为刚刚过去者。于是如果 C_1 过渡为 C_2，因此 $E_1 V^1(E_0)$ 过渡到 $E_2 V^1(E_1) V^2(E_0)$，那么我们就在后者中意识到 $E_1 V^1(E_0)$ 的刚刚过去者 $= V^1(E_1) V^2(E_0)$，在 C_2 中所形成的全部过去成分。同样，如果 C_2 过渡到 C_3，或者同样，这意味着，$E_2 V^1(E_1) V^2(E_0)$ 过渡到 $E_3 V^1(E_2) V^2(E_1) V^3(E_0)$，那么前者 C_2 的过去意识就再次存在于后者 C_3 之中，因为 C_2 的变化产生了：$V^1(E_2) V^2(E_1) V^3(E_0)$。

因此，正如系列 $E_0 E_1 \ldots$ 在知觉上被意识为现象学事件段，因为 E_0 的过去意识与 E_1 一起出现，E_1 的过去意识和 E_0 的较高阶的被变样的过去意识也与 E_2 一起出现，如此等等。我认为，完全同样的，构成着 E 系列的意识系列在知觉上（即肌体性具体地）被意识为连续的系列，被意识为时间段，因为先是出现了 $C_0 = E_0$，之后是 $C_1 = E_1 V^1(E_0)$，而且由于向量 $V^1(E_0) C_0$ 被意识为过去的，之后是 C_2，并由于其向量 $V^1(E_1) V^2(E_0) = V^1(E_1) V^1(E_0) = V^1(C_1) C_1$ 而被意识为过去的，如此等等。因此我们绝不致陷入无限后退。

事件 E 和 E 的构成事件，在不同的反思方向上，在此带有其元产生行为和元消失行为的唯一最终的先验性过程中被意识到。此图式充分指出了这是如何成为可能的。

§3. 先验性反思的两种方向：朝向构成性时流的流动和朝向被构成事件之序列

然而应该注意区别以下二者：一者是流逝的构成性体验本身之流动，

不论是否产生关注、把握、对此事件的注意力朝向；另一者是这样的体验，它是以更复杂的方式形成的，即通过与注意性的、把握事件的反思之缠结或通过它们的变样化（注意性的变样化）而形成的。

如果我们实行 E 的一现象学的知觉（一注意性的把握行为），那么自我的把握性射线就连续地朝向 $E_0 E_1 E_2 \ldots$，在此过程中一被把握者，就是穿越沉入过去之一切变样化而始终被把握着。因此，出现的 E_0 刺激着兴趣（或者兴趣已经由于一预存以及通过此贯穿性的"注意力"而触及它），此兴趣朝向对其迎对而来的 E_1，而它作为第二次关注继续朝向 E_0，自然是穿越过 $V^1(E_0)$。于是在下一阶段新的 E_3 具有了第一次关注，于是第二次关注通过 $V^1(E_2)$ 朝向着 E_2，以及第三次关注通过 $V^2(E_1)$ 朝向着 E_1，最后，继续在减弱着的关注通过 $V^3(E_0)$ 朝向着 E_0。

我在此谈到第一次、第二次等等的关注性把握。在这里这当然始终只是一种"谈话方式"而已。这关系到把握和"被把握性"〔Griffigsein〕中的程度性问题，关系到对新来者的最初的、最牢固的握紧〔Zugreifen〕度问题，以及关系到对被变样的被意识因素之把握状态之连续变弱化问题——但在此注意力仍然还是注意力。这些 E_k 在不断远去，它们越来越溜出了把握，此把握行为具有越来越少的被把握者，后者消失于晦暗和虚空中。而且这不仅是相关于内容的充实性，而且，如人们或许也应说的，也相关于注意力样式本身（现在，当最初的注意力连续地朝向着新来者时，问题正是相关于一种样式）。

如果我们现在过渡到一其他的、任何时候都可能的注意性反思，即第二阶的先验层面上的关注性知觉，如果我们过渡到先验构成性的流动本身（作为事件）的把握，那么此注意性结构现在显然就改变了。现在在位置 1 上的注意性把握不是通过 V 变样化朝向 E_1 和 E_2（或者说"$E_1 \ldots E_0$ 连续体"），而是朝向 E_1 和朝向 E_0（或 $E_1 \ldots E_0$）的连续相连接的 V 变样化。而且在每一步骤上均如此。而且现在该横向系列通过其变样化被维持着，虽然在每一新的位置上目光都朝向此系列。因此反过来，我们有以下的反思图式，在其中反思的注意行为以连接线来表示。

反思图式 1：

263

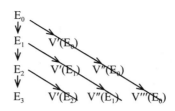

264   在每一位置上，对于新的 E_k 我们有一偏好的兴趣以及一向右阶层改变的兴趣。一度被注意者"仍然"始终在关注中，但在此自行减弱着，除非被特意地维持着，而尽管如此，它必然向右弱化着。

反思图式 2：

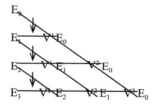

在下一页再进一步讨论①。

对于第二个图形，也要讨论此斜线。

图表 3：

$$E_0$$
$$E_1 \quad V^1(E_0)$$
$$E_2 \quad V^1(E_1) \quad V^2(E_0)$$
$$E_3 \quad V^1(E_2) \quad V^2(E_2) \quad V^3(E_0)$$

虽然事件进行着，选择性的注意力朝向一时相（或一时间系列成员），例如，一次钟声。如朝向 E_0。之后只应标示相关的斜线，它贯穿着全部 $V^k(E_0)$。也许两次钟声可能被共同把握到（两条线）。

现在反思性意识看起来如何呢？在此意识中反思朝向元意识，后者是构成着最初现象学的事件者？这是一较高层阶的反思，只要现象学事件 E 已经在一反思中，即在一先验性还原中被给予。我们如何实行较高阶的先验性反思呢？当我们从第一种朝向 E 的态度过渡到朝向 C（E）的

---

① 参见本书第 264 页，第 16 行及以下。——编者注

态度时，一方面把握性的射线仍然应该按照系列穿越① $E_0E_1E_2E_3$，因此 　　265
永远与新来者相对，而另一方面旧存者在此应当也被保持着，因为我们
要把握住图式系列的刚被标示的顺序。而且在每一系列中都图示出相关
的 E_k，而且当我们在一系列中时，在被意向地意识到的和应被注意的在
先的系列中时，过去的 E_k 以及在如此回溯时在每一先前系列中属于 E_k
者出现着，并应被保持着。

因此，在反思图式 1 中以改变的方式存在的注意功能和把握功能，
应当彻底地起着作用。另外，（较高层阶的）新的先验的反思性目光转向
每一层阶的"V-变样化"，以便能够将整个系列把握为系列。因此，例如，
在此简单的第一反思中，在用指数 2 以符号标示的层阶上，我具有一对新
出现的 E 时相 E_2 的最初的注意性把握，即 E_1 的某一弱化了的"仍然被保
持者"〔Noch-Festhalten〕，而当注意性目光穿越过 $V^1(E_1)$ 时，E_0 通过
$V^2(E_0)$ 成为一更为弱化的被保持者。而且这当然应被理解为三个成员的连
续体，而非被理解为三个成员的离散的系列。此连续体（横向连续体）在
层阶变化的把握中是一整体，如果现在我反思，那么目光就朝向此连续体，
后者，作为整体，在一关注性把握的射线中达至把握。诸连续体之统一体
是统一体，它是纯然通过事件所与性方式的本质本身被确立的。构成一事
件之时相者，必然是一瞬间的现在。但它因此并非是通过一对象化的把握
而成为"一体"〔Eines〕的。它是被并入的。因此在第一图式中我们有：　　266

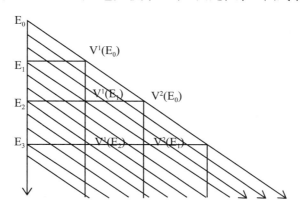

斜线方向：通过 V 注意力朝向同一 E_k。注意力在预存维朝向新来者。

而且更深的先验性反思于是朝向横线并同时穿越它们，在其中每一横线在下面都有其过去变样化，而且通过此变样化始终被把握着。因此我们在此有一注意力的，以及包含其中的反思性把握的、显著的多维性现象。我们仍然须注意：为何在此反思朝向横向系列，这是 E 的所与性方式的横向系列，而非（例如）"行为"的横向系列。

§4. 构成性意识的功能性元过程统一性及其在事后性反思中的双重化。第一阶与第二阶的被构成的内在性时间对象

以下提出的问题是：根据现象学时间（在其中构成性的系列被构成时间段）的观点，如何看待第一现象学时间（在其中一超越的事件被构成一被充实的时间段）？

在第一种反思性态度中我们有时段的事件 E，或许还有同时间的第二个 E'、第三个 E''，之后也有一相继性、诸同时间的事件的部分重叠性，如此等等。例如，一声音感觉材料，同时有一颜色表现，如此等等。

如果我们进行深一步的反思，并采取构成性的所与性方式序列，那么我们将提出问题：构成性的事件是否在同一意义上与被构成的事件是同时的，如同后者与一第二个被构成的事件是同时的？这是某种特殊的和困难的问题。在构成性的体验流中的序列和在被构成的流动中的序列，在被构成的序列中是同时间的序列吗？正如通常那样，两个（被构成的）序列是同时间地流逝着的吗？

我们可以在划分性的注意力中将两个"现象学上客观的"序列共同包含在内。于是该图示本质上是相同的，除了我们用某（$E' \cdot E''$）取代 E_0，而且每一 E 都属于一特殊的事件（对此尚需相关条件）。但此处情况并非如此，因为客观事件和构成性的事件是在同一构成性中被构成的。作为序列的过程性的序列，是特殊地包含着过程性的序列本身。对此不易给予回答。但是人们或许应该说，此同时性的意义不同于一客观的同时性具有的意义，而且实际上现象学时间，当它容许两种态度时，在此意义上是一种时间，但也应该说它是一双重性时间，只要一客观的事

件系列被构成以及之后构成本身在对自身反思时应当再次必然被呈现为一系列，并呈现为一时间序列，尽管存在此本质缠结，后者仍然不能被称作相同的。

　　进一步思考：先验性的元生命是一元意识流，一永远的（不中断的）出现和消失，在此过程中"消失"是出现之一种被变样化行为。此出现作为意识生命的元产生，即元印象的元出现和第二印象的元出现，后者自身具有元印象的变样化特性。但是后者，此自身的特征性，意味着：在元过程中，与每一元印象相连接的是作为其元序列的一（作为刚刚过去者的）"元受感者"〔Urimprimierten〕的一"再产生的"① 意识，而且此"再产生的"意识是印象，只要它是在印象方式中的再产生〔Re-produktion〕之原始出现，这相当于现在的再产生意识，后者带有"被再产生者"〔Reproduktiven〕本身之现在。此"再产生"经受着同样的变化，如此等等，在其中不同层阶的再产生序列与不断更新出现的元印象序列相互缠结。这样以至于不同层阶的第二印象之一连续体与一其后的元印象相结合。一切共同产生的元印象融合为一统一体，一元印象性之元连续体或一任何生命现在之连续体。其诺耶玛的一切内容，对应地融合为一印象物的连续体或现在物本身的连续体。

　　但与此相关的还有以下情况，在从一时相过渡到新时相时，一连续的意识统一体穿越着该相应的再产生的变样化，相同物的变样化或诺耶玛的被变样者的变样化；而且同样也相关于，在从横系列向横系列过渡时，一意识统一体穿越着诸系列之序列，只要新的系列（直至其元印象诸成分）是旧的系列之变样化。在由再忆再产生的事件构成系统之重复的过程中，我们于是可以通过适当的反思（在反思中完成的自我对意识连续变化中的同一意识之自朝向）将自身性〔Selbigkeit〕带入把握性的意识，而且另一方面将诸系列本身，将连贯的诸变化带入把握性的意识。如此等等。因此在这一切之中存在着元生命的元本质特殊性，在其中构成着现象学时间的体验复多体，构成着诸相继和并存的现象学的时间性事件的恒定多元体，在该复多体中于是一"超越意识的"客体统一体可

268

---

　　①　为什么要用此不适当的词语"再产生的"？

269　能再次被构成，如同空间物统一体、动物复多体等一样。

　　　因此属于意识之元特殊性者（意识作为最原初的自我生命，在其中作为现象学时间统一体的超越性体验被构成，对此问题在《观念1》中仅只提及过）为：1）一方面，有联结体、意识统一体之形成，它在图式中显示为一连续性系列统一体。这是元同时性中之统一体，在其中一事件序列在瞬间当下中被意识。2）另一方面，属于意识之元特殊性者为这样的意识统一体，它在连续的元序列中，在原初的相继性序列中起着支配作用，而且它穿越过该序列，一致性"持存地"保持着在诸横系列之序列中被意识的相继性。在此序列中的此同一化〔Identifikation〕是永远被假定的。在此序列之体验过程中，我们通过反思本身确信此作为一连续同一化〔Identifizierung〕序列之存在。

　　　但是，就反思而言，它是新的事件，诺耶斯射线，它起于自我，以不同方式，沿反思的不同方向和强度穿越元生命材料，对此我们通过新的反思确信之。自然，我们通过再忆和再忆中之反思，也即通过与一事件构成性的意识之再忆与我们可能自由实行的变化之比较，在对后者的一完全把握中，在一自身采取反思的意识中，去把握无反思的意识和在反思中被变化的意识之间的区别。因此这再次相关于再忆之现象学的必然性。

270　## 附录 XI　扼要重述以及在时间构成中的无限后退之可能性。元过程的时间性问题（相关于 Nr. 13）

　　　我们实际描述了什么？我们描述了一事件，它作为该事件时段内流逝中的事件点之一连续体。我们跟随着事件进程，我们在时间流中共同流动，我们描述：一不断更新的事件点出现，一不断更新的事件之当下，新的事件之现在。我们在反思中描述：每一"出现的"当下，每一出现的事件点，与下一事件点的新出现相互一致地沉入过去。我们描述：每一新来者"消退着"，此消退再次消退着，如此等等。我们将消退描述为现在物，它与新出现的事件点之元现在相连接，此新出现的事件点本身不是消退。我们描述了新消退之成为过去以及此已经被意识作过去的现在物之消退：它们在过去的消退中，在更过去的消退等等中变化着。我们在此发现了不同的反思方向。而且此描述确实假定着：只要这是本质描述，并应在每一事件中和一般来说在同一事件中可实行，我们就重复地呈现着同一事件，我们能够在再忆中认定为同一事件者，它带有相同的内容和相同的时间段。因此再忆对于确立本质起着一种作用，而且如果我们（如所应当的那样）进行再忆时，那么就再次需要再忆，以便能够思考不同的再忆，并另一方面思考同一个再忆，并能通过不同可能的、相关于同一再忆之反思，来确立其本质。

但是我们现在先不考虑再忆，稍后再讨论它。让我们聚焦于以下事实：我们想描述时间意识，构成着时间的意识，构成着事件段的意识。事件所与性的诸样式，在其作为元现在和过去之所与性方式变化中的同一事件时间点的诸再现者（诸侧显），此再现者的变化，贯穿此变化的因此继续延伸着的同一化设定统一体，对自变化者的统握，正是作为"关于……的变换"，对此变换的再次统握，以及因此每一变换的统握，后一变换则是作为"在先当下点"的连续中间性的变换——所有这些仍然再次假定着，时间形式是否正如出现、消失、自变化等词语似乎显示的那样呢？

但问题在于，在何种意义上情况如是。我们曾说过，意识的元法则 *271* 是，每一体验事件都是在元出现和元消失中被构成的，在其中一元延存被构成延存着的时间点，或者被构成延存着的时间段，以及被构成消退之续延着的形式，如此等等。我们在时间意识中所把握的一切，因此都应落入时间统握。因此，我们直观作时间构成物者，本身应该是一时间上的被构成者。而如此一来似乎就陷入了无限的倒退。

侧显本身只是意识之内含〔Gehalte〕，此意识赋予诸内含以侧显特性，正如元侧显（在其中元现在的存在被意识到）本身，只是作为元现在之意识的内涵一样。在元出现中我们有一元材料之出现：这就是，内容 E_0 的元现在被意识着，或者此内容被意识作当下新出现者，而且意识在此内容中发现了自身，而不是通过内容发现了另一自身。而且连续地出现了 $E_1 E_2 \cdots$。我们是否不如说，出现的不是 E_0 的元意识，之后是 $E_1 \cdots$ 的元意识？于是 U（E）本身又是一时间的事件 E^u，或者是一时相之时间

连续体 $U_k(E_k) = E_k{}^u$，并通过一处于背后的意识 $U_k{}^u(E_k)$ 而产生。于是我们遇到了无限的倒退。

$U_0(E_0)$ 变为 $V(E_0)$，后者又变为 $V(V(E_0))$ … 。于是 $V(E_0)$ 仍然是一新的事件点，它肯定是一现在物，而且我们应该写 $U(V(E_0))$，此 U 变化为 $U(V(V))$，如此等等。但这又是一事件系列，而且我们再次遭遇一无限的倒退，遭遇多重性的无限倒退。

1）如果一元材料（例如一声音材料）新出现，那么此元材料的意识并不是在同一意义上新出现的，它不再是一元材料，后者也不再要求一新意识，因此要求一新的元材料，如此以至无限。

2）如果 E_0E_1 … 出现于元现在中，那么这仍然不是事件 E_0-E_k 的意识。其含义是：$V(E_0)$ 在原初性的序列中，与新的现前者 E_1 一致地均是现前的，如此等等。

意识的元序列在此双重产生中构成着事件。此双重产生为：1）一再更新的 E_k 之作为现在者的"出现"之产生，以及 2）事后产生的过去变样化序列之产生。在何种程度上其本身是事件呢？对此可参见图式。

272 附录Ⅻ　无限后退问题的其他解决尝试：时间对象的意识与此意识之"知觉"是必然相互结合的（相关于 Nr. 13）

在 β_1 中于此所描述者为何？回答列于下句中[①]："我知觉着现象学时间的一事件"，于是我反思着并描述着此事件的、此被充实的现象学时间段的所与性方式。

现象学时间的事件＝ 此客观性层阶的一先验性体验，该客观性层阶正是在现象学时间中有其形式的。

这样一种体验，这样一种先验的"客体"，具有其原初的所与性方式，或者同样，具有其知觉：因此只是在其中它才被实际给予。而且每一这样的知觉本身都再次是一先验的事件，因此其本身再次（人们可能说）实际上只是在第二层阶的、一反思的先验性知觉中被给予的，此反

---

① β_1 及以下的附录（本书 Nr. 13 的文本）是根据观点 α（本书 Nr. 12 的文本）论述的。

思朝向知觉，并将其原初地构成事件，如此以至无穷。

如果我们现在认为我们仍然可合法地这样说，主体在先验性层次上知觉的同一体验也是存在的，也是流逝着的，不论它们是否被同一主体所知觉，那么在此就似乎出现了无穷地倒退，即只要人们最初认为，事件，作为主体的未被知觉的体验，在现象学时间中的事件，只有在如下情况下才应与被特殊知觉到的事件相区别：主体有时注视到此事件，有时则否。而且这似乎再次意味着，消退及其统握的构成性过程，在主体的生命领域中于双侧上产生着，只是在一侧上一支注意性射线按照进行方式贯穿着相关意向性行为，而在另一侧上则无。然而实际上在此是否存在着并未解决的困难呢？我们需要统握之无限性吗？

反之，（手稿）页张 α)① 试图指出，作为事件的事件在原初的特殊 *273*
性中仅只出现于和存在于知觉中，统握实际上只是作为知觉统握或至多先前作为再产生的"摹像"而存在。如果我未知觉（首先是事件本身，其次是此事件的知觉连续体之事件等等），那么一切实际上都不存在。

---

① 参见本书 Nr. 12。

从发生学观点看的自我时间性
和质素的时间性

Nr. 14　我的体验流与自我

§1. 还原至原初的无自我的感性之时间性

如果在现象学对意识流的还原中，我思考一切属于我者，一切广义上实在地给予我者（我当下忘记了我自己），那么我就获得了我的"体验流"。更准确说，我获得了一"有生命的"、在此生命性中必然运动的"现在"，即我的主观的现在，它带有其结构："刚刚曾经存在"的与一未来的"元现前"和"视域"。我可闯入此视域，并在"明证性"中把握这样主观的现在连续体，把握一无限过去连续体之连续体，以及一未确定而处于前瞻中的"将到来的"连续体之连续体。如果我注意着诸元现前点，那么它们就形成了一具有一稳定形式（内在性时间的形式）的流动性连续体。如果我现在同时注意着诸完全现在之连续体，那么我发现，属于每一内在性时间点的（换言之，属于每一元现前的，此元现前属于内在性时间，而且在时间形式中被客观化［在重复性的再产生中可同一化的］）是一同样客观化了的完全的现前，后者只是按其元现前点存在于该元现前之内在性时间内的。但同时，时时包括着元现前点的视域，在意向性上"相关于"一内在性时间段。

但是如果我们思考此具生命性的现在连续体（此一连续体是瞬间性的，并不可保持为现实的，而一切其他的连续体都成为曾经存在的），那么如已说过的，它们同时形成了一"客观的"、一不断地可认同的内容，

275 而且我们应当再次说，据此同一性看——每一现在都是一相同者，它在意向性上呈现于一过去之无限系列中——它们都存在于一稳定的内在性时间形式中，后者应该首先区别于先前产生的时间形式，但与其"相互符合"。于是，如果我们已经看见：在此，每一元现前点，都在每一完全现在中规定着一元现前时间之点，而且另外，则是一与其不可分离的视域之焦点，并与此视域一致地再次仅只规定着一个点，一"完全现前时间"之点。

在此我们再次遇到了无限倒退问题（如果我没记错的话，请参见先前的其他论述）。当我对其注视时，如果并非每一完全现前都是一视域之中心，而且只是由于我对其闯入，我仍然具有先前的完全现前之过去序列。

在此我们无须对其深论。无论如何我们有诸多内在性时间秩序，其中必然是第一者为时间存在者之形式，此存在者在其存在内容中并不包含那样一种意向性，通过该意向性，作为时间性的时间存在被构成着。

如果我们也考虑意向性构成的其他方式（这当然也涉及时间之构成），我们获得的必然是另一首要因素：感觉材料的内在性时间——流逝方面〔ablaufenden Aspekte〕的内在性时间系列——现象变化的时间系列——物的时间系列；因此在双重意义上的第一秩序，最根本的秩序，是感觉秩序。

我们沿着我所指出的方向进行现象学还原。为此我们排除了"世界"。

a）我们现在要以充分意识的方式实行一种还原，此类还原我们先前已经实行过但尚未明确加以称述：向"原初的感性〔Sensualität〕"之还原。这就是，如果我们通过现象学还原达到了纯粹主体性"王国"，那就显示出来我们在此应该加以区分的两个概念。还原，这是我们所意念着的，而且它赋予了我们一种先天必然性结构，还原是从自我和一切与自我相关者而来的一种抽象——当然是一纯然的抽象，但也是一重要的抽象。接着我们在此第一内在性的时间秩序中具有感觉材料和感性情感。

276 感性的冲动是对自我的触动，以及自我的被动的受吸引性〔Gezo-gensein〕，同样，"感性的"实现行为〔Realisationen〕、"冲动行为"都是被动的反应行为，不过，是被动性的，在此没有任何东西来自自我，没有任何东西是从自我涌现出来称作行动〔actus〕者的。因此这是属于"刺激"之范围的，是对刺激之反应行为：感应性〔Irritabilität〕。但是我们现在仍然也将其排除，因为它使得自我起着某种作用。这就是，我们将此领域与"完全无自我的"<u>感性倾向</u>加以区分：<u>联想的感性倾向和再产生的感性倾向</u>，由其所规定的视域形成。问题在于了解，原初的时间意识本来如何。被动的意向性。在此，甚至作为触发和反应之极轴的自我，被认为并未在起作用。或者不如说是从其中抽离了。因此我们于是有一"通过抽象"应取出的第一结构，原初感性之被动性的结构。

b）之后我们考虑自我以及自我之极轴化。这就是，产生了作为诸第一新来者，即感应性，触发与反应之王国，它自然以第一层阶为前提。

c）再之后为第三层阶（以前二者为前提），"积极理智"〔intellectus agens〕王国。然而我们应该预先再次区分：自我之参与和醒觉自我之参与。"注意"。自我是注意的，这是说自我对某物是特殊醒觉着的，对其朝向着的，作为自我轴对一意向性轴，对一作为对象的相对轴朝向着，以不同的方式把握着、感受着、欲念着、意念着。

对此我们需要一注意性理论、醒觉性理论，以及在醒觉性、顺应性中的被动性层阶之区分性理论；另外，需要在严格意义上的关于自发性的、特殊自我行为实行的理论。于是在体验流中出现了新的层次，或者我们通过回顾自我轴在其中思考新的层次，此层次自然又具有一内在性时间秩序，即<u>自我体验</u>，它绝不是与未被自我考虑者相分离者（在如下保留条件下，即如果我们认为在某些领域内的特殊研究是必要的话），而是意味着新的结构，但当然也显示了旧结构的变化样式。因为在此由于依存性而存在功能的变化①。

277

---

① 应该清晰地也将存在者〔Ontischen〕作为假定者〔vermeinten〕来讨论，将此被假定的存在者之"内在性的"时间作为这样一种东西来谈论，它本身即主观的，而且产生着一"主观存在的"〔ontisch-subjektive〕时间，后者与感觉材料的时间、与显现方式的时间相互一致，如此等等。我们自然并未通过目视而有真实性质之时间，因此并未通过目视而有具有其充实性的"真实的"存在的时间，而是（例如）当一自然知觉连续体流逝着，被知觉的自然流逝着，作为"假定中的"被知觉的物性本身流逝着，以及属于物性的（如）被知觉的空间、被知觉的图形流逝着，那么被知觉的时间和时间形式就流逝着。

§2. 非对象性的同一存在者和非时间性的自我，作为体验流之功能性极轴（元机制〔Urstand〕）

我们已经试图按此方式为我们构造内在性时间的或内在性"相符"时间秩序的普遍王国。我们似乎因此具有了一切主观的东西——而且在某种意义上我们"具有"它——然而又不再具有它；因为，我们所有者正是存在者、时间物，而并非一切主观的东西都是时间物，都是在如下意义上的个体物，即通过某一一次性时间位置被个体化者。我们首先在体验流中"所没有者"是自我本身，此同一性中心，即极轴，与此极轴相关的是体验流之一切形式，是这样的自我，它受到某种内容之触发，而且接着以某种方式能动地与此内容互动，并以某种方式积极地塑造此内容。当然，我们谈过了这一切，而且在体验流中（在其相符性的及贯穿性的体验流中）为其发现了位置。但是现在在此应研究，自我作为一切体验的同一轴，以及作为一切在体验本身意向性中包含的存在者（例如，作为被假定者的被假定的自然）的意向性轴，是一切时间系列之轴，而且必然是"超越"时间的轴；自我，时间与时间性是为此自我而被构成的，个别单一的对象存在于体验领域的意向性中，但自我本身不是时间性的。因此，在此意义上，它不是"存在者"，而是一切存在者的"相对者"〔Gegenstück〕；不是一对象，而是对于一切对象的"元机制"〔Urstand〕。自我实际上不应称作自我，而且一般来说不应有称谓，因为那样一来它就已经成了对象。它是超出一切可把握者的无名称者，它不是在一切之上的滞留者，不是在一切之上的浮动者或存在者，而是作为把握者、作为评价者等等的"发挥功能者"。

278

而且人们是否不应说：只要我们将自我视作发挥功能者，其经受刺激的行为，其对刺激的反应行为，也不再是真正时间性的，而且其采取立场，其主动行为，更加不再是时间性的，只要这被视为自我中的行为或从自我产生的行为？但是当自我起着作用并积极地关注着、朝向着被构成者，对其介入着，其所接遇的必定是一时间性内容，一"诺耶玛的"或其他某种主体性的内容，一不断更新的、一时间上变化的或相对固持的内容①。而且此内容，作为产生于自我功能者，使反思朝向实行功能的自我，自我现在正好在反思中成为对象，而自我是作为同一的功能中心，是作为对于一切功能成就的施为者。但是，不是对象者何以能够成为对象？何以能够成为可把握者？此非时间者，超越时间者，何以能够被发现其仍然只是作为时间物才被把握？现在，本质上所给予者为，正是这样一种东西出现在并能够一再出现在体验流中，它具有完全不同于通常体验物的生成，后者不仅是作为"某物发生了"被给予并可一再地在产生中被重复，而且作为"我做了某物"，作为"我经受着某物"被给予。或者不妨预先说：带有一刺激特性（刺激，刺激的吸引力）的某物或带有一"形成"特性、"施为"特性的某物被给予，而且它现在指涉着一相关项，指涉着一存在于一新维面内的共同存在者，正是在"我做此""我施为"之处我们遭遇了该极轴，遭遇了一同一者，它本身不是时间性的。

我们将此自我轴与复多性的"对象轴"、意向性的统一体相比较及相对比。每一对象都被构成对它的"意识"的诸复多体之统一体。此一意识词语是多义性的。我们把目光凝聚于"意向性体验"中，后者在其内在性时间中变化时"包含着"相关的对象，作为其意向性统一体。在此我们发现，例如，在一连续的知觉系列中，一假定的对象本身，（如）一持续被看见的、红色的四角平面，在一透视性侧显系列中被给予。而且如果它不再被看见时，那么它可能仍然是相同的，但被"空地"意念着。被假定者在此是实在地在此系列中并包含着其每一时相吗？（人们会回答是的，如同意向性物，如同被假定者。而且如果我们专门注视它，那么我们就有一被假定物本身的时间性连续体［其存在即被感知］。我似乎突然感觉，如果我重复地这样说，似乎"诺耶玛"并不实在地存在于体验中，我就错了。）（此外人们也不能合理地称其为"诺耶斯"。）在此，意向性物，但也有进行意向的体验，都是一时间性对象，因此此对象本身也是"极轴"，而且所有这些极轴都存在于彼此相符的时间系列中，而且所有这些时间系列都在其相符性统一体中形成了全部体验或体验流。

279

———————————

① 这一切仍应多方面加以深思。人们几乎处于可能描述之界限。

如果我们现在思考行动中的自我，并进而将自我行动本身视作体验呢？自我将受到一时间流的触动，此时间流可以说已经对其存在着，而且自我将朝向时间流之内涵，介入于该内涵，而且现在目光的朝向就是行动，在行动中被构成的施为（成就）本身也是体验。

但是，现在我们在作为一被叠加的新时间层次的、从自我产生的体验中，发现了中心点，在此中心点内，于此层次上所实际视为的中心者，即同一的自我。对于一切时间点，对于一切时间对象，此自我都是同一的，时间对象进入了与自我之关系，或者说自我从自身出发与对象"采取了态度"。而且如前面所说：自我首先在"态度方式"〔Verhaltungs-weisen〕上，在"关系方式"上是同一的，此关系方式本身对我们呈现为体验，而且此关系方式之后也能够进入与自我本身的关系中。一切对象确实均能够如此，而且自我意味着它们的关系的中心，只要正好存在着"我能够"之明证性，此明证性对于那些还未进入与自我之关系的对象也存在着。

我在"意识流"的一存在秩序中有一带有与其平行一致时间系列的体验流，分离的"我思"形式的体验流（正如对自我起触动作用的相反体验）。我们实行着再产生，而且在过渡中我们说，被产生的、再次准现前的体验是分离的，但自我与其完全同一。然而仍然存在着在准现前中被意识的一切体验，作为一（过去的）"我思想"。此自我是"存在着的和始终存在着的"自我，它不像体验那样是涌现的和消失的。自我不是一时间上的被延展者，因此它不是在每一时间时相中的不同者，而只是如同一自变中的〔sich Veränderndes〕同一者似的，或者一般来说是在不同的瞬间状态中的同一者，这些状态不断更新着并至多是彼此相似的，是在连续性中的相同者。即使在非连续性中自我也是相同的。但在此人们可以说，体验流是连续性的，而且甚至在自我不出现于触发作用中或不在行动中时，它仍然是连续地存在着的，与体验流不可分离，并只是在穿越体验流时才必然连续延存着。但是延存者在延存之每一时相都有一新内容，而自我在时间中根本没有内容，即无不同者也无相似者，根本不是"直观物"，不是可知觉者、可经验者。只有触发，只有行为，进入时间，它们才具有其内容和其时延，而且在每一时延时相中才有其内容。每一行为都有其行为轴，即自我，自我不仅是数量上的相同者，而且对于为其而存在的时间之一切时间点以及作为其时间内容的体验之时间点而言，自我具有绝对同一的意义：自我是形式上的同一者，某种意义上是一观念上的同一者，它永远按其行为，按其状态在时间中"被定位"，但本身仍然不是真正时间性的。

Nr. 15　纯粹自我之时间关系

§1. 心灵内在性之本质形式。时间的元生成，自我与质素

　　　　一种统一的内部性〔Innerlichkeit〕，如无一般性本质，是不可想象的。现象学还原的态度：返归纯粹体验流及体验之纯粹自我，返归内在性的〔immanente〕存在，其必然的形式是"现象学时间"。但是从此出发还有对构成着原初性、内在性时间对象的意识之返归。

　　　　时间构成性的意识之本质法则性（本质性结构），即一意识生成之本身最初的及最深的法则性，而且同时也是一作为对象之原初性构成的生成之法则性。但是我们也应说：一切在内部性中（在一般内部性中）显示者必定与自我处于对立位置，此自我是作为在其行为方式〔Verhaltungsweisen〕中的主体轴，并通过态度方式相关于一切其他内在性因素，相关于其"环境"。然而如果我们说"内部性"，那么一切均相关于内在性内容，但内部性也相关于构成着它们的意识。首先，内在性时间形式是一切环境对象的形式，同样也是一切"自我行为方式"之形式，作为流入环境的，与它们相关的（或者作为对自我之触发从环境流出的，正是作为触发性的刺激流出的）。自我本身，作为行为方式之主体，作为客体对其存在着的主体，自行构成带有行为方式的时间性。行为方式是反思的对象，它假定着非反思的（感觉的）对象。一切对于自我应当能够直接地或反思地存在者，应该具有时间形式，后者是直接地或反思地为

可把握的形式，而且作为形式实际上是双重性的：非反思的和反思的，两种形式彼此"相符"，而且被构成一切对于自我可把握者之唯一的秩序。 282

——非反思的环境是必要的。——质素是属于非反思的环境的，而且我们可以将作为一无条件的第一必要性称为属于内部性之必然本质形式的质素环境。如无不含此第一客观性内容的内在性时间点，在定性的内在性时间中就没有不含质素性元印象的当下，此元印象之后转化为必要的、构成着质素性时间对象的生命之变样化（持存的及预存的变样化）。与其相关的是其他本质法则。质素性统一体不可能是逐点分离的，这意味着，它们应该被聚集为延存性的时间对象。与之适用者不仅是判断句"不存在空质素的时间段"，而且每一质素都有其性质的内容，而且此内容不可能从时间点到时间点非连续地变化着。非连续性仅可能出现于性质上连续被充实的时间延存之限界上，如此等等。

元生成（作为本质形式），内在性质素对象的构成形式，是一切其他生成之基础，而且一切生成都实行于时间构成性的意识之元形式中，只要一切超质素的印象在自我行为方式旁不只是被构成时间中的内在性材料，而且一般来说一切对于自我而言被构成对象者，必然使其穿过内在性时间范围内的现象。而且同时，一般来说被构成个体者，不可能在环境中被给予为（原始地被经验为、被知觉为）绝对相同者，而是必定被给予为一时间物，而且如果它不是内在性的材料，就必定被给予为一超越性时间物，即存在于一超越性时间内，后者通过内在性时间现象而在相符性中被呈现。呈现性现象的时间必定呈现着被呈现者的时间。

然而我们已经进行得过快了。时间的构成首先通向可直接直观的时间段。但是，时间的构成本身以及充实着它的环境，假定着再产生以及自我的一种如下的自由可能性：自我通过再产生可闯入时间透视域以及在"再"〔Wieder〕形式中将已过去者加以"准"现前化。 283

现在的问题在于固定相关于再产生和联想的本质法则，并进而研究最终相关于形成统觉的本质法则。内部性不仅是带有一纯粹自我的一意识流；当我们已经谈到作为现象之无限的现象之意识流时，我们假定着在基本本质自明性中诸多被明晰固定者。我并非简单地发现意识流似乎即自我之存在，似乎自我是作为纯粹知觉性的自我，是一单纯进行把握的自我，自我在某种意义上在一空的直观中把握着一简单流动中的意识流并自行介入该流动。我们并非发现，一方面为一流动，另一方面为流动之一空的看视，而是流动和流动统一体为一现象序列的意向性统一体，一"现前现象序列"的意向性统一体，它具有其复杂的结构，它在连续变化的意识中被给予；而且"我能够返回"，每一变化段、每一时相、每一现前都再次准现前着，并能再次转换为其他变化，自身为一流动者，在时间形式中流逝着，它具有其现前，如此等等。

目的在于彻底实行〔Herausarbeitung〕内部性或心理性之本质形式（因此即本质必然的发展），在其中按照"可理解的"方式平行展开着一种原初纯粹质素性环境，作为第一内在性时间客体，以及相应最低阶自我，后者成为经验性自我，它与一超越的客观世界相对立，一个世界，它同时是价值世界、善世界、行动世界和一个包括与其相关的、作为躯体性的和心灵性的其他人格性自我的世界。

§2. 纯粹自我和时间。自我作为全时间性个体以及作为第二时间对象

我思之自我有如一质素性材料以及其他对象，是否是一在意识流中被构成的统一体，因此本身为一材料以及一个别性材料呢？一切属于一内部性者都是此内部性自我的现实的和可能的材料。因此，每一内在性对象都与一别具特征的对象自我处于一特殊关系中，而且后者即自身之对象。在一新的我思中的自我相关于旧的我思，而且第二阶的自我可再次于一新的我思中被把握，如此等等。在此，自我成为对象并可把握在一切进入反思目光中的层阶中可被识别为同一者。进行反思的自我只是通过一新的反思成为对象，此新的反思以未被反思的方式具有自我作为主体，而且每一反思，当进入和实行于内在性的时间中时，即在较高阶的反思中成为可见者。

在此，自我作为行动者出现于时间中并积极固存于行动的时间段中。而且被分离的我思之自我显然被识别为同一者，如反思再次显示的那样。

但是反思在时间中发现我思或许是一触发的时间段，一未被把握的对象对自我进行刺激的时间段，因此自我不只是生存于我思中。内在性时间的对象是可觉察的，但未被觉察，它们不是被把握的对象；而且自我在其中过渡到把握行为的朝向性，其本身是一可觉察的过程，后者或许其后被觉察到。每一把握都产生着带有一先前视域的被把握的对象，而且人们在此甚至不断地遭遇未被把握者。自我不是通过其全部内在性时间连续地成为把握性的自我的，而且其本身只要存在着就始终永远是一未被把握者之视域。未被把握者，在其可觉察的、可过渡至把握行为的意义上，是可觉察的，虽然尚非一切未被把握者均可顿时过渡到把握行为，正因如此视域消失了。

"我的脚发冷"一事当下进入我的把握行为中，但是我知觉到此冷感穿越着下一时间段，它坚持地重复着并被把握到，而渐渐地不再持续地被把握到，在变化着的程度上可察觉地，即通过变化着的力道进行着刺激，但未达至触发；对于触发的倾向而言（这种倾向，刺激自我进行转变的此吸力，我在反思中将其本身把握为可察觉者，这不只是单纯的"说话方式"），问题在于，这些倾向是否必然是某种参与着背后基础者。但这些倾向（作为可察觉者）不是也必然连同自身成为新层阶的倾向，如此以至无穷吗？在此这仍然是一个问题。

一切进入与其形式法则相结合的元意识流者，有助于构成一内在性时间，后者被充实以内在性时间对象。一种形式的必然性是，一般来说由对象所充实的内在性时间是被意识的。对象本身，带有其确定内容的这些对象，如此开始着和终止着，它们都是偶然的。但所有这些对象都是对自我而言的对象，都是自我的可把握者或被把握者，此自我不是在与刚提到的一切其他对象同样的意义上成为对象的，而且这些对象，作为在自我之时间流中的个别性材料，被称作偶然的。当然，甚至自我也是对象，只要它能够自行成为对象；甚至自我是自身的实际的和潜在的对象。但是，它仍然是主体，一切其他内在性客体都是为其存在的，而同时它也是为自己存在的客体，在此过程中它自身作为内在性对象存在于内在性时间形式中。作为一切客体的主体，它不具有任何偶然性，而是具有必然性。

285

如前所述，一切属于一纯粹内部性本质或属于一纯粹意识流本质者，都可能在被充实的内在性时间的形式法则范围内变化着，只有自我不如此。它是必然内在性的个别性；如果对象变化着，而且触发行为、朝向行为等变化着，它们都是发自自我或触及自我的，那么只要能够变化者就变化着。一具体内在性及其必然性敞开着这样的变化可能性，此朝向性随之发生，成为一"偶然的"事件，在法则形式内的一个体，因此是偶然的事件。但是，我们虽然可以处处谈及"个别地，因此偶然地"，对自我却不可以。它的自身维持方式不同，但它是必然的个体和唯一者。此外，必然的情况是，存在着一般个体和个别性事件，它们充实着时间。

如果我们返归原初构成性的生命流，那么它具有一本质结构，按此结构，带有偶然的（只受到形式法则的限制）内容感性的元印象出现于一连续的元涌现行为中。与此一致地并对应地，一唯一的元自我属于此生命流，并非像一客观材料似的偶然地出现，而是在此必然地作为自我触发和作为行为方式之数量上唯一的主体轴而出现，它本身也顺从着时间对象的构成法则。于是自我属于被构成的、时间上有开始有终止的行为方式，自我连续地和必然地穿越着全部内在性时间，它是同一者，尽管它能够始终施予刺激并成为时间性朝向的主题。于是内在性存在显现于内在性时间中，并以这样的方式：一偶然"客体"之基本系列充实着此时间，而且与其相关的是另一时间延存的系列，即触发行为、朝向行为、态度采取行为的系列，简言之，自我之行为方式，后者在"永恒的"自我中有其必然的统一体，即全时间的个体，此个体通过此行为方式相关于一切对象，也可相关于其行为方式及其本身，而且其本身存在于时间中，因此本身即时间对象。

但是情况并非是，一般来说一时间对象的特性是在相对于一切其他对象时凸显的，这些其他对象具有非常特殊的特性，而且其中包括对于一切其他时间客体的普遍关系。应该注意，虽然每一内在性"客体"对于主体来说都是直接可知觉的，具有其当下存在之直接可知觉性，并在每一新的当下中具有其如是般的存在，具有如是般在时间中的自行延伸，但自我只是在反思中并在其后才可被把握。作为有生命的自我，它实施着行为并经验着触发，行为和触发本身出现在时间中，并持续地延伸于时间中。但是此出现行为之活生生的源点以及因此活生生的存在点（具有此存在点的自我走向主体关系中的时间物，并自身成为时间物与延存物），原则上并非可直接知觉的。只有在一后来的反思中，而且只是作为时间流中流动者之界限，自我才是可把握的，即被其本身、被作为进行把握的和可原始把握的自我所把握。原初性活生生的自我是一切对象的恒定的及绝对必然的相关项，它存在着，当它被客体所刺激或采取行动朝向于客体，并因此按其本质法则从自身释出新的时间事件系列时，通过此系列它可以使自身自行成为一反思的时间对象。但其存在完全不同于一切其他客体的存在。它正是主体存在，以及如此这般按其自身方式生存于一元生命中，此元生命浮动于一切时间物之上，但它是这样一种生命，它立即进入时间性，并以一种第二位的方式，为作为时间中其体验之主体轴的自我本身，在时间中以及在时间的延存中，获得一位置。

人们或许也可说：自我的每一行为都是一新的内容，而且一切自我行为之间都具有一特殊的统一性，但这些行为并非共同地具有一"内容"。一切行为（以及触发行为），按照与其相关的对象，延伸于时间中（具有其自身的时间形式，但此时间形式与客体对象的时间形式相互一致），这些行为的"同一性点"赋予此主体的一切主体性因素以一种统一性，此统一性不是内容上的统一性，因此不是外延上的统一性，但是通过此统一性，一自我之同样相关于每一时间点的同一性，具有一准时间性的延伸。自我行为具有一外延的存在，它在每一时间点上是一新的时间内容；在行为、状态存在等等中的一切，实际充实着时间者，是某种不断更新的个别的区别物，它们永远都是时时刻刻不同的。但是如此行为的自我是同一的；在内容上，它不是同一的。我们说，自我如此体验着其原初性的生命，以至于它连续地是延伸于时间中的体验，是不断更新的内容之体验，但如此也导致，此给予统一性的同一者，是无内容的，它不是基底〔Substrat〕而是生命的主体，它与客体，与一切异于自我者，处于如此如此般关系中。

288

V

个别化之现象学：有关经验对象、
想象对象以及观念对象的时间性

Nr. 16　时间的流动和个别的对象性存在之构成

§1. 个别性与时间对象同一性（事实与本质）：现在所与者之元现前化与个别性，连续的过去变样化以及同一的时间位置

　　我刚刚想象的"同一"对象，可能也对我出现于经验中，此同一单 289
纯可能的对象（以及如此的每一可能的对象）也可能是现实的对象。反
之，我可以谈及每一现实的对象，它不需要现实地存在着，它只是一种
可能性。

　　"同一对象"，因此意味着该对象本身〔schlechthin〕；因为如果我直
接地〔schlechthin〕谈及一对象，那么我就将其设定为现实的，我意指着
该现实的对象。反之，问题在此以及在一切话语中相关于一可视为同一
的内容，此内容作为"充分的意义"也存在于进行经验的意识中，也即
在其诺耶玛中，而且它在此"现实地"具有经验特性（经验相关项）。它
也存在于相应的想象意识中，作为准进行经验的意识，并在此想象意识
中具有"被想象的"特性（准经验行为之相关项：准现实物）。而且如果
我在改变态度后实行一可能性设定，被想象者本身，那么此如此被设定
者，该可能性，正是此充分意义本身，而且它将可能性称为可能的现实
性，即每一这样的充分意义都显明地是一现实性之"内容"，都可能是在
"现实"特性中的经验对象。

　　以上描述显然构成了一有关"纯观念"〔bloßer Vorstellung〕的概 290

念，即作为单纯被观念呈现者〔Vorgestelltem〕，它是诺耶玛的本质内容〔Wesensbestand〕，它是在一经验设定中的和一准经验设定中的相同者。它不是一纯粹想象的相关项（它本身在一完全不同的意义上称作纯观念），而只是在被知觉者本身之内的，以及在完全平行对应的被想象者本身中的一共同的本质存在〔Wesen〕。

因此，它是任何对象的个别性本质存在，这些对象显然在两侧包含着相同的时间延存和此延存上的时间充实性分布。但时间延存在此是一同一性的本质存在，正如颜色等一样。相同性、类似性以及一般来说相符统一性，将在现实样式中的被设定"对象"（正是具有此现实特性的该本质存在）和在准现实样式中的被设定对象，以及一般来说一切被设定者（不论是在何种样式即变样化中），都统一起来，以至于此直接被结合者〔Verbundene〕正是个别性的本质存在。个别性的本质存在与个别性的本质存在彼此相符一致，或彼此相似，或在对比中彼此凸显出来。

但是，在何种程度上此"个别的本质存在"是一个一般项呢？是通常意义上的一本质吗？它在相符关系中仍然是分离的，而在完全相同的情况下成为统一体——但在此一及彼一体验的诺耶玛内容中的确是一根本性的本质。而且如果我们使诸完全的相同者相对，那么它就自然意味着：一同一的一般项在此处彼处被个别化，作为根本性的现实或作为个别性的可能性。于是，随着每一时间点，颜色在此处彼处被个别化，延存在此处彼处被个别化。

但是我们现在要思考，在两个被经验的对象之间是否也会发生相符性关系，例如我们说，二者在单一现前中被给予，有如对两个对象，其中一个是在一记忆中被给予，而另一个是在一知觉中被给予，虽然二者是共同被给予的。在此二者被经验的时间是不同的，然而它们是"完全相符一致"的。在准经验中也一样，只要我们移动于这样的准经验的一紧密关联的统一体内。反之，如果我们采取直观不是相互关联的，直观不符合一经验或准经验的统一性，那么一者可能是（如）知觉（或准知觉），另一者可能是准记忆，虽然"完全的相符一致性"仍可能发生；但是虽然我们在前一情况中将二相同的时间统握为单一时间内的不同者，并统握为此时间之内的不同的相同时间段，而最终显然可见，对于后一情况不能如此描述。如果我想象自己置身于一记忆中，那么此被记忆者是一过去物，它对立于同一相互关联的想象中的同时被准知觉者；但如果我除此之外将后者与无相互关联性的想象相联系，那么在两个想象中的被想象者将无任何先后关系。

如果我们首先考虑一单一现前的情况，在其内出现着不同个体间的一种相同性。两侧的"完全本质存在"相符一致，时延与时延相符一致。原初性经验的过程，是此一彼一内容的构成过程，此构成是连续进行构建并连续不断地进行设定的（此过程存在于连续的形成中，存在于可变化的所与者的一连续流动中，此所与者是"存在的"并在存在中展开的），在此过程中发生了某一延存者〔Dauernde〕或其延存行为〔Dauern〕及其延存〔Dauer〕，并发生了某一其他延存者。而且这是发生于一漫长过程中的两个位置上的，通过不同的所与性方式，在不同的设定中，如此等等。每一新设定（当下设定）将其内容设定于一新的时间点形式中。这意味着，时间点的个别性差异是经由一所与性样式形成的某一元设立〔Urstiftung〕之相关项，此所与性样式在属于该新的当下的持存之连续变化中，通过一切变化保持着一相同的相关项；与此变化对应的是连续的方向改变，后者作为同一者的所与性方式之变化。

然而在此人们应该要求更清晰的说明。每一闪现着的新的原初性现在都是带有一"内容"的一新的实际"设定"，此内容在（不断更新之现在点生成的）现前化的连续流中，可以坚持其本质同一性，或者也可按其本质而连续变化着。我们假定，它无变化地延存着。在此流动中，此本质同一的内容被意识为连续区分着的，被意识为"新的"、连续不同的，虽然正是"在内容上"被意识为相同的。换言之，相同的特别内容被意识为"事实上"在其具体存在〔Dasein〕中是不同的，被意识为序列中的连续不同的个别者。而且在这里它即原初地如此被意识着。

在此具体存在中有个体性、事实性、差异性之原初点。原初性的具有，或作为事实的一内容之把握，以及作为不同事实的一不同内容之把握（具有如下原则的可能性：此差异者在本质上是同一的），实行于原初性现前化的现实性中，并实行于内容之原始性现在的意识中。它是在当下内容之当下样式中被意识的，它是此内容在此样式中的个别性的唯一

292

者；至少是，个别性的具体存在的此第一的和最根本的特性出现于"当下存在"形式中。一可能的第二特性，即此处之存在，已经以其为前提。我们在此还不想讨论此问题。

在内在性的对象中，如感觉对象中，我们可研究，当下存在如何与个别性的具体存在，与意识流中的内容区别性相关联，这些内容是彼此分离的并新出现的。当下存在必然是关联性的，是与相关内容的设定性原始意识的现实性不可分开的，而且此现实地设定的意识，作为内在性的原始意识，当然是现实地设定性的，原始地设定着一内容的时间位置，一时间位置形式中的内容之时间位置，而此形式并非当下样式。因为，当下样式随着持存中原始现前化的意识之变化而连续地变化着，正是在"曾经的"连续不同的程度性或层阶中变化着；而且作为内容的相同个别性存在的意识穿越着这一切连续的意识体验，此内容有其确定的时间位置，但是在过去之连续流动的样式中具有它的。此原始意识将此时间位置设定为"当下"，而且过去者是相同内容的过去者，或不妨说，是相同个体物的过去者，此个体物被称作当下的内容；在形式上，它们是作为过去的当下之过去者，而在内容上是相同的内容，此内容不是当下的，而是在连续的变样化中。当下是原始意识中的现实当下，它是在持存的意识中之被变样的当下，是过去的当下。但它是通过一切这些变样化的同一当下，作为相同内容的当下，虽然其相对于连续更新的原始意识的状态变化着，并与此一致地采纳着一不断更新的过去样式。此过去是一不停变化中的过去；从观念上看，此变化是无限进行的。而且每一当下存在者均如此，此存在者是在一原始意识中被给予的，并存在于此意识的连续过程中，后者对于每一自我都是一独一无二的、无限的过程。

每一当下，作为一内容之原始的存在特性，此内容通过该特性成为个别性事实，此当下是过去之一无限连续体的源点；不仅是现实的而且还有可能的过去之一切，因此都令人惊异地如此被结构化着，以至于它们使得一切都回归于原初性现前化的一个过程，每一过去都一致地归入一带有其内容的原初性当下，它们全部都在无限过去的直线连续体中被分离，而且被结合入一二维体系，以至于这些直线连续体彼此连续地相互叠加并构成诸直线连续体之一直线连续体，后者正是通过诸"原始现在流"的直线连续体被确定的。

§2. 现在之发生与消失以及客观同一性时间位置、时间延存与时间秩序之构成

　　因此，时间位置的同一性是什么意思呢？一时间的同一性作为一维直线连续体，它相对于永远流动着的过去者之二维连续体，此二维连续体具有瞬间现在的一独一无二之源点，而瞬间现在本身在流动中穿越着一直线连续体？每一过去线都标示着一时间点，这些线的连续体标示着一"客观的"时间的连续体。因此，每一时间点都是同一具体存在的同一性形式，此具体存在是在一过去系统中被彻底构成的，此系统是从同一源点"当下"流出并在全部无限性中一致的和按照单一形式被确定的。通过其在时间中的位置，更准确说，通过其有状态规定的延存，对于每一个体都达到一规定，此规定本身相关于个体之具体存在及其事实性。它被归入其过去系统，而且它是永远消失着的同一者，进而退沉入过去，并在此过程中仍然是同一事实，从此观点看，它不同于每一其他的、时间上被不同规定的事实（我们仍然不考虑共存〔Koexistenz〕问题）。

294

　　事实性存在，作为在时间意识中并原始地在现前化的意识中的被构成者，其本质即这样的存在，它发生并消失着，一次性地出现着并在永远持续的消失中，然而在每一一次性发生的过去之后是：每一过去时相都是一次性的。但一维的同一性时间只是一种客观化理解，它并未穷尽与我们所理解的时间相关的一切，也并非此处本质必然的形式。在客观时间名称中，或在"自在"时间点连续体中，完全含括着现在样式和过去连续体中的区别性，我们的日常的及科学的述谓论断仍然并必然也与其相关，因此语词"当下"、"现在"（在一松散的但可理解的典型意义上）、"未来"、"较近过去"、"较远过去"等等，都是必不可少的——关于人们如何能够提高这类模糊表达的精确性问题，或许也有其必要性。在这里我们暂且不对其加以考虑。

　　每一时间点，通过持存之无限连续体，被构成一原始所与的当下之

"升起与下沉统一体"，而且适用于时间点者，也适用于每一延存。一切
存在者都是存在的，只要它成为无限的并在相应的过去连续体中流动着。
295 它是在流动中的同一者，此流动从现在向连续的层阶变化〔Abstufung〕
的过去变化着。而且，延存行为是在不断更新的生成之流中、在不断更
新的存在之生成流中被构成的；延存行为存在于不断的产生和消失中。
在相应内容的连续产生和消失（沉入过去）过程中，一种作为同一者的
同一性基底被构成，此同一者在不断的生成中，一直存在于作为固存者
的生成中，并延长着其时间，只要生成者的新现在之每一闪亮点，当它
"在消退中"沉入过去样式中，通过全部此样式，构成着其客观过去之位
置，其客观的时间位置，与其相关的一切这些样式都是所与性样式，并
与当下之原始性点具有关系。因此我们具有两个基本过程，但它们是同
一具体总过程的两个不可分离的侧面。

1）一新的特定现在之连续性出现，在其中作为生成者的存在者不断
重新出现于该现在中，带有不断更新的内容出现着；

2）生成之每一现在点或出现点的连续性消失，但在此生成中同一时
间点被构成。

延存是原初的、现在的或过去的延存，而且它本身是一客观统一体，
如时间点一样，并通过一切样式，客观地、同一地被构造，这些样式可
从第一原初性层阶一直下降至任何一种曾存在的层阶或者说过去的层阶。
延存被原初地构成，这意味着，造成一生成之出现的此第一现在点存在
着并已沉入过去样式，而且与此沉入行为连续性一致地不断更新地出现
一特定现在。我们因此有一连续体之连续体，一诸连续性共存之连续性
序列。在此连续性序列中，每一起时相作用的连续体都有一唯一出现点
以及一唯一过去样式，以至于这些过去连续体也按照"长度"连续地区
分着，而且我在相应的时间点内具有一带有不同内容的相同的层阶形式。
296 在此连续体之连续的相继系列中，原初性延存被构成原初性的延存，以
至于形成了一连贯相继性的相符关系，这可从我的图式中明确地看出来。
但是，此相继性不会中断，如果延存被原初地给予。于是，在下沉过程
的进行中（在此过程内不再出现作为新现在性和作为属于延存者的新内
容）全部被构成的时段下沉着，并在消失的无限性中保持着其作为时段

的同一性（此即作为一直延续的曾存在者，它在"曾存在性"〔Gewesen-heit〕中保持着其同一性）。

§3. 时间样式及信念方式之样式或存在方式之样式：时间样式是可进而按照事实与本质进行区分的存在样式吗？

人们能够认真地使人们称作时间样式者（现在、过去）与判断、元信念（未被样式化的信念）发生关系，后二者作为判断方式样式的和信念方式样式的相关项？而且相应地，该时间样式被称作存在样式，乃因信念的"曾存在意识"完全就是存在者之意识？

一般而言，信念是否是可区分的呢，如果我们（例如）从对本质之信念（如在本质把握中）过渡到对个别性存在的信念的话？具体存在是否即与本质存在并列的存在样式呢，于是人们应该对此也不谈特殊的区分化，有如"存在属"〔Gattung Existenz〕区分为本质存在、事实存在〔Dass-Sein〕等那样吗？

"原始意识"是一来源意识〔Quellbewusstsein〕，从中产生着种种行为变异，这些行为变异都"相符"于原始意识，而且都"相信"着相同物，后者完全是关于此物的存在意识，并在该物中获得其充实化。这些变化处处相同。因此如果我们考虑一原始给予的意识，那么显然并不存在如此被区分的属，有如颜色属被区分那样（有如一般来说我们对概括化的谨慎态度，甚至也包括我们受益甚多的属与种概念）。本质意识具有与存在意识不同的、更为复杂的结构，而且如果我们对此进行研究，就会在存在意识中发现时间样态的诸差异性，并必然发现它们的连续关联性，贯通它们的融合性及"同一化"等。但是人们是否应当称之为设定样式呢，有如信念本身（其特性）变化着，而非其意义以规则的方式变化着？当然，我们在原始意识中发现了与具体存在相关的一种必然变化，但是它相关于全部诺耶斯—诺耶玛结构，而根本无关于具体存在中的信念性因素。

人们当然也可称时间样态性为"存在"样态性，即如果人们，如通常狭窄的词义允许的话，以存在〔Existenz〕来称名具体存在〔Dasein〕

297

及歧义性的具体存在者〔Daseiendes〕。时间样态性，即现在、过去、未来，是具体存在者的、个别存在者（作为时间存在者）的样态。

个别存在者是在这些时间样态性的变化中或在无限"流动性时间"的变化中被原初地给予的，在其中构成着作为统一体（诸流动者的相互关联的复多体）的固定时间或客观时间（作为固定"存在"的固定形式，在其中变化只是看似超越了此固定性），或者构成着这样的时间，它是一切（本身固定的）具体存在者的本质形式。我的说法是，个别性的具体存在是在此变化中，在原初性的现前中，被原初地给予的。（这需要更适当的定义。）

本质上，我们于是应该将再忆与再忆变样化置而不论，在其中所给予的是一原初性现前化时段及在再忆样式中的现前。我们在此原初地看到，或者"再次"直观地获得，当下之不断更新的元涌现点以及因此而更新的时间位置之连续出现，但此时间位置本身，并非单只在当下点中，而是在该连续统一体中被原初地给予的，此统一体穿越过流动的过去之连续体（作为"刚刚曾为当下之存在"）并已经在最短流动段内成为可见者。在再忆中一切以相应方式被变样者，均不是原始地被把握的，而是被再次把握的，如：作为再设定的设定，作为再更新的当下之当下，作为再更新的过去者之过去者，以及其中的时间点统一体和作为个体本质形式的时间段。

如果我们除此之外有一相关于另一个体及另一属于它的时间段的第二次再忆，那么就似乎是——因为我们仍然有两个直观再所与者——我们应当获得相关于时间关系的明证性。但是如何会发生如下的情况呢：我们可能陷于对于相继性、对于间距感的怀疑和误判，甚至在再忆之较清晰直观性中？为什么需要（似乎是）产生再忆之包罗广泛的统一体，在其中两个被再忆的片段，按照其序列之客观性观点，彼此相互一致？

人们不可能论辩说，此关系是在关系点本质中被给予的；原初的直观或其关系点的具同等适当性的准直观化，因此应当足以使该关系可视见。显然人们不可能如此论辩。而且在此这正是休谟对现象学家提出的有待解决的问题，他曾提出了关系区分论。为什么某些类别的关系是根

298

基于关系点的本质的，而为什么另一些类别的关系则否？而且，时间不是具有先天性秩序法则的先天性形式吗？这些问题不可能以与此不同的方式加以理解吗：类似于"性质种"〔qualitative Spezies〕的时间点，一般来说即时间间距和时间关系之根基，时间法则不是正可对其适用吗？

Nr. 17　论个别化现象学

§1. 观念关系与事实关系 ＝ 种本质关系与 τόδε τι (此一在者) 关系。自然之个别化形式之先天性 与自然之被个别化的、定性化的质料之先天性

　　自然之先天性可划分为：1) 统一化的时空之先天性；2) 按照康德的发现，实在因果性自然的较高形式为自然规定的先天性。(康德揭示了此区别性，但我们应不考虑他对其发现所做的解释和理论论证。)①

　　人们可以说，自然之全部先天性只不过是纯粹本质〔Wesen〕、纯粹质性〔Washeit〕、自然实质〔Essenz〕。每一存在者均有其实质和存在，对此人们也习惯于说：Sosein（如是存在）和 Dasein（具体存在）②。我们以此为起点，但情况并不如此简单。一个体"有具体存在"。我们如果这样说，我们就区分了个体之"可能性"与"现实性"。但是，可能的个体不是"Sosein"，即述谓性本质〔prädikative Wesen〕，其基底（所含谓词之主词）本身是可能的基底，正如该谓词是可能的谓词。再者，每一本质谓词均使我们返归一同一性本质（谓词的两义性），而且个体的可能

---

　　①　对于个别化理论亦然。

　　②　"Sosein（如是存在）和 Dasein（具体存在）"——Wirklichkeit（现实性）和 Möklichkeit（可能性）。

性是可能的基底，它不可分离地与可述谓的本质（此本质是它的本质）
合一①。

但是这样尚不充备。实质〔Essenz〕，基底之所是〔Was〕，一方面是
具体的种本质，它是一"可重复者"，并且是在不同个体上可重复的，这
些个体带有不同的基底及此"种本质"的可能单一化，另一方面则是
τόδε τι（此一在者）。这个 τόδε τι 是使"种性质物"〔das Spezifische〕个
别地单一化者，此即最低级的、不再可能特别区分的"种"〔Spezies〕，
即 principium individuationis（个别化原则）。它本身具有其一般性，一个
"种"被特殊化了的一般的形式。但是此特殊化是个别的单一化，而不是
种的特殊化〔Besonderung〕。因此"属"概念也是两义性的：a）在向个
别形式过渡中的一般化，它属于个别的"种差"，与此相对的是 b）这样
的一般化，我们称之为种因素〔spezifischer Momente〕的特别化〔Spez-
ifizierung〕。

但是，个别的种差不是某种"后加物"〔Hinzutretendes〕。一最低种
因素（如果我们称之为因素）已经是个别性的——而且个别性不是由于
某物与最低种的本质一般性相结合，而是由于本质一般性正是个别地被
单一化了，它是某种最终物。

很多相同的因素具有一同一的种本质，此本质在诸因素中重复着，
但它被不同地个别化着。于是，就像我们将进行个别化者设定为同一的
一样，诸因素也是同一的，是在个别化之变换中的同一者。

应用到自然时为：时空形式，τόδε τι（此一在者）的一般形式，单一
化是此时此地〔hic et nunc〕的个别化，这不是几何学的区分，只要几何
学所说的不是被个别地规定的时空点，而只是在一般话语中所谈的可能
的及"确定"规定的时空点。

一"此时此地"概念假定着一带有其活生生当下及其实际躯体的自
我（或者方位确定中的零点），而且这是一般的和纯粹的可能性，对——

① 内容〔Inhalt〕：一个体的确定性〔Definitheit〕和作为一普遍的、无限的个体之世界的
确定性。属于它的：1）普遍的 τόδε τι（此一在者）的确定性，时空形式的确定性，这必定是一
专门科学的主题；2）按照种的质实性的确定性，包括先天必然因果性和因果法则的明确规定性。
因果法则先天性的演绎法。

300

般自我（或多数自我）的假设，以及与自我相关的"自然"之假设。

对于作为一无限多个体领域的自然，问题在于，此无限性在认识上是如何可掌握的，与此相关，问题在于，作为无限者的自然如何可能包含所有自行存在的个体，作为无限者的自然如何可能是原则上无限开放的个体物复多体。τόδε τι（此一在者）本身的个别化种差的无限性是如何自身被规定的呢？这是第一个问题。

关系：种的本质关系和个别性规定的关系。

显然问题相关于休谟的分辨。诸个别性对象，由于其种本质存在于关系中，而且种的单一体（种的单一化允许进行个别化者自由变异）本身存在于本质关系中。诸个别性对象存在于诸个别性关系中，即这样的关系中，它们根基于个别化的规定性中，而且在种因素的变异性中始终不变。

个别性关系，正如（另一方面）种关系，本身又有一本质；它包含着 τόδε τι（此一在者）的本质。（τόδε τι［此一在者］的纯粹本质，一纯粹一般性，如一般地点和时间位置，一般空间外延和时延，其最终区分化正是个别化。）但是每一现实的个别化都具有这样的奇异性：它超越了纯粹可能性范围并同时包含着或最终假定着存在性设定，如一自我的及最终与我相关的、认知者的存在性设定。一切可能的、但是确定的 τόδε τι（此一在者），即使具体选择的个体并不存在，在某种意义上预先都是存在者，即"我的"空间、我的时间的地点和时间。

个别性关系遵从本质法则。我们也应说，按照本质法则，一切 τόδε τι（此一在者）规定都构成着一统一形式，一本身确定的和封闭的整体，后者具有其关系性的本质法则，并因此而被规定为这样的整体。关于时空的诸公理即这些本质法则，而且按照本质法则空间与时间为二整体。

我们也可以这样论述：从纯粹形式的角度，可能的 τόδε τι（此一在者）复多体形成了一无限复多体，于是我们具有一由诸个别性关系组成的无限性系统。何以现在无限的个别复多体实际上就是一系统，如此以至于，从有限多的所与的 τόδε τι（此一在者）中开始的一切其他 τόδε τι（此一在者）都被一致地加以规定？所与的 τόδε τι（此一在者）借助其关系何时规定着整个关系系统，以至于一切其他的 τόδε τι（此一在者）通过可被构成的关系被一致地规定为对应的成员〔gegenglieder〕？这些公理使得个体相对于其个别性的规定而成为确定的〔definit〕，或者 τόδε τι（此一在者）的复多体，在其本质上相关的关系及公理的基础上，是一确定的〔definite〕复多体。

现在我们将目光朝向性质确定问题。同一 τόδε τι（此一在者）可有多个性质确定方式，也即不同的属规定，这些属仅只通过一关键的一般性相互结合。诸性质绝不是通过 τόδε τι（此一在者）被规定的。具体的个体本身何以在个别的 τόδε τι（此一在者）之无限复多体内被规定呢？来自所与具体个体的每一个体何以能够具体地和一致地被规定呢？在此也应注意，每一超越性个体，由于其在认识上趋于无限开放的不确定性，而使得无限多的未知性质规定方式呈现开放性。何以其本身能够被规定，而且何以全部个体，即世界，可被自行规定，成为一确定的复多体？因果性即通过个体的性质为个体之从属性。在个体关系系统中的个体规定，应该通过超出 τόδε τι（此一在者）并超出其确定的系统而达至其性质规定。因此个别的性质，在其与 τόδε τι（此一在者）的联系中，具有功能上的从属性。因此因果性必定成立。因果性必定遵从确定的因果法则，因此遵从这样的法则，它们以确定的地点系统补充着具体个体的一确定系统。

§2. τόδε τι（此一在者）。具体的、时间上被个别化的本质及其时间延展。在形式思考中的时间延展之划分或扩大（时间公理）

303

在《观念1》中，在划分了句法形式之后，对于这种形式化的"最终"基底，我区分了实质性本质和 τόδε τι（此一在者）。我们被导向其本质为具体性的个体。

具体的本质包含抽象的（非独立的）本质，后者本身仅可能成为一具体本质内的因素。每一本质都是通过 τόδε τι（此一在者）被个别化的。τόδε τι（此一在者）对于每一具体项是一复多体，只要每一具体项通常可无限制地被个别化。构成着本质之逻辑性本质（范畴概念），成为可能的及永远无限可能的重复性之同一者，即在可能的、与非现实具体存在（或通过非具体存在论题）连接的重复性之纯粹意义上。如果我们停留在纯粹可能性中，那么在其本身中，因此从诺耶斯角度看，即在同一本质的众多准具体存在的自由想象及其中性所与者中，自行区分的正是这些个体。每一个体有其本质，然而该本质是同一的。同一的本质被单一化、多样化，它通过不同的 τόδε τι（此一在者）被个别化。

τόδε τι（此一在者）一词只不过是对于此必然情境的一最初完全不确定的、一般性的名称，而且对于我们来说，并不对来自此一般性者预先加附任何偏见。因此它只表示，属于本质之逻辑本质者为同一的一般项，即为与一个体无限范围之一开放的纯粹可能性相关者，如果我们不采取一"属本质"而是采取一最低种差时，这些个体本身不再是本质，而只是本质之"重复"，因此即那类绝对一次性出现者，其中每一个都是一绝对的一次性的"此在此者"〔Dies-da〕。"此在此者"即"本质性之外的""偶然的"单一体〔Einzelheiten〕范畴，而且此外，如果我们采取回顾独立性本质与非独立性（具体的和抽象的）本质间的区分性时，"此在此者"即个体性〔Individualität〕范畴。个别的"此在此者"是具体项的单一化范畴。但一切抽象体都是一具体项的抽象体，而且如果一具体项被个别化，那么"此在此者"，此具体项的个体性，就存在于与该"此在此者"在法则上必然的关系中，该"此在此者"个别化着此具体项的每一抽象因素。

但是，具体项和抽象者的 τόδε τι（此一在者）与此法则性的此一对立之意义，不可能从我们思考的这种形式的一般性中获得。除非坚持认为，作为形式的一般性具有其无可怀疑的可去创造的并已创造过的权利，此权利来自最终权利源，在此即来自逻辑性本质直观的权利源。

如果我们现在试图要更准确地形成一种规定性，却独立于本应被个别化的具体项之一切特殊性，或者同样，独立于对象域的特殊性，则是错误的。然而在形式物的普遍一般性之内仍然可以谈论某种更准确规定者，即使不是某种可分离者。我们的目光甚至立即并首先转向时间之实行个别化的功能。但是对于这种谈论，我们具有我们的主体动机。

如果我，而且大概不是我一人，表达如下断言并坚持其正确性，即个别性存在和时间性存在是等价概念，那么此断言的合法性与意义，由于最内在的理由，是不言自明的，以至于我们因此也可说：1）时间延伸属于具体项之形式的本质（于是它当然间接地属于一切具体项的句法结合体，并因此属于被构成的较高阶对象，即句法具体项）。2）时间性延伸作为一本质之因素，在此其本身应被理解为本质并自然地被理解为一抽象的本质，但它当然在每一具体项的抽象本质之系统结合体中占据一非常凸显的位置；这就是，每一其他抽象者，而非"时间延展"〔zeitliche Ausdehnung〕，是时间上延展的，它伸展于"时间延展"（作为本质的时延）之上。因此，在具体项上延存〔Dauer〕和延存者〔Dauerndes〕是被区分的，或者，在一特殊的和涉及一切具体项的意义上（在最普遍的、形式上的一般性上），"形式"和质料被区分着。"形式"是"延伸规定性"本身（作为本质）或延存本身，而"质料"是延伸者〔was sich ausdehnt〕、延存者〔was dauert〕（或充实着延存者〔die Dauer erfüllt〕）。

305

本质因素，在此被称作延存（时间延伸），是可无限地划分的，而且在此它按其本质属，在同一意义上是非独立的，是必然应要求这样一种充实性的或应在延伸中要求延伸着的本质的。于是产生了这样必然的结果：在每一具体项中，随着其时间延伸的划分，必定无限地发生一种按照充实性因素的划分①。任意一种划分的一切充实性都被组合为一充实性统一体。未被划分的延伸的一切充实性下分为对应着时间诸部分的"诸部分充实性"。此一解释也适用于时延的全部充实性（整体看待的）。但它也适用于每一单一的充实性，即适用于全体充实性综合体中的每一抽象可分离因素。它按照延存的划分和组合划分着自身并组合着自身。每一抽象因素都是延存性的，或者将此延存作为自身延存。但延存本身只是一唯一的因素（在此即在艾多斯〔eidetischen〕的态度中的一唯一的艾多斯的本质），对此我们只能说，每一因素延伸至其他因素，而不是接着说，它被每一其他因素所"遮盖"〔überdeckt〕，有如一多重性覆盖〔Bedeckung〕那样，以及因此按照空间形象，一种遮盖〔Verdeckung〕也可

---

①　但是因此仍然不应说，"时间诸部分"的充实性即被分化的时间性对象的充实性。因此这是一特殊的断言。

能发生。

如果我们已认识到，每一时间性的及未划分的具体项，就其时间充实性而言，在纯因素上是可分解的，此纯因素同样是时间上未划分的，而且一切归于具体项者，都在时间因素本身和充实性因素上，相应于时间划分而被划分着，那么以下基本概念就是不言自明的：我们称全部充实性的每一全部因素为直接性质，或具体对象的、具体充实性的性质因素。我们称全部性质统一体为全部性质物或全部性质，后者作为全体因此也是延伸的，并随同此延伸（延存）构成了具体项。每一性质延存着，此延存本身并不延存着：按照定义。不仅是符合时间部分的间接性质，而且是符合属与种的间接性质，排除了直接的性质概念。

我们谈到不定的可划分性，这显然是一种在与本质或艾多斯〔Eidos〕相对立意义上的特殊"观念"〔Idee〕。如果人们要在此避免界定概念，或者如果人们有异议，如果人们在我们的思考的一般性范围内对于容许这样的概念有某种犹豫，那么我们就只这样来说：属于时间划分之本质者为，每一部分有其相邻者，作为其限界，每一限界性部分有一界限，有一与该限界性部分共同的点，存于每一部分之本质中者为，一种其他的划分法是可设想的（不予排斥的），因此"观念"中根本没有任何最小者，如此等等。最后自然产生了这样的本质公理的结论：无限可划分性的"观念"，以及因此还有任意增加作为部分间界限的"中间点"数量的观念。系统地确定全部公理是必要的，这些公理属于时间连续体并首先一般地属于时间段的观念。然而让我们仅只满足于对于连续体结构具有特别重要性者。

首先来看关于时间无限性的公理。每一具体项都有其时间延存作为一非独立性"因素"。每一具体项现在能够（而且在此存在本质法则）在时间上扩展，在时间上进一步展开，即在每一具体项旁都可确立一新具体项，它包含着作为时间部分的在前者。我们自然地称一具体项 A 是一第二具体项 B 的时间部分，如果 B 通过时间划分可划分为两个分界的部分 AS′ 和 E，其中 AS′ 等同于 A。于是扩展的部分 E 包括一扩展的时间段和一扩展的充实性。法则的一般性包含着每一具体项的时间扩展之可重复性，并蕴含着：连带着任何时间充实性的每一时间段增扩的可能性都是可重复的①。如果人们谈到每一时间延存的任何一扩增化，那么人们就是不考虑被扩大的充实性之规定性，但此规定性必定被同时设定着，有如它只是在时间中延存着，而且它共同设定着延存的长度。

时间本身就是长短值大小，这是由公理本身规定的。一时间段的扩展或者一具体项的扩展也可被看作总和的扩展。对于每一具体项 A 都有一 E 具体项，以至于 A＋E 又成为一具体项，在此可显示，永远不可能通过总和法产生一个具体项，后者是由总和法产生的诸具体项系列组成的，而且时间值总和或诸具体项之总和具有总和的基本特性。这一切显然应该以形式化规则的方法加以系统论述，而这就是一种数学的技术了。

我们将纯粹时间法则与属于一切具体项的法则加以区分，只要它们属于一切充实性，换言之，将纯粹时间法则与这样的法则区分，后者陈述着一切时间充实性可能性的条件，这些充实性应当结合为一具体项统一体，其中包括时间充实性的"lex continua"（连续律）以及围绕着它的公理。

按照刚才所论，具体项就是被具体充实的时间。因此，就充实化而言，一具体项不可能有任何时间空隙，而且按照其直接的以及之后间接的性质也是如此。但是时间段只能够被连续地充实，也即此充实性是通过一具体项而产生的，如果连续性仍然在另一意义上形成的话。

308

但是我们应该进行到此为止一直未曾加以考虑的区分：一具体项或者是或者包括多个被分别、被分离的具体项。这些被分离的具体项本身可能又是多个被分离的诸具体项，如此继续下去。但最终我们达到了这样一些具体项，它们虽然按照时间延伸显然是无限"可分解的"，但其本身不是诸被分离的具体项之复多体。因此必然存在着诸自身不分离的、不分别的具体项。一具体项称作自存〔für sich〕具体项，如果它不是另一具体项的被分离的成员或"无缝隙地"〔Nahtlos〕所属的部分。我们称

---

①　在此并不考虑这样的情况，不仅没有具体项可被思考为扩大的，而且两个具体项也可"在时间上被结合"为一个具体项，后者是诸欠缺相关性的具体项之和；或者，不考虑这样的情况，在"观念"中（在本质态度中）存在某物，像是一般来说一声音序列，这些声音是相继存在的或同时存在的，彼此是在时间上邻接的或不邻接的，等等。每一具体项因此在时间上都可扩增，以至于此扩增化本身产生了一较高阶层阶的具体项，即"若干相同的 c 之序列"。

一自身不分离的具体项的每一时间部分为无缝隙的。我们也可将每一这样的具体项本身称作无缝隙的。然而我们也按照统一体形成方式区分自身不分离的（紧密一致的）具体项和我们称之为具体结合体的、包含广泛的具体项，以及区分这样的结合体与更高阶的包含更广泛的结合体，而且只是对于一定的结合体来说，"缝隙"这个比喻才适用。

以上论述通向本质统一性的分析，本质统一性在一自身不分离的具体项内部起着支配性作用，它对立于结合体的统一性。全部区别在此相关于时间充实性是以何种方式被充实的，以及时间段是以何种方式被延展的。

一具体项的时间部分在内容上（内容在此意味着时间充实性）是异质性的或齐一性的。而且，如果是齐一性的，它们按照充实性就可显示连续性统一体或者欠缺相应的统一性。时间上被分界的诸部分，按照内容就可能"在分界上"是不连续的，即"被分别的"。于是诸具体的部分本身是彼此"被分离的"，或者它们能够"彼此连续地过渡"。它们是未被分别的，彼此未分离的。此外，一具体项的相邻的诸部分仍然显示一种特殊的非连续性。在一时间部分中每一充实性的欠缺（间歇），只是为了其后在相邻的时间部分内的引入（ａｂｃ）；并非每一时间部分都对应着一部分具体项；ａｂｃ被间歇分离着。关于相继性也如此。就共存性统一体而言，它们要求讨论诸共存性结合体，尤其是共存的集合——"群"〔Gruppen〕。按照时间充实性根本就不存在结合体之事，即与群本身相关。

Nr. 18　观念性对象之时间形式。 所与时间与客观时间

§1. 个别对象与一般对象的时间延伸之间的区别

每一意识都有其连续性延展，它存于生成中，存于一内部性流动中。310
如果人们想到，在一连续体中诸时相彼此区分着并连续地区分着，那么一般来说问题将是：将一切时相普遍结合者是否即为属，而诸时相的区别是否即为种差？

而且还有另一问题在此呈现。意向性对象，相应于它在其中有时长、有时短地连续流动的内部性流动连续性，仍然有一时间性延展，一进入时间的自行延展行为？这也适用于说明一一般项之意识，说明一本质认知，正如其在一一般性命题中所表述者。然而这意味着，一本质、一本质关联体是非时间性的，在时间中没有位置、没有长度、没有延存，等等。

我们应当对此回答说：在对一般项的"概观"中，我们根据时间的存在将一般项把握为一同一者，后者被单一化为相同者。它本身确实是这样呈现的，如同它在时间延存中被瞬间直观后即被保持着。但是如果它在重复的行为中被重新把握，那么并不是不同的一般项被把握（诸一般项通过时间位置而被区分着并具有一种时间间距），而是在每一行为中被把握的一般项在全体同一化中被呈现为同一者，并以如下方式被呈现：它本身在较长或较短延存中被给予后，其本身并不具有较长或较短延存，

而始终是无关于延存长短的同一者，因此在一时间点（时间微分）上已经是同一的了。

一种一般性认识之重复，虽然带有重复之意识，但仍然并非一再忆，有如当我们再忆一个别的对象那样。一再忆可以较长、较短地延伸，而且在其间被记忆的片段可以在现象上呈现为或长或短，而且当诸再忆在重复意识中合为一体时，诸片段在同一意念的时间片段之意识中被同一化过程统一起来（通过若干被呈现的片段我们意念着该片段本身——这当然还有待于更准确地阐明）。正如我们在对同一者的若干图像中意念着此同一者一样，因此有如并非"看见"多个东西一样，当我们直观一一般项时虽然我们直观着一个时间延存，但此延存只起着延存的作用，通过此延存显示为一个体。

我们已经具有带有此延存的第一因素的一般项，而且在其继续延伸中它并未增长，并未扩大，并未展开；它并非始终是自身相同的，就像一个体物那样带有诸相同的时相，这些时相可能是完全不同的时相，因此会转入变化中。于是一般项并不在真正的意义上伸展入时间内，并不在真正的意义上具有延存，它不会增长，不会在时间内展开自身。它不会是由于时相的连续性增长而永远带有新的（不论是相同的还是不同的）内容者。它虽然出现在一时间中，但此时间对于一般项之本质并未增附任何东西。时间尽管是一必然的形式，但它并不属于一般项本身之本质，虽然一般项显现于此形式中。按照时间延存，一般项是不可划分的，无论是在时间的一切部分中还是在所有时间点中，它都是同一的，因此也是不变的，即使不是静止的（在这样的意义上可以说它是不变的：某物是变化的，但时间是始终不变的）。

因此，内在性时间是一切对象的所与性形式，而且只要它原初地属于一切对象，它因此就不是某种我们只是对对象所增附者，好像是对于

对象而言，存在一与时间完全没有关系的自在者〔An-sich〕那样。与时间的必然关系是存在的，但正是由于诸一般性对象（本质与本质关系）在时间中有其全部现在，它们才是处处存在的，它们能够在每一时间位置上被给予，而且因此被无限地给予。然而一般项根本不存在，它相关于一切时间，或者不论永远与何者相关，它一直是绝对同一者，它不经

受任何时间性区分化，而且与此相同的是，在真正意义上它不经受任何延展，在时间中的延展。

进行经验的（原始地给予个体的）意识不只是一流动的、呈现于体验流中的意识，而且也是一被结合为"关于……的意识"；因此在其中应当在每一时相中区分出一对象的相关项，在每一新的时相中区分出一新的对象相关项，但只有这样一切连续性瞬间对象才聚合为一对象统一体，如同瞬间意识聚合为一"关于……的意识"。对被经验者的把握行为因此存在于如下情况中：连续把握性目光，沿着一切时相和持存被归入此意向性连续体；把握行为就像显现行为一样，是多维性的。

反之，进行本质直观的意识在单一瞬间中，在第一瞬间中，已经完成，而且不可能在对象上经验任何增附物（除非它是一可分割的对象，但在终结瞬间仍然有效）。在意识的和一般性的诸耶玛现象的连续延展中，并不发生诸意识向"关于……的意识"的一致性整合，每一新的时相带有同一者，而非至多为一相类者，而且因此只要原始的直观行为延续着，意识就是在绝对同一性相符方式中的一相符连续体。

在进行经验的意识中，对于在持存的以及连续在流动中彼此相继跟随的持存性改变的连续体来说，我们有一类似的相符关系，此连续体在向直接刚刚曾存在者过渡中经受着一原始的当下（于是即每一当下）。但是在本质意识中我们不仅对于每一新的原始时相有此下沉行为的同一性相符，而且也有从原始点向原始点行进中的同一性相符。

313

§ 2. 在感觉对象、自然对象和一般对象上的单一时间和多个时间

现在，这无疑是一种准确的现象学描述。但是它立即引出了如下问题：我们究竟是否正确表述了以及能够表述说，本质对象也是在时间之形式中被给予的，显现为具有时间形式〔zeitgeformt〕，那么人们可能立即提出异议说，因为时间形式也属于充分原始的所与者，因此本质对象按其本质就应当具有时间形式，因此就是时间性的吗？显然，在此不应当意指时间性和时延，它们应相关于构造着它们的行为。同样，在充分

的本质意识中，我们不具有任何通过（具有现实时间延展的）"显现""呈现"所形成的中介性，有如在一直观的再忆中的情况那样，按照对于较长时间跨度通常采取的"概观法"或"近似法"，实际直观物为一"比喻"，通过此比喻，在比喻中于意识内未充分呈现的实物，真实的时间跨度，被映现着（被显露着）。如果在其中原初被给予本质或本质关联体的"较长或较短时间"是相继系列，在其中，就一多成分的本质关联体而言，单一本质出现于整体关联域中，后者被赋予了某种时间的构型——此时间真的是一时间吗？或者，人们应该在普遍必然形式之内来区别可能意识的一切被构成对象吗？

人们可能说，这就是时间。在时间中我通过直观给予一本质，而且此时间作为形式附着于所与者本身之上，此时间是实在的时间，因为它能够（例如）在现象上与一感性的、一个别的对象之时间相符一致，此个别对象对我直接通过知觉显现着，正如它确实也与在反思中可把握的、构成着一

314 般性的意识本身之时间相符一致一样，然而人人均可视之为时间。（当然，我们还须详细讨论，尽管意识也是一被整合的对象，此时间是否在完全的意义上是时间——因为意识仍然不认识"无变化性"，而且因为，如果我们在意识中谈到一变化性，人们即可认真问询，此变化性是否在真正的意义上是变化性。但是此变化性相关于时间，而非相关于对象的特性?）但是现在人们同样也可以对本质对象这样问询。它们的时间是实际的时间，但它们不可能承认任何时间上的区分性，不可能承认任何个别化。

现在，首先肯定的是，存在着我们刚才谈到的相符一致性，而且就此而言，在本质对象中，在行为中，在感性对象和自然对象中，肯定存在一种"时间形式"的共同性。此相符一致性是否遗漏了某种非相符性因素？相符性是否或许并非在其所有点上相关于"时间本身"，即或长或短的延存，或者是否无关于流程样式、时间定向样式？即使我们原初地给予了一一般性的本质，一当下凸显地对立于"刚才"，而且当下是一流动性当下，一直过渡向过去者即更远的过去者，而相应地出现着不断更新的当下。当然，本质意识是一有根基的行为，它假定着个别意识，因此假定着时间上延展的、被分化的个体，即使是"可能的"个体。

但是此时间就是我们发现为一般项之形式的时间吗？一般性对象本

身不是类似于个体之时间地继续着吗？例如，如果我将在此一彼一在我眼前浮现的白色把握为作为本质的白色，作为这样一种可任意进行说明的同一者，那么首先予以考虑的是阐明一般项的因素，与此因素对应的是在浮现者上的现象的时间因素；而且我现在保持的是该一般项，并于延存中在该浮现者上，或者在被导致本质相符性的多个浮现者上，直观 *315* 着它①。在此如果本质直观没有其延存，不是作为纯持存的延存，就像它是一逐点发生的行为那样，那么就不可能有任何延伸了吗？而且此延伸确实不是浮现的个体上的时间延伸，虽然二者“相符”。这将意味着，一般项本身显示为具形式的，除了其形式和单一基底的形式达到了同一化的相符，同样，一声音的时间延存和一颜色的时间延存具有同一时间形式，并且在同时性场合它们还有此相同的形式：同一种形式，但它们被赋予每一感性材料。而且如所显示的那样，它们在此也应该并必须被意指着。

现在，就相符一致性而言，人们也可能诉诸这样的想法：如果我生活于想象中，被想象者就具有其想象时间。而且此想象时间仍然与感性材料的时间相符一致，例如，我实际直接听到的声音。而且如果我在态度改变后将被想象者设定为可能性，那么此可能性就在一延存伸展中被给予，此延存伸展即与任何现实的被知觉者相符一致。然而一者不是现实时间，另一者才是现实时间。

我们说，知觉对象的时间，首先内在性感性材料的时间，为一属于其个别性本质的形式，即每一这样的材料不仅有延存的一般本质，而且有其个别的延存，有其时间，而且内在性感觉材料的一切时间都是与纯粹我相关的时间，此时间包含着一切位置，一切单一流逝材料完全特有的时间，个别性的时间。每一新的出现者带有所谓其新的时间，而且此新的时间立即成为一继续展开的时间之一部分：此内在性感性物世界的一切对象形成着一世界，而且此世界，通过属于其本身的，因此属于时 *316* 间的对象形式，被聚集起来。

---

① 参见本书第 312 页第 22 行及以下。因此在某种方式上，永远有一继续性延伸。无论如何，如果没有纯粹本质，那么仍然有“共同物”〔Gemeinsame〕，此延存着的相同者〔Gleichen〕的同一者〔Identische〕，即延存中的“被知觉者”。

于是，自然现在也不仅是 a parte ante（就刚过去者）而且"an sich"（就其本身）具有其时间，后者作为其"具体存在形式"，而且此称作时间的形式，是一包罗广泛的连续体，它将我们称作其时间延存的、存在于一切对象中的本质规定性（特征）包含进其作为个别性延存行为的个别的单一化中，而且此连续体由此起着秩序化和统一化作用，形成了第一层阶的质实性关联体，并由此使得其他质实性关联体得以成立。因为此延存之单一化使得延存者之单一化成为可能并决定着其成立，此即决定着在延存上扩展的其余特征的单一化之成立。

因此，时间在此是一形式，并同时是其被秩序化的单一"形式"的无限性，此形式形成着对象本身的构成性因素。本质对象的时间虽然是一种它们在其中被把握的形式，但不是包含着其任何构成性特征、任何部分本质的形式。本质因素和我们能归于本质的一切性质都在如下意义上欠缺着延存，即在一个别物延存着的意义上，如同"存在"者的构成性因素包含着一延存那样。

一切时间对象都被嵌入时间内，而且每一对象都通过其延存、其特别属于它的形式，从时间中切分出一个部分。时间是世界的一实在要素。但在此意义上本质对象的时间形式没有形式。它们本身没有其插入一时间的、自身特有的本质形式——而且有如它们在其中呈现自身的所与性时间，对于它们是一"客观的"时间。

时间对于本质对象是一所与性形式①。此所与性形式对于它们是必要的，只要没有任何对象可能被给予并一般来说被意识到，而该对象并不在诺耶玛上显示任何延存，而且对若干对象来说并不显示一同时性和序列的话。但是，此时间秩序并非直接地是"客观的"时间秩序，而且此延存并非客观的、对象本身特有的、属于其本质的延存，而且因此时间秩序并不允许对本质对象进行任何时间区分，不允许任何个别化。

对于感觉对象，我们也有一所与性时间（延存等），这是感觉对象所特有的；其特殊性本质导致对于感觉对象来说，此所与性时间同时即本质时间。感觉对象存在于所与性时间内，在其中不仅有一所与性形式，

317

---

① 所与性时间在此意味着一原初所与性之形式。

而且有一具体存在形式，一构成性的本质形式。

自然对象有其所与性时间及其自然时间，后者是包含着自然对象的特殊本质形式。

对于每一经验着自然者而言，对于其一切感觉材料，因此也对于后者的一切显现（诸方面）及一切给予他之物，存在同一的感觉时间和所与性时间。此时间是一固定形式，它具有一固定秩序。它提供着固定的同时性和序列。但是它不与自然时间完全一致（如某种意义上康德已经注意到的那样，不论其距离此处提出的分析方式还有多么远）。它们之间可能部分地一致，例如，就像一般来说所与性时间与客观时间可能"相符一致"，于是该秩序和延存也相互一致①。但是一被给予的相继性并不必定是一客观的相继性，如此等等。

如果我们不将所与性时间视为原初所与性之时间，那么很多问题就不一样了。每一再忆都在一所与性时间内提供着被再忆者本身，此所与性时间与再忆体验之时间"相符一致"。但是被再忆者本身被意指着，并在一时间中被直观地给予（在再忆样式中被再给予），此时间不同于该所与性时间。在再忆之重复性中，我们在一所与性时间的一统一体中，已经包括了诸单一再忆（从诸耶玛角度看的再忆）之诸所与性时间（延存）作为一被构型的时间多重性〔zeitliche Mehrheit〕。但被再忆者本身并不具有多个时间延存，而是在意识内的一切重复中具有同一的时间。

同样，作为现实时间的一想象过程的所与性时间，不同于想象过程本身的时间，后者是一"准时间"，而且构成性地属于想象之"准现在"。可能对象之所与性时间不是此对象本身之时间，后者只是一可能的时间。

318

§3. 构成性的意识和（个别的与一般的）被构成对象的时间性本质规定

一切意识的每一体验都顺从流动之元法则，都经受着一变化连续体，

---

① 但仍须说，所与性延存不是自然客体本身之延存，后者肯定是在所与性之外延存着。所与性时间属于内在性领域，自然时间属于自然领域。

后者对于其意向性不可能是同样有效的，因而应该显示在意向性相关项内。每一具体的体验都是一生成统一体，并被构成时间形式中的内部意识的对象。对于一切内在性感觉材料，正如对于包含其在内的统觉和一切其他意向性体验一样，也同样如此。

体验是内部性意识的对象，但对象也在其内被构成。

必然的时间构成对于体验的意向性对象具有什么样的影响，此时间构成伴随着体验或赋予体验本身以时间位置及内部的意识方式？在原始的体验中被构成的对象本身，在何种条件下必然将一时间形式假定为属于其自身本质内容的形式？我们在一般性对象中看到，情况并非总是如此。

我们是否不应说，首先须区分非自我的、非被反思的对象，自我不是通过对其行为的反思发现的对象，以及仅是如此被反思的对象？

此外，首先我们在非反思的对象中有"非自我的"对象，即感觉对象。接着是空间对象类型的对象。感觉对象是直接原初被构成的非自我的对象，空间对象是通过感觉对象的"统觉"而间接被构成的对象。感觉再现者，无论是其本身还是其内容的或时间的规定性，都不属于被构成的空间世界。但是所有这些规定性都可用作统觉的再现者。统觉是直观的并彼此相结合，它们构成着一直观统一体、一经验统一体。在此所构成者有：作为再现性材料的、时间质料的、统觉的（被构成的）统一体，即空间物的"质料"；通过感觉位置区分性的统觉统一体，即空间形式；通过感觉时间性的统觉的被构成统一体，即被统觉的或客观的时间。被构成的对象是较高阶的感性对象，它们由于统觉的感官性而生成，而且是被动地生成的，正如较低阶感性对象一样。它们并不要求综合性思维，逻各斯的思维。

但是现在我们对于前面提出的问题有了回答。我们知道，作为内部意识的对象的一切体验，其本身不仅必然具有一内在性的时间形式，而且在某种意义上它们给其意向性对象刻印上一种时间形式，即作为其所与性方式的诺耶玛样式。一切直接被构成的对象，不论是内意识的对象还是非自我的、直接感性的、质素的对象，都首先并必然具有属于被构成的对象本质的时间形式。但如果虽然在原初构成性中对象是感性的，但是在"物理的"、空间的对象的方式中是被间接地构成的，那么带有直接构成性地属于它们的内在性时间，对于较高阶被统觉的对象就起着统觉性再现者的作用，在这里一"客观的"被统觉时间，通过一内在性时间的统觉性的再现作用而产生。

内在性时间虽然本身不进入较高构成性层阶的意向性对象，但在对象显现中所呈现的时间，通过彻底穿越对象被意指为一统一体，后者在内在性时间中，按照其一切时间点、秩序等等，具有其复多体；一种特殊事态，它在时间中（正如在性质、位置中），导致用同样的词语表示着呈现者和被呈现者，并相应于某种贯穿一切可区分因素之相符关系，即可在两侧谈论颜色、形态、地点、时间等。

但是还存在较高阶的意向性关系，它们根基于这类较低的、较直接的层阶，其中也包括较高感性层阶，而且不具有带有其呈现性的统觉类型，因此在较低阶对象上被构成的时间，对于较高阶对象具有一呈现性意义。

如果行为建基于较低阶对象上（建基于构成着它们的意向性体验上），此行为的对象并不包括较低阶对象本身，那么它也不包括时间；而且即使时间构成性的较低阶行为进入，它们也不需要这样做，以至于时间像对象本身一样进入较高阶的被构成对象。对于本质直观性行为也是如此。根据所与的延存对一延存的本质进行直观，即在其本质中构成一对象，此对象本身没有任何延存，而且也不包括任何部分延存。

附录ⅩⅢ 行为作为在现象学时间中的事件。区别于个别对象时间性的观念对象及其超时间性
（相关于 Nr. 18 的 §1）

一物意识可以无变化地延存，而且"物"作为延存的"意义"统一体，即作为物之设定，它即延存的相关项。此物意识可无变化地延存着，而当侧显的材料变化时，或者当这些材料，作为现象学时间统一体，在一段时程中不变时。

一多设定的行为，如这样一种行为，在其中一述谓性事态原初地被

构成着，这样的行为是一过程，是在现象学时间中的一进程①。材料性基础存在于现象学时间中，并同样，诸结合或诸关系，以及属于诸成员的诸形式，都是在关系中，在聚集行为、述谓行为等中，被构成的。在某种意义上这对于本质性对象和事态也如此。因此，其超时间性不意味着与时间的无关系性；反之，属于其本质的是：它们可能在一切时间中被原始地构成，同一化的意识统一体可能在记忆中包括重复性的构成，以至于在不同的时间状态下的被构成者是同一性的相同者。

一个别性的对象有其时间状态、时间位置，对象的时间时相是固定的，并属于对象。直接一次性的"个别性的"时间位置进入个别性的对象，而对于超时间性的对象则否。它"偶然地"——κατὰ συμβεβηκός——存在于时间中，只要它，即同一对象，能够"存在于"每一时间中的话。不同的时间并不都延伸其延存，而且在观念上其延存是一任意长的延存。这意味着：它并不特别具有作为一属于其本质之规定性的延存。一延存是一带有个别规定的时间位置的时间段。但是，时间段的此个别性，此被规定者，并不是本质性对象的规定性。个别性对象，存在于不同的时间中，被分离的状态中，其本身可能只是同一物，只要它们连续地穿越过此时间延存着，因此只要它们也存在于时间间隙中，否则的话它们可能只是相似而不同的对象。在个别性的对象中，时间位置本身正是属于对象的，此对象被逐点逐刻地构成被充实的时间延存。

这些问题仍然需要加以更仔细的说明。

以下问题在此是否清晰：种的一般性是在个体（作为多数的个体）中被构成的，而且一般性意识现在是在一单一个体中被实行的。通过此个体一般项"存在"于该时间段内，但被意指者是一同一性本质，它在此个体中被单一化，而且此个体是一偶然的单一化。在每一时间位置上可能在观念上存在一相似的个体，而且每一相似者可能起着同样的作用。一般项是"超越"时间的，但相关于时间物，相关于作为其环境的时间可能性。对于一般性事态而言，经必要修正后，于是类似的说明也是有

———————————

① 如果单设定的行为是"根基于"多设定的行为被完成的，那么原初在先的、为构成而要求着多设定的对象，就被持续地保持着。而且意识本身是现象学时间中的一延存者。

效的。

附录XIV　问题。时间单位的不同形式。关于个别 对象事态陈述的时间效力

在向前和向后被充实的现象学时间之内的一事件单位、一声音感觉单位、一判断单位、一意指行为单位等，是由什么构成的呢？此外，应该区分：1）延存着或变化着的一声音之单位，一般来说在一时间段（作为其延存）中的一不变的或变化的同一物；2）事件的单位，被充实的时间段的单位，作为声音感觉点或时相之时间连续体；3）类型〔Art〕的诸统一性，即判断类，或者我们说，一事态类（在引号内的事态是判断——它可再区分其所与性方式之"如何"中的事态）。一个别性事态具有一纯粹时间效力，超越个体的、本质性的事态具有其超越个体的效力。

但一般来说，意向性单位，即使它也只具有时间性效力，它作为个体仍然具有与时间完全不同的关系。个体在时间中被构成，它在时间中延存，它是一事件的、一被充实的时段的延存性的（固持着的）基底。个体性的事态在原初性的构成中假定着个体之构成。而且对于该事态而言，个体已经清晰地给予了另一不同的时间性。此事态被逐步构成，而且被构成者在某种意义上也存在于时间中。如果我说，这张纸是白色的，那么我就有了一个序列，它包括：主词的构型和个体的把握，后者有如概念上被形式化，以及谓词构型和理解。我有了一过渡并因此有了一综合，后者逐步开始，并对应地，被构成者相应于其所与性方式和其构成性起源有了一时间形态。随着逐步地设定和形成，完成了被形成者本身的保持，此被形成者在某种意义上因而失去了其原初性。就所与性方式而言，在现象学时间中存在一变化，而"被形成者"之同一性统一体以及在形成中的同一性被意指者，穿越过该变化过程。但是此时间性并不是事态的时间性。我的事态陈述相关于在其延存中的此白纸，"在"构成着该事态的过程"中"，此白纸是广义上现在的，而且此事态对象具有其时间，此时间和它与之相关的对象时间完全一致。在其存在的一时间段上它与该对象相关。

323

我们区别"S是P"（是当下的，是现在的）和"S曾是P"。时间样态"S持续地是P"（在一段时间上S是、曾经是并将继续是如此），例如，"这张纸是白色的"不仅意味着它是当下的，而且在不确定的未来始终是当下的。更清楚的例子是"巴黎是一大城市"，它相关于此"现在"。但现在不是意指瞬间之当下或一瞬间的小时段，而是意指一未来之视域。此问题有待于更根本性的研究。

客观的时间判断不是相对于流动性的当下的，而是相关于一被保持为同一性的时间段的。

附录 XV　事态之时间关系。观念上同一的对象之非时间性及其时间实现

在以下诸概念间是否存在着一种根本性的区别呢：延存，一般而言的一"关于……的意识"之具体存在，以及特别是，一活动性的行为，它与内在性时间中的一质素性材料的具体存在相对立？如果我感性地给予了一感性的相同物，并采取了判断行动"此物与彼物相同"，或者我有一材料"红色"并说明道："此物具有某一因素"，"此物是红色的"，那么问题就是，在内在性时间中什么是作为始终存在者。在此感性材料中我们在内在性时间里具有其在延存中的自建构行为〔Sich-Aufbauen〕，如果它正好是在知觉中给予的，即它是在知觉中生成的，而且我们在再忆中有先前被建构的延存的历程中之再建构行为〔Wiederaufbauen〕。

如果我们不考虑这样的特殊问题，与一目光朝向相关者为何，以及也不考虑其判断方式问题，正是按此方式我察觉到此自建构行为。无论如何，只要我判断"此物是红色的"，"此物"是穿越该延存的统一性单位，即同样是红色的该延存者。那么"此物是红色的"是如何存在于时间中的呢？

当然，它本身不是时间之一"内容"，一"时间充实性"。它是一事态，它相关于充实着时间的延存者，并以正是从直观中取得的方式相关于时间，"参与"着时间性。我在此设想的是内在性的事态，后者是作为此内在性主体的我所构成的。它们自行存在着，即使我没在"思考"它

们；它们与此内在性时间充实性的相关性，与此质素物的相关性，并不意味着，它们为此相关的时间延存增加了任何质素的充实，一般来说，增加了一种实在的充实，或者意味着，此思想增加了一种质素充实性，虽然从一开始它们就不是质素物。但"任何时间"都可能的是，我介入了质素材料，准再现着它们，并之后在"明晰的"分析中进行该思想。于是我发现了该事态，它现在"出现"着，好像是属于该材料似的。此事态是一"观念的"对象，但在个别的单一方式中"属于"该质素材料。它们本身自然是其所是，作为同一化的再忆之"观念的"可能性①。

（我有内在性质素的时间。我有对质素物的再忆，此再忆作为时时给予质素的"意识"。如果我当下有再忆，我可以在其过去之后再次返回再忆，并在持存中把握它，在对持存的再忆中再次把握它，并不断重新如此做。如果我谈到再忆，那么我有作为平行物的知觉，有关于在其延存中的材料之"生成中自建构"〔Sich-werdend-Aufbauens〕的体验。如果我生存于再忆中，那么我于再忆中以变样化方式同样有延存或延存者的生成中的自建构行为。我在此区分着：生成流，作为当下的开端以及一不断更新的、带有变样化的"起作用的当下"〔Jetzt-ins-Spiel〕之设定，每一当下将此变样化保持为刚刚过去者，因此，自建构的延存之"方向形式"流，延存本身及其充实本身。最后我们再次区分：意识样式，持存之所与性样式以及偶然再忆之所与性样式，在再忆中每一过去者以不同方式被意识及可被意识。每一方向所与性，一延存的材料的每一方面均可在相关具体持存的重复中被重复〔持存本身可以当下、持存及过去的不同样式被再次意识〕并在此重复中被认识。

因此我有作为质素性材料时间的内在性时间。此内在性时间进而作为其方向样式以及此方向样式本身均可在多重体验中被意识及成为被意识者，而且它们本身具有作为时间材料的其方向所与性，如此可无限重复下去。我们似乎遭遇到了无限的倒退。但是，对此可先置而不论，我们无论如何有"内在性的"颜色材料和声音材料的时间等，以及这些材

325

①　但稍后我们将看到：此所设想的事态，与内在性时间中的思想一致地具有一时间状态，但不是"时间中的实在存在"。

料的方向方式之时间；它们仍然时时都是"声音当下"之连续体及其持存维上"刚刚曾存在性"之连续体〔我们不将此等同于持存维上的体验，因为持存之体验连续体仍然是一当下，而并不是其中在过去样式中的被再现者〕以及之后为持存的体验连续体本身。）

我们现在回到思想。思想相关于质素性材料，它作为体验根基于被充实的时间延存，而且此体验在其流动性变化中构成着延存性质素材料之统一体；被思想者、被设想的事态根基于质素材料，事态之显现样式根基于材料之"方位样式"〔Orientierungsmodi〕，而且作为在思想性体验行为中的被思想者，它本身假定着方位样式：此当下、此刚刚等，尽管事态并不出现于质素的时间系列中。但是，如果被设想的事态，尽管有其"方位所与性"，不再存在于质素性材料的时间内，而且一般来说没有充实着时间的"实在物"〔Reales〕（它不可能在不同的时间状态中是同一的），那么作为在此思想中的被思想者它仍然是时间性的；人们不应该说，思想行为开始了并伸展于及停止于时间中吗？但同样，被思想者、思想"进入显现"，开始着和停止着；而且特殊之点为：作为思想行为之"内容"的被思想者的此时间性，并不是一实在物之时间性。此观念物〔Ideale〕的意思是："思想"具有其在思想中时时之"现实性"，但作为时间物的此现实性并不排除其他这样的"现实化"，即不排除完全同一思想的其他现实化。在内在性的时间之统一体中被思想者可出现于不同的位置上，它们在位置上不同，但作为被思想者仍然是相同的；时间位置是个别性的现实化位置，但时间的现实化不是对不同的被现实化者之同一性的阻碍。此"非时间的"观念物，是一绝对的同一物，但它在认知中作为一时间的体验行为，必然被给予在一时间形式中，此时间形式并不规定着，并不个别化着，并不实行着其自身的同一性本质，而只是成为其"显现形式"。显然可见的是，观念物的同一性〔Identität〕并不意味着一种相同性〔Gleichheit〕。

Nr. 19　想象对象的时延。关于时间状态、时间关联和经验世界时间中的个别化，以及想象世界之准时间

§1. 现实对象之绝对时间状态以及在想象对象中之欠缺。现实时间状态和个别化，一次性和相同性，纯粹自我一切经验之时间统一性

人们在谈一"被表达者"〔Vorgestellten〕时，它可以是存在的或不存在的。它可以符合于或不符合于现实性。

例如，它相关于一被表达的半人半马怪，例如当它刚刚曾浮现于我的心中，我说："这是半人半马怪。"并对其进行描述，因此也导向其延存。它成为一时间的客体。它也具有其时间。然而仍然要说：它不存在于时间中。

最初我们可以说：半人半马怪之时延是随其一切时间点被变样的，如其所具有的准颜色那样，此准颜色是与一现实人的颜色对立的。每一物都有一颜色。一想象物是一被想象之物，是被想象为具有如此颜色的，如此等等。想象颜色是想象之意向性相关项，并如此地具有一"好像"样式。然而在同样正当的意义上可以说，单纯被表达者（或绝对地被思想者、被知觉者、被记忆者、被想象者等）也是现实的，但或者也是非现实的。另外，纯被表达者和现实物彼此是完全相同的，即一非现实物与在一观念中的所与者或浮现者是可能存在的，它与一现实物，与一在

一设定性观念中被给予者以及被正当显示者，是逐点逐点地、逐规定逐规定地彼此一致的。另外我们也可以说，我们可以相对于在正常知觉中的每一被正当给予者构造一纯粹的想象，此想象正好表现着相同的对象，并甚至在完全相同的方式上再现着该呈现作用。但是在纯虚构中必然欠缺的是：绝对的时间状态，"现实的"时间①。或者更为清晰的是：一时间虽然是被设想的，甚至是被直观地设想的，但它是一无现实的及真正的地点性或状态的时间。此词当然是具有歧义性的，因为它往往（如果不是主要地）被用作关系之表达，而它现在幸好无关于我们的讨论。我们在想象中也有现象的地点和相对的地点关系或状态关系，如间距。但它们仍然并未提供给我们任何状态，它可在一"本身"的意义上被认识，并相应地被区分。

然而仍然不清晰的是，此描述在此究竟是如何欠缺着适当的表达。问题仍然相关于如何完全清晰地进行区别。

如果我们限定于内在性范围，并对自我的每一内在性的意识首先假定着全部显现的内在性者，因此在每一时刻，例如，当自我具有原始质素性所与者时，具有全部所与者时（我们因此并不排除相同时间性〔Gleichzeitigkeit〕的区别性，并不排除考虑相同时间的内在性对象）。内在性的知觉原初地并"充分适当地"给予我们内在性对象，它们与我，与知觉的纯粹自我，具有关系。内在性持存以"刚刚过去"之变样化将刚刚被知觉者保持在我们的原初性现前场内；内在性的再忆"再次"给予我内在性的内容，指出其视域，后者在其展开中通向连续相关联的再忆，后者终结于实际的当下及属于当下的新知觉，如此等等。

在此内在性的"独特生命"〔Eigenlebens〕连续体中不断更新地出现内在性的对象（或许对此前内在性对象的连续的期待），如果这些对象被分离，它们就按照原初的和绝对的必然性彼此结合为内在性的多重体，后者在每一现前场中成为较高阶的时间统一体。另外，一切后沉者或下沉者始终在自我之支配范围内，自由的再忆可指涉在先已经存在者，在

---

① 想象时间不具有现实的状态。但这并非仅因为它们是想象就是自明的？甚至"同一化可能"是被变样的，如此等等。

其时间秩序中对其穿越，并跟随着此秩序直到活生生的当下。在此，某
种意义上"矛盾"可能出现，再忆可能被"改正"（甚至在我们在此只谈
到的内在性范围内）。在再忆之进程中发生了或可能发生一种相互检验；
被再忆者的一因素可能具有不相配的特征，另一因素可能被要求取代之，
并将与其冲突者删除，对其加以否定。在一经验关联域中的不相符性相
关于每一内在性知觉之本质；划入一包罗广泛和无限继续展开的时间对象
的必然性属于每一内在性的被知觉者之本质，此时间对象部分上被活跃地
意识到，并部分上可自由地被加以决定，有如某物在一致的及有动机的可
能再忆等等中达至了"显示的所与性"〔ausweisenden Gegebenheit〕。

可以先天地确定，每一在此出现的对象，每一在内在性的经验中被
自行界定为经验统一体或观念上被界定为部分的个别物，都具有某一
特性：自然，每一个体在任何自我体验中都被意识到，并在自我体验关
联域内与其的关系中具有一种位置或相对的规定性。我们将此关系排除，
并不考虑该体验关联域的问题以及个别的规定性赋予其本身的问题。

我们假定，生存于诸体验中的自我，朝向于在其中于意向性上被意
识的对象，即朝向于该内在性的内容，并按照属于这些行为的法则性自
由地进行认定和区分。其后结果必然是，按照一种本质上属于一切这类
内在性内容的必然性，每一相同的、在与诸行为的一切关系之外可反思
地把握的对象（此外，它们本身之后又是内在性对象），具有一确定的客
体性，是一 καθ'αὑτό（其本身），即每一客体不仅是一同一物，由于它在
重复性的再忆中是可再认识的，毋宁说还存在这样的可能性：认识一被
再忆者并在再忆中认识可认定者，而且认识一与此完全相同的被再忆者，
作为第二客体及与之不同者。

因为先天地存在着可能性，一般来说，纯粹自我在分离的诸知觉中
给予了完全相似的内在性的（质素的）内容，人们如何可能知道，如果
其后在再忆中具有任何一种内在性内容（对象），它正是这种而不是任何
其他一种来自相似内容组合中的内容，或者任何一种对象如何可能是这
样构成的，以至于类似内容的区别是可能的呢？只有这样才是可能的：
在（对我作为记忆对象而存在的）对象范围内，存在与对象自身实际的
同一性以及存在与任何其他对象的区别性，存在一现实的个体，此个体

330

是自在的，而它相对于任何其他的甚至一（先天地时时可能的）完全相似的个体时则具有区别性。

现在完成的是"绝对时间"①。对于"每一"纯粹自我，自行"朝向过去地"〔a parte ante〕、即使不是"朝向未来地"〔a parte post〕决定着（如果我们将其假定为可能内在性内容之纯粹自我），现实内在性的对象是什么（曾一次存在过，而且此外当下即作为现在）；对于任意一种内在可能的内容之每一任意的存在开端都可决定，它是否具有其真实性，与之相应，是否实际上一内容出现于其内在性的存在领域内。此内在性的对象领域是一不断扩展者，而且如果未来先天地确实是未确定者，但它将成为现在和过去并因此成为确定的。而且将永远有效并先天有效的是，一切"至此"曾存在的内在性内容不仅是绝对地曾存在，不仅是绝对地可再认识的，而且正是通过使它们连续达至统一性的时间之结合形式，

331 它们被结合为一对象全体之统一体——但这导致，每一内在性对象延存着，而且导致，此延存在其一切时相上都是一绝对者、一次性者，后者产生了相同物间的区别性，只要相同者〔Gleiches〕必然是时间上的不同者：因为相同者在我们当下的讨论中意味着在内在性序列中的相同者。我们目前排除了同时性〔Gleichzeitigkeit〕概念，以便我们能够将一切出现在当下者和曾经存在者视为独一无二者〔Eines〕，视为一内在性的对象。

因此，重新认识在其个体性中的内在性内容意味着，在其绝对的时间状态中对其再认识；两个完全相同的个体彼此通过时间状态相区别，因此它们根本不可能是完全相同的，它们可能在时间形式〔Zeitgestalt〕上仍然是相同的，但在时间状态上不再是相同的。此状态是绝对不可重复者，因此，发生者〔Gelegene〕本身也是不可重复的。但是我们在绝对时间的逐一历程中认识到状态的区别（因此我们认识到每一状态区别本身）。或者说，属于本质者包括：一切时间状态在一绝对的被充实的时间中被结合或曾被结合（而且在当下内在性领域内从内部展开为一无限开放的未来），以至于每一单一的个别项都是一包罗广泛的个体和自行展开的时间整体，每一个都是其在时间中展开的产物，而且每一个都是由其

---

① 或者，内在性时间的原初性构成方式。

在先展开关联体所规定的，此展开关联体是被确定的位置之产物并连续地成为连续的位置系统。一展开的产物只可能在再产生行为中被再次给予，并在全部展开之再产生行为中于其被确定的位置上被再次给予，此全部展开于此再产生中有其最终项。而且这样的两个产物可能在从其一向另一展开的历程中，按照相对的位置而彼此区别，在此过程中该展开视域始终保持开放性，尤其是在"朝向过去"看时，过去的展开之自由可确定性和其过去时间形式始终是开放的。

一自我的一切设定性的质素的直观（接着是一切质素设定性的行为）   *332*
自身都有一关联域，我们可以说，一一致性的或不一致性的关联域，从此关联域开始，无论如何，一直观统一体的一致性关联域可被构成。或者也可以说：一切知觉均有此关联域，它们形成了在一致性再忆形式内可重构的流动，而且一切设定性的和仅只为企图设定性的（在现实关系中引入想象的）行为，在此被综合地插入，作为可丰富化或可改正的行为。因此，一时间，是作为在其展开中的全部内在性的对象之形式，此形式是一固定封闭的、可能设定性直观的系统之指号，此系统是在知觉性的（以及构成原初质素对象的）意识之本质内被规定的，这些直观共同结合为一致性统一体。属于此观念性系统的是这类行为：它们"个别地"认定着在系统的某一行为中被设定的每一对象，而且它们能够使其区别于一切其他个体，以及它们因此而时时有可能决定，在这些对象中是否出现了若干相同的对象，以及为何具相同性〔Gleichheit〕的每一对象凸显为同一者〔selbiger〕，并因此区别于对应而不同的对象。

这是一个观念的〔ideelles〕行为系统，这是理想的〔ideale〕可能性。然而并不是一空洞的可能性、一想象可能性，正如，对象正是存在的对象，是"现实"而不是空洞的可设想者、空洞的可能性。至于作为主体的自我，只要它体验着，它就存在着，而且只要它具有一流动性现实领域，具有一现前时间，具有一现前对象，它就体验着，它自由地探讨着想象的可能性，但不能自由地去设定或不设定。可能的设定，在此即作为可能的记忆、可能的再忆，是由"动机化"约束的可能性，它们作为设定应当能够相符于每一现前及其过去视域。而且，与此处所谈者一样，这是一先天性，它自然前于经验心理学，如果我们正好进入经验   *333*

的客观世界的话。

§2. 想象行为及其与其他想象行为或现实设定行为 （如知觉与再忆）的关联性

在我们目前要将其设想为完全摆脱现实性设定的自由想象中，我们也有对象，时间对象，以及像在知觉中、像在设定性的经验中的那类可设想者。但这些对象欠缺着现实存在的对象必然以之为标志的决定状态，在时间形式中被给予的个别性内容的绝对的和严格的一次性。

我们可以在任意多的无关联性的想象中设想一个具完全相同性、完全相同延存的红色三角形。就一不同的想象意识的内容而言，每一个于是都不同于其他每一个，但绝对不是因此作为个别的对象而不同。如果诸想象是无现实关联性的，那么就欠缺了在此谈到多个对象或也谈到同一对象任何可能性，后者是可重复地设想的。为精确起见，我们在此愿承认，相关的想象有可能在完全相同的"视域"中设想其对象，因此如果一个想象在一如此如此被规定的或未被规定的时间对象关联域中设想对象 A，那么另一个想象以完全相同的方式在完全相同地被规定的或未被规定的关联域中也设想着它。在想象的自由性中，此完全相同的想象之可能性是先天地被给予的。

例如当我最初以我的知觉、我的现实性设定赋予想象以关联域时，情况立即改变了。如果问题相关于内在性内容，那么每一想象应当假定着一企图内在性设定的行为的形式，即它应当能够使自身与一再忆或一未来知觉（期待）同一化，并之后我们立即具有绝对的和现实的个别化，此正与设定或正当的设定以及现实的存在相一致。

注解：如果我们谈到一完全相同的对象之多个无关联的想象，就此而言尽管有此相同性，仍然既不可能谈到个别性的同一性也不可能谈到非同一性，那么就应注意，我们在此并非在完全清晰的意义上意指同一被想象者之多个想象，这样的清晰意义应该包含，在意识中这些想象是关于同一物的诸想象。这就是，如果我想象 A，那么我能够通过第二次地形成完全相同内容的一想象意指此作为同一物的被想象者，后者是我

334

先前曾经想象过的。这以最简单的方式发生于一行为中，此行为与第一
个想象 Ph（A）的关系，正如一再忆与一先前同一物的知觉的关系一样。
因此我们持有这样的态度，"似乎"我们使自己再忆着此"准被知觉者"，
而且这样一种准再忆（它在态度改变后包含着先前想象和被想象者本身
的一现实的再忆）可以任意反复地被连接，或者同时具有先前已经被再
忆者的一再忆之特性，如此等等。于是我们有一链条，它不是无关联性
的诸想象，而是意向性上有关联性的诸想象，后者本身可以转变为一诸
关联性的再忆统一体，在其中多个直观物在意识中被直观地给予为同
一物。

§3. 想象或想象世界的统一关联性及其统一的时间。每一 335
想象世界有其自身的连贯性及其自身的时间

补充论述①：

在一切想象中时间本质都被给予我。而且在很多想象中，甚至在同
一想象中，"时间延存"本质、时间点本质被单一化。现在，与"另一"
想象的确定时间延存相比，在"一"想象内部的最低阶单一化，"确定
的"时间延存情况如何？但我须说明这些引号内容。

一想象统一体（或一中性意识）②。

我们可能进行想象并因此有诸单一想象之充实，这些想象是分离的，
只要它们不结合成一直观想象统一体，然而这些想象仍然可能在一想象
统一体内有着全部关联性。这就是，只要在一切变样化中，如所说的中
性变样化中，一唯一的"准世界"被构成，一唯一的准世界部分地被直
观，部分地在空视域中被意指。当然我们有自由通过想象使此视域之未
确定性任意地获得准充实〔quasi-erfüllen〕。但这并不改变此事实，只要
情况是所有这些想象都在一包含它们在内的对象意识统一体中具有关联

---

①　内在性"世界"的界定于是不再被保持，因此欠缺了一种相应的过渡。

②　但是显然所说的一切也适用于一现实经验统一体，于是在此产生了一经验统一体的基本
概念，而"一想象统一体"显然不过是一可能经验统一体或一经验统一体的中性变样化。但这恰
恰提供了经验统一体本质的基础。

性，一种现实的或可能的对象意识：于是属于一童话故事的一切自由想象统一体，我们可自由想象其与现实世界的一切关系，以进行一纯粹想象。不论我们是一次性地还是多次性地想象此童话：每一新一次的想象都通过一模糊而可展开的视域与先前一次的想象连接，在此模糊的记忆对于我这个继续阅读童话者而言是对先前已读者的现实的记忆，而且是由我所想象的，而如果我置身于童话内，那么该连接性就实现于"想象中的记忆"内，后者本身即"准记忆"。

336

　　一想象，它因此包含着任意一种诸想象之"关联性"，这些想象正是由于其独特的意义共同组成了一种可能的、直观上统一的想象，在其中一致性地构成了一作为相关者的统一的想象世界。在这样一种想象世界之内，对于每一个别的想象客体（作为准现实物），在每一时间点和每一时间延存上，我们有一"个别的"单一化。我们首先有这样一种最紧密的想象统一体，即在一现前之内部：在其中诸相同者彼此个别地相区分。但进而此想象（在相互连接的诸单一想象之统一体内）"如此远地"过渡入一直观统一体，过渡入一在扩大意义上的一现前统一体（诸消退的现前连续体），而并未通过新的想象之补充，此新的想象相关于新的对象并扩大着想象世界。

　　但是如果我们现在从一想象世界过渡到另一与前者无关的想象世界，情形将如何？在两个任意的想象本质中根本不存在将它们统一为一个想象的要求。当我们在一想象中意向性地运动时，相应地在一被想象的世界中运动时，此想象世界给予着一致性、矛盾性、不相容性——但在互不相关的诸想象之结构中则被给予。为什么被给予呢？因为一个世界的"物"过程"现实物"与另一个世界的这些内容"没有关系"，更准确地说，因为对于一想象世界具构成性的意向之充实或落空，不可能扩展至对于另一想象世界具有构成性的意向之充实或落空，因此就未能导致我们对"准意向"〔Quasi-Intentionen〕采取态度。而且，时间统一性在此起着一种特殊的作用：它作为一世界统一体可能性之条件，作为"一种"经验的或连接准经验的想象的统一体之相关项，以及同样，作为这样的基础，在其上一切作为"冲突方"的诸不相容性发挥着作用。在不同的想象世界中，时间点、时间延存等的单一化情况如何呢？我们可谈及相

337

关于这些不同世界的相同性〔Gleichheit〕与相似性〔Ähnlichkeit〕问题，但从来不曾谈及同一性〔Identität〕，后者在此根本没有意义；而且因此不可能出现任何相关的不相容性概念，后者是以这样的同一性为前提的。

因此，例如问这样的问题是毫无意义的：一童话中的格雷特与另一童话中的格雷特是否为同一格雷特，对于前者的被想象者和被陈述者与对后者的被想象者和被陈述者是否彼此一致，以及二者是否为亲属，等等。我可以对此确定，而且在此对其假定就已经是一种确定，但这样的话两个故事就相关于同一世界了。在一童话内部我可以如此提问，因为我一开始就有一想象世界，但问题将自然终止，当想象终止时，当它不再进一步规定时，而且在继续着一想象统一体的意义上始终保持着想象之组织方式，以便自由地适应规定性（或者在非随意的故事编织中使其成为可能）。

在现实世界中没有什么是始终开放着的，存在着什么就存在着什么。想象世界"存在着"，并如此如此存在着，只要其随想象之意被想象着，而且没有任何想象是终结的或在一新规定的意义上不使一自由的情节组织敞开着。但是另一方面，在想象"统一性"造成的关联性之本质内仍然存在大量的本质限制性，它们不应被忽略，而且它们可这样获得其表达：在一想象统一体的哪怕是开放自由的进程中，一"可能世界"之统一体被构成着，连带着相关想象时间的一包含广泛的形式。

§4. 在现实经验或想象的统一关联体内一般性概念和时空个别化之间的区别

我们这样来思考此情况：仍然通过将概念外延内的——般概念项的可能单一化与在一世界中并存着的诸相同样例内的一个别概念的个别性单一化加以对比，或者也通过将一纯粹概念外延与一可能的经验域加以对比。

我可能任意想象的一切人都属于一个人之概念外延，不论他们是否出现于世界中，不论他们是否可能存在于此世界统一体内，不论他们是否与世界发生关联。于是他们或许存在于完全互无关联的诸想象中以及其他直观中，作为自在的可想象者，并例示着"一个"人。对于时间延存也一样。时间延存中的外延因此包含着一切互无关联地可想象的，或实际被经验的及可能被经验的时间延存本身，正如时间中，即现实时间中的一切时间延存一样。时间延存的全部外延并不提供"时间延存种"的任何个别化，正如属于同一最低颜色种差的全部想象颜色不是现实意义上的任何个别颜色一样，不是此最低种的个别化一样。

"延存"属被进一步细分，只要在设定的或未设定的、有关联的或无关联的不同直观内可实行大小的比较。但是这样我们就遇到了奇异之处：在一想象中以及在任何一种延展中①—想象统一体和想象世界被保持着，此外，一进一步的区分化出现了，但它并不进一步细分，而且不可能在此世界之外被给予，以及，如果我们比较不同想象世界的各相应种差时，我们就既不可能谈到同一性也不可能谈到非同一性。这当然对于一切对象规定，如颜色等，均如此。但是我们在此看到，由于其时间性（以及进而由于其空间的区分化）对于它们来说是间接地有效的，此时间性仅只在一"世界"中才可能，使得一世界内的一最低颜色种差最终被区分者，即被个别化者，正是"此时此地者"，因此即时空物的最终种差，此时空物本身仍然可再进行其种的区分化。

个别的区分化只有当"一世界"展开至此范围时，现实的个别的区分化才存在于一现实的世界中，可能的个别的区分化才存在于一可能的世界中。换言之，每一知觉在躯体性现实样式中提供一个别的单一体，而且此外每一设定的直观亦然。在每一设定的直观之本质中包括在一致性意义上过渡到另一直观中的观念的可能性，此一致性创造了一直观统一体和相应地创造了一"被直观者统一体"（一切出现的单一直观之被直观者均一致性地被插入其中）。（对于设定的直观是有效的，对于准设定的直观、对于想象也是有效的，只要我们始终停留于想象之相同的阶段上。）只要达到了一致性设定的直观，只要也达到了诸个体的一固定区分化，也就是只要每一完全相同者与每一完全相同者可个别确定地加以区分，或者只要时间状态及地点状态，确定地延存等是某种自身被规定者，就可有某种自身被确定者，某种在任何多个直观中可一致地认定者或区

339

_____

① 因此也在一经验统一体内。

分者。

　　属于设定性直观这样一种系统本质的是，可在如下意义上进行无限
地、自由地扩大："同一者"是重复地可直观的，重复地可认定的，即自
由是重复地可知觉的，即使不是永远在一切意义上如此。此外，属于这
样一种系统之本质的是，其相关项，在永远更新的直观内的开放期待中
可被构成的对象，具有时间形式，即一切在此系统中被构成的对象（此
对象例如已经被构成或还有待被构成及能够被构成），按照其时间位置被
纳入一时间之固定位置系统的秩序中，而且此固定者在此即"客观可认
定者"，也就是在诸多直观中一致地并在由此产生的合法显示中达至"作
为时间上如此被规定者"的所与者，可按照此时间位置被显示为同一者，
被显示为一次性的某物〔Dies〕，它不同于每一其他这类某物。而且正是
因此，作为个体的具体对象之区分化和认定化才成为可能。

　　逻辑概念的单一化不是对一客观上可认定者的单一化，或者换言之，
作为一对象，作为对于谓词或对于客观真理（受制于矛盾律）的个别性
之逻辑要求，不是通过一概念外延之单一化加以满足的，而是符合时间
条件的，而且这再次意味着，我们符合着一致性显示的一种可能性要求，
后者出现于一现实的和可能的（可与现实的直观相连接的）直观之"连
续"关联域内。概念的全部外延不是世界内（实在）对象之全部，或者
全部经验、时间中的全部。

　　以上所论当然可转而适用于纯粹想象领域（甚至适用于混合类想
象）。如果我开始一想象，我就因此设定（虽然在一运作准设定的意义
上）一个别的客体，并如此为一想象世界设定第一块基石。我照常地继
续想象时，我只是如此想象，以至于在一一致性直观的系统内我将想象
与想象叠加，于是我构建了一统一的想象世界，而且在其中我有了一时
间形式，我因此有一时间，它具有其确定的和非确定的状态；这一切都
是在变样化的意义上描述的，因为永远存在着一致地附加新想象的观念
上的可能性，这些新的想象使有可能规定和认同性地保持每一个别性、
时间位置、时间长短等。

　　当然，如果我将想象予以限定，那么就始终存在着未确定者，而且
就此而言始终存在着一不可确定性。在此没有任何东西是"自在"〔an

340

sich〕地被规定的，但只要有被规定者，我就已能对其进行认定和区分，而且对于一客观的可规定性（在逻辑学的意义上）就存在首要的前提。如果我有若干被分离的直观系统，那么它们或许可能通过自由想象被转入一独一无二的系统，而且之后它们构成了一世界。但是即使这些想象系统是可设想的，其中每一个都保持着一致性，但它们并不能因此即被聚集为一个世界，可能至多不过是通过两个世界的设定而聚集出一不协调的世界来？于是每一世界都有其准时间，而且在每一世界中时间是可规定的，每一个体是可规定的。

但这是观念。每一想象系统都是自由想象系统之观念，此想象系统从一所与的有限一致性的起点开始继续展开着，此想象继续一致性地经验着被开始了的世界。而且每一这样的观念都是从一可能的同等有效的无限性中所产生者。

但是，多个这样的世界是可设想为具现实性的吗？其中每一个世界本质上应当与所有其他世界缠结在一起吗？这意味着，所有这些世界彼此是不相容的吗？

附录ⅩⅥ 本质洞见与想象洞见。可能性意识与对作为例示的现实对象和可能对象的态度。一个现实世界和众多可能的想象世界（有关于 Nr. 19 的 §4）

在无条件的一般性中对于被想象的对象本身有效的洞见〔Einsichten〕，或者我这样获得的洞见，即当我在想象中运动时，在想象中以自由方式变异着对象并认识到我在此作为例示（这类准对象的例示）所发现者，对于一般来说相关种类的对象是无条件地有效的，对此对象我在可能的想象中可加以设想——这样的洞见对于所与的经验和每一可能的一般经验也是有效的。

反之，如果我们从现实经验出发，而且我们认识到，通过将在经验中的所与物用作对于纯粹一般化的单纯例示，我们在经验中发现者，不仅对于该情况以及对于被经验的物本身有效，也对于经验上可能的被经验者有效，而且对于一可能的一般经验之对象（属于"一个"经验统一体的对象，或一般来说单独可经验的对象）有效，这样，我们的思想根本不是运动于其"固定"基底上的现世经验之内（带有其由实际设定〔Thesen〕所规定的限制性），而是运动于自由想象之中。现实经验成为例示，当它不应当依赖其设定时，而且当它不仅等价于任意一种想象而且本身实际上转化为想象时，这些设定被中性化了。 342

因此提出了一个基本的现象学认识论问题：如何充分阐明此状况。无论如何由此仅可理解，休谟如何达至将一切先天性洞见（他如此强烈地坚持此概念的有效性，不惜使之与其关于一般项的理论相矛盾，以至于导致上帝受到该概念有效性的束缚）置于"观念间关系"这样的名目下，然而在此对于他来说，由于欠缺有效的现象学阐明（这还给他带来其他基本错误的后果），"观念"一词仅只表示着简单的想象所与者。想象是意识，它具有意向性体验的特性"似乎"。在想象中生存，例如这就是具有对象、物，它们浮现于心，似乎它们在那里，似乎它们是某一过程的主词，如此等等。态度改变的可能性属于想象之本质，此态度改变将想象转变为一设定性意识，一可能意识。实际的自我在想象中没有位置，只要这是纯粹的想象，自我就始终在它所包含的"似乎"之外。自我是想象行为的主体，但此想象行为并不出现于"想象中"，即并不出现于想象意识范围内。但实际的自我可能在设定中相关于被想象者本身，而且当自我没有同时涉及想象行为时，它就进行着一可能性设定。想象物成为可能之物，成为此可能性。

此外，本质意识即根基于此态度。在其单一性中的可能物与其他自由的可能性发生关系，而且一一般项、一本质被把握为可能性，本质被单一化为单一的可能性，虽然可能性并不"参与"本质。但是，自由的可能性并不被固定地采取，好像是直接被给予的似的，而是作为这种单一化具有任意的例示之特性，一般来说作为某种本质物，它应当在开放的无限性中与作为单一化的其他的、再其他的自由可能性具有同等的地位。

一般项、本质具有不是直接对象的外延，而是可能对象的外延，是对象可能性的外延。将一般判断称作本质判断，就例示性的可能性而言，就单一被想象的、但在一一般性之任意单一项意识内被统握的可能性而言，这就是去判断何者应将"对象一般"〔"Überhaupt"-Gegenständen〕 343

归予或不应归予它们本身。按其意义，一般来说它们对于同一性本质的一切对象或对于某物有效，只要某物符合本质。

但是，每一实际被经验的对象也是一对象，它属于形式"对象一般"〔ein Gegenstand überhaupt〕——虽然它在想象意识中未被意识，它在该态度改变中未预先被设定为可能性。但是每一经验对象都可按其现实性设定被中性化，可先天地被转变为可能性，正如我们也可先天地构造一想象，此想象正是提供了相同的对象。作为现实者，它具有其本质，起源于其本质，此本质即其特性，只要它在独立于该设定条件下被思考。然而我们不应在此进行改正吗？我可将（在现实设定中被给予的）现实对象与同一本质的单纯可能的对象加以比较，并可在认定时于其中发现同一本质。而且一可能性存在于其现实性中，只要该现实性正好是可中性化的，而且它因此也被转变为一想象，即使不是转变为一再产生的想象（在此问题无关于再产生或不再产生，正如极少相关于现实的设定还是准设定。为什么无关于再产生当然是一个问题。但再产生如果呈现为再产生，它就具有"记忆"的特征，如果不呈现为再产生，它就具有准知觉的特征，而且自身正好不是再产生了）。

但是此处所谈者是先天有效的。而且这再次意味着，我们深陷可能的经验中，而且将现实经验置入一般可能经验领域内，此可能经验本身再次被给予为"行为时相"中的可能性，并承认本质态度与"一般态度"〔Überhaupt-Einstellung〕。

我们于是可以理解以上所说者，即以下判断是相同的：一者是对想象世界的判断，此世界在统一的想象中或统一的想象行为中被构成准世界；另一者是在本质一般性中进行判断，即对作为可能经验世界的一般可能世界进行判断。而且人们在此有多重性，因为每一可能经验统一体都自在自为地构成一世界，而每一另外可能的统一体构成着另一世界：另一可能的世界。但我们并未在此说，所有这些可能的世界都形成着实在意义上的一全部世界，它们可能共同地存在着；反之，一个世界如存在，那么它将排除一切其他世界。因为，一个世界存在着，这意味着，给予它、直观它的行为（在这些行为上其存在被设定或可能被设定〔甚至被上帝设定〕）不只是想象行为，而是未被变样的、现实设定的行为。

如果多个这样的世界存在着并同时存在着，这就对每一世界要求着所有这些设定性行为。但是一个法则，一个本质法则在于，设定着个别性具体存在的一切行为，只要它们来自一设定性的自我，都必然构成着属于一时间的全部存在者。因此，所有这些世界必定是一时间世界，至少它们具有时间上的统一性。但对于所有共同存在的世界来说，只可能存在一个时间。分配于多个自我的尝试对此毫无改变。因为一切一般存在者必定可相关于一个自我（就此而言自我即先验性统觉之自我）。而且只有当多个自我彼此相关时，以至于每一进行先验性统觉的自我都存在着，而其他自我都属于其周围世界时，多个自我才可能存在。

Nr. 20 在想象内的时间与在实际经验内的时间

§1. 在经验之意向性意义与想象之意向性意义之间的本质同一性。经验可能性与想象可能性

如果我从一进行经验的行为出发，那么它即有其经验本身，并可这样来理解：我将此被经验者理解为对于一切经验性的行为来说的同一者（此为一系统的行为，在系统中只有一致性的证实可被一贯地进行），它们与在——致性的同一意识中，例如在一充实性意识的关联域中的所与行为彼此相符，将会相符，可能相符①。

每一现实的经验性的行为（此外不论它是否是直观的，是否是充分直观的）都按照此统一体构建的意义具有其被经验者本身。我们说，它在诺耶斯方面有其对象性朝向，此朝向是所有这些行为中的本质共同物，并在行为中被个别化。而且这样一组合中的每一行为都有"同样的"对象朝向，准确说，即完全相同的对象朝向。此相同性对应着该同一性本质。与之相应，在诺耶玛中我们发现了同样的被经验的对象本身，后者呈现着数量上的同一物，引号中的对象不是本质——这些行为意指着数

---

① 但是在此欠缺对综合同一性的描述，此同一性将"所有"这些经验性的行为与一综合性的全体、与一对象之连续同一的经验系统相连接。

量上的同一者。

如果我们采取某一想象行为，即准经验性的行为，那么它就确定着准经验之一切现实的和可能的行为的类似组合，这些行为即在一连续的或范畴综合的、具有想象特征的意识之跨越性的〔übergreifenden〕统一体内如此地彼此相符或将彼此相符，以至于相应地会产生"准被经验者"本身的同一性意识。假定中的实际想象之被虚构的客体本身（准被经验者）对于此想象以及对于一切在此的统一性行为，本质上都是同一的。它们全都具有诺耶斯上相同的对象的朝向，即对相同的准被经验的对象的朝向，对同样的个别性虚构物的朝向①。虚构物的对象意义，在此意味着同于实际经验的情况中的对象的意义，而对象的意义意味着引号中的对象。但是此意义有时属于实际的经验，有时属于准经验，有时它具有单引号，有时它具有双引号，第二个引号相关于想象变样化②。

在强调从任何被呈现的或被实行的现实经验或一被实行的现实想象出发时，我们即使得作为"对象"的"对象的意义"束缚于所与的经验（以及同样地束缚于所与的想象）。

我们现在采取此确定的经验，此作为一本质之单一化的实际的体验。此经验，如我在目光朝向于此纸张时当下进行的此知觉：为什么它将不可能被把握为一艾多斯之单一化，因此将不呈现相对于无限多的可能性的一个被实现的可能性，而前者只是后者的不断重复呢？而且对于确定的前所与的想象来说当然也是同样的。我们将此想象理解为一本质之单一化。对于一切现实的行为现在当然有效，这些行为与预想设定的现实经验相符一致，而且它们在被结合的现实经验统一体中聚集起来朝向同一个"对象"。一切行为组合如此相关于作为单一化的一本质统一体，它们本身共同构建了一组合，或者说，这些本质本身构建了一组合，即一

346

347

---

①　诸准被经验行为具有相同的准朝向。想象作为诸现实行为相关于作为同一可能对象的同一虚构物。

②　的确，正因此两个意义仍然不相同。

切可能的行为之组合，这些行为可能聚集为一对象朝向统一体①。

但是如果我们把每一实际的经验理解为一本质之单一例（当然即意指着一具体的本质），那么这仍然不过意味着，我们将其对照于想象可能性的一开放的无限性。我们因此说，每一经验在观念上都可对比于一想象，并因此同时（因为显然，每一想象都是在观念上可无限重复的）对比于一想象之无限性，想象与其无限性存在于具体的本质共同性中，因此，正如我们似乎应该进一步指出的，具有同样的对象朝向，并因此与一切（我们前面谈过的）所联系的〔affiliierten〕本质之一切可能的单一化相同②。

因此似乎一目了然的是，被经验的对象本身之观念（艾多斯）以及被想象的对象本身之观念应当彼此相符。当然，严格来说，此观念与彼观念不同，一者朝向可能的经验，另一者朝向可能的想象（准经验），有如与之相应，一者是被想象者本身，另一者是可能的被经验者本身。而且这并不适用于作为虚构物的一所与的想象之虚构，而是适用于一切可能的想象。一般性艾多斯"被想象者本身"（这是通过单纯态度改变而从相同意识中所获得者），因此包含着"被经验者艾多斯"本身，以至于二者应当相符一致：被意识为一确定的经验可能性之对象者，与被意识为通过转换所获得的想象之对象者，二者同一。一确定的经验可能性是在一想象意识中给予我的，在想象意识的体验中我反思着该准被经验者。但我也可反思想象意识本身，即现实的想象意识。后者对应着虚构物，前者对应着作为可能经验之相关项的可能对象。

但是，如果"被经验者本身"观念和"被想象者本身"观念在不同的意义上是同一的，那么就会产生令人诧异的思考。我们首先设想了一现世经验，其后设想了现实经验的或还有可能经验的系统，后者与前者达至同一性的相符。此无限的（开放性无限的）组合朝向同一对象，包含着同一意义。我们现在来思考这意味着什么。被经验的对象本身不仅

---

① 不是的。一观念上可能的经验系统正是一对象的可能经验之系统，一观念上可能的对象之系统。每一观念上可设想的系统都是一对象的经验可能性，而且两个相同的系统可想象同一个对象，而这并无意义。请见后面的论述。

② 但这正是荒谬性所在。

是在初始经验的以及一切与其潜在一致的经验的诺耶玛内的同一物和可显示物，而且与其相符的是一现实对象。换言之，在引号中的此对象具有现实存在的特性。这意味着，经验或者是内在性经验，于是一切过去的和未来的经验都必然与其一致，而且它不可能与后者相冲突。如果问题相关于超越性经验，那么这就意味着，每一将成为事实的现实经验，与每一能成为事实的现实经验，即与通过现实经验视域的展开可实现为现实物者，相互一致。经验或者是关于同一物的经验，而如果它是关于另一物的经验，那么"相符一致"就意味着，正是在包含着事实性视域的关联性内可能发生视域之展开，它正好终结于实际的经验中，因此终结于与它们相符一致的经验中。

如果我们采取现实之观念，那么我们就有一可能经验关联域之观念，此经验关联域不是某种任意的，而是在经验主体同一性内按一定方式被分离的，而且对于主体间的现实而言，这样的多数关联域观念相关于多个主体，它们在经验上相互一致并标示着现实的和实在可能的经验之一主体间统一体。现实性观念意味着一般可能现实艾多斯，它相关于在现实的和实在可能的经验中这样一种经验关联域的艾多斯，因此此艾多斯包含着一开放的及合法确定的无限性。

§2. 在知觉内与在纯粹想象内的时间位置。经验对象之统一时间秩序与想象对象之不同时间秩序

我们现在返回"被经验者本身"观念和"被想象者本身"观念。具同一对象朝向的一被想象者似乎都对立于每一可设想的被经验者。这似乎是一清二楚的，但仍然包含着一根本性困难，而且此困难直接相关于我们特别关心者——个体性，因此首先是时间确定性。每一被经验的个体，按其意义都是一时间上的被规定者。至于被经验者本身是否具有现实性，并非现在关系的问题。但是时间规定性属于被经验者本身，当然正像此被经验者的一切内容一样（正像"观念内容"〔Vorstellungsinhaltes〕的一切成分一样），正是作为单纯的意义内容〔Sinnesbestand〕，我们可以说（自然以不致发生误解的方式），作为被意念者〔Vermeintes〕。

349

　　以上所论对于被想象的对象也是同样有效的：在其想象变样化中该对象被意识为时间性的和时间上被规定的，并在某种意义上是完全确定的，如果我们将其比较于一知觉和一现在想象的话，我们将二者也看作完全相对应的，看作意义相同的，如果可能的话。但是我能够实际说，一知觉和一完全相同朝向的想象都是朝向于同一时间段吗？它们在其意义中含蕴着此同一的时间规定吗？

　　人们可以这样指出：诸知觉可能通常具有完全相同的意义（但是当每一知觉在现在样式中被赋予被知觉者时，我们因此在此在彼也有现在以及甚至完全相同的延存，后者在完全相同的持存样式中被给予），意向性的时间本身仍然必然是不同的，如果假定我们采取的是同一主体的知觉的话。如果我们现在另外设定一具有完全相同意义的准知觉，那么它就在某一延存中再次提供一现在。此想象与一重复系列的每一知觉的关系如何呢？一对象在此处处通过其"被意指的"具体本质是同一的，但时间规定性是同一的吗？"时间被意指者"之同一性，会随着哪一被重复的知觉在此发生呢？人们应该说：正像每一知觉有其时间一样，同一个别性主体的一切知觉构成着一时间统一性，一独一的时间秩序，那么想象也如此吗？但是人们能够说任意一种想象吗？如果我先后想象此物和彼物，我能够说，其中每一个均能以另一时间规定性被想象吗？我只能说，如果诸想象具有"相互关系"时，如果它们相关于一想象自我和想象自我的一意识相互关系时，想象自我的每一想象才不只是任意地具有每一想象，而是每一想象都在某种意义上或明显或隐含地在意向性上相关于每一其他想象。

　　在一自我意识内部的任意的诸知觉都必然有关联域，不论自我是否将诸知觉主动地连接在一起，使它们相互关联，或者不论自我是否完全活动于知觉之外并一直介入其他对象——诸知觉本身都具有"关联域"，它们构成着其意向性对象的一个广泛包容的关联域。这就是，每一知觉都具有其持存的视域，给予了闯入此视域以及在记忆中展开视域的可能性，于是一切在先知觉的对象都应存在于视域中。一自我的想象具有作为体验的关联域——正如内意识的一切体验一样，此内意识与知觉诸体验的意识相关。但是即使作为体验的诸想象在内意识中具有关联域——

这实际意味着，内意识构成着意向性的关联域，那么诸想象在其对象的关系中就没有关联性。我现在想象的半人半神怪和我先前想象的河马彼此之间就没有任何时间状态，而且这也意味着，对此一彼一对象的准经验自身并没有像现实经验那样的任何关联性，现实经验存在于多重经验连续体中，这些经验在此连续体中构成了独一性时间，此时间相当于一切被知觉的和可知觉的对象之形式。 *351*

正像诸想象本身彼此并无任何关联性一样（如果这样一种关联性不是随意建立的，如果我们一开始就进行想象，而此想象不是一相互关联的想象之组成部分），那么诸想象本身与知觉就没有任何关联性，即再次是意向性的关联性，除非是类似性、相同性的关联性，因此即"准连贯性"的关联性，准确说，没有任何关联性将诸意向性对象连接起来。

在一切知觉间建立起来的意向性连接性，对于意向性对象来说就是时间连接性。此连接性是在受动性范围内建立的，而且在此意义上，是在感性域内建立的。

在此我们注意到在内在性知觉和超越性知觉间存在一种区别。内在性知觉充分地构成了其对象。如果我们返回任何一知觉，进入其视域（或者最好是说，在其持存的晕圈〔Hof〕内），那么在该记忆的后退与继续前进中知觉对象的时间系列就充分地对我们产生了，而且在此不可能发生任何意义的冲突①。在超越性知觉中则不同。在此，在知觉中，在活生生的现在领域，一知觉可能突现于与其冲突的另一知觉内，而且在每一展开的过去知觉中也如此。冲突出现在感性本身内（因此首先出现在综合性相关的思想中）。但是在此应该注意，意向性时间，属于括号中对象的时间，并不涉入冲突，只要彼此冲突的和相互渗透的对象在相关时间片刻内并不发生冲突，像（例如）两种不同的颜色将出现于同一时间状态中，也像带有同一颜色的两时间状态将出现于冲突中。某种意义 *352* 上原初被动出现的感性的冲突，必然带有具同一时间规定性的两个对象。

于是"感性上"被构成的时间系列在一切情况下都是一独一无二的

---

① 在清晰性限度内是当然的。

系列，在此系列秩序中（不谈在其他方面被构成的或可构成的统一特性和非独一性特性）被纳入者，是一切意向性对象本身，即正是（原初地似乎是）感性上的被构成者。因此，<u>一切显现者，即使似乎是在冲突中者，都具有其一定的时间位置</u>，而且不仅是自身有一现象的时间，即一在意向性对象本身中被给予者，而且也有其在一时间内的固定位置。（严格说，即使它们仅可能以相互取消的方式相继显现，而且当其一显现时，另一以遮掩方式被意识到，那么每一这样的对象物，被遮掩中给予的或明显给予的，都应当有其意向性的时间状态和一时间中的状态。）

§3. 时间作为"感性"之"形式"与作为经验对象世界之形式：经验与想象及其意向性相关项通过内时间意识的构成

我们现在理解了康德原理"<u>时间是感性之形式</u>"所具有的深刻真实性，而且它也是客观经验的每一可能世界的形式。在有关客观现实的一切问题之前，或者在有关给予某些"显象"，即给予在直观经验中被给予的对象以优先性的问题（以便我们能赋予其真谓词或现实对象）之前，存在一切真的或显示为不实的"显象"之事实性或本质特性，按此这些显象是给予时间的，而且一切所与的时间都被归入一个时间内。

353　　这当然是一个主要的现象学问题：充分阐明每一经验（例如，每一再忆）如何得以与同一自我的或在同一自我意识流中的每一其他经验（再忆带有每一实际的知觉）具有那样一种关联性，后者在一个时间内形成了一切经验的结合体，以及如何得以了解这样一种必然性，此必然性仍然要求它应有效于每一可能的自我及其经验。

人们应当在此谨慎并注意，不要陷入任何循环论证：如果谈及意识流，那么人们在某种意义上已经假定了无限性时间，按其引导，可以说，人们前前后后处于从意识到意识之间。无论如何人们也应该阐明如下明证性：存在如一意识流的某物以及存在于其本质中的必然性。

人们应当在此特别做何假定呢？一意识是实际被给予的（或被设想为可能性中的被给予者），而且它必然向前流动着。于是存在着意识之再忆的可能性。但是意识必然存在于先，而且如果情况如此，意识必然结成一意识流，就应必然存在着从再忆转为实际知觉的可能性？因此这是一个属于内意识现象学的问题。

然而如果我们关注着想象，此想象本身是一内意识之体验，并在此有时间性，以及在一关联域中被构成——正如知觉一样。

在想象统一体内部，不论它有多少类型和多少层阶，我们都可能也接受范畴类型的想象综合，被想象者是一时间物，每一感性的想象都想象着一感性的对象，而且意向性的时间性属于作为纯意向性对象的此感性对象。

现在想象如何叠加到想象上，即没有范畴综合，以至于它们聚集为一想象统一体呢？我想象着一声音，之后第二个声音，如此等等。为什么这些想象始终都不是互无联系的，为什么它们与一曲调的显现统一体一道聚集为一想象统一体？而且如果我同时想象一颜色，如果当该曲调流逝时我在想象中突然想到一颜色，此被想象的意向性对象在此并不进入一必然的关联性中，因此诸想象并不必然具有一想象统一体，只要颜色和声音作为同时者显现于想象中，而想象中流逝的任何颜色序列与想象的一声音序列同样地并不必然具有统一性？

因此对于"内在性的想象"我们是否不应当说：只要它们仍然现实地活跃于一内意识统一体内（在内意识时间中被现实地构成统一体），只要它们也形成了想象统一体并相对于其意向性的准对象也构成了一时间序列？在此，被想象的对象的此时间，与内意识对象的"现实"时间以及与想象本身的时间秩序关系如何？它们的过程显然具有显著的平行性。它们相符一致。但是人们会说，想象对象不是现实对象。在现实意向性对象系列中，在现实的声音、颜色的系列中，在现实的体验系列中，想象对象并不出现，它们是"准现实物"，而且因此它们的时间形式是准时间形式，只是由于与行为的现实性之关系才进入了与现实对象形式的一种归属关系中。如果我生存于知觉中，那么我具有在其现实时间中的现实对象；如果我生存于想象中，那么我具有想象时间中的想象对象。如果我从一种态度转换为另一种态度，那么我可获得类似物、相同物，而且在其中我可获得时间秩序的"同一性"。

354

　　这是现实的同一性吗？为什么我们不应该说现实的同一性，因为在此还未出现现实的同一性？它仍然是也发生了的相同的同一性，如果我按其时间将行为与对象同一化的话。这如何与上面所说一致呢？我们是否应该说：我在两侧都与意向性对象相关？而且在此，在意向性对象本身和具有如下特点的意向性对象之间没有任何区别，后者是被归予了现实价值（真理）的对象。在超越性对象构成领域内存在意向性对象，后者虽然是经验对象，但却是虚假的对象。这些对象随时会被删除。但这些对象为此不是想象对象，与之相反，想象对象只是在替代现实物时才可能被删除。于是内在性的想象对象虽然是准对象，但不是空无。只有当它们被代换以经验对象时才欠缺着"现实时间"，经验时间，也就是在取代了与其想象时间相同的时间后，才欠缺着"现实"对象，而这只意味着，单纯想象在此虽然被换为假定，但该设定也被排除了。

　　或许我们（例如）应该说：正如我们在未被变样者和被变样者之间有相同性和类似性一样，我们也有"同一性"吗？但我们在两侧都有相同性、相似性、同一性的变样化，后者是由一基础之变样化决定的。

　　这就转变为一般意向性对象了：正如它们作为经验与虚构的意向性对象（被设想者本身）通常可能是相似的和相同的一样，它们也可能是同一的——除了此同一性是一被变样的同一性，因此它永远包含着时间的"同一性"。

　　我们现在可以看到，不仅是每一现在的，因此即在内在性知觉中被构成的自我之对象，而且出现在一内部的意识关联域中的任何一般经验，因此例如带有浮现着的内在性再忆的知觉，都具有一构成着时间的关联域，而且如此统一的时间的每一关联性部分都必然与每一其他这样的部分相结合，有如一广包的样式把它们统一在一起，因此在先的被构成者之记忆浮现了。于是一切内在性对象均如此，不论它们是内在被构成的质素材料，还是内在被构成的行为。

　　我们于是通过一个时间的构成认识了体验关联域的统一性，这是在内意识中的一切体验的关联域，也就是应当这样理解，我们并非（例如）假定着意识关联域之无限性，而是从任何一内经验出发并在其中采取任何一体验，对此体验我们通过不断更新的重复性经验进行丰富的思考。我们理解到，不论在体验中的经历有多长，而且不论进入所出现的视域有多深，一内在性流动或一作为一个时间的对象的体验的内在性秩序，都永远应当被先天地构成，而且此体验在此即知觉，即（例如）感觉领域的内在性材料的知觉；我们也理解到，这些意向性对象必定显现于此同一个时间内。

§4. 经验关联性与想象关联性之间的区别。一个经验
时间与多个想象时间

但是就想象而言，出现于此时间关联域中者，此时间被构成内在性时间，那么我们就确立了：一切"同时性的"，出现在一"内现在"〔in-neren Gegenwart〕中的准知觉，因此对现在者以及刚刚成为过去者，以及一般来说一切以相互关联方式出现在"内意识"中的准知觉（因此它们相继跟随以至于这些相继者中的两个或多个已经构成了一想象时间统一体），规定了一想象时间秩序和为想象对象的此时间之秩序。因而在此显然，在先想象的再忆，如果它们出现，就呈现着客体，此客体与现在想象之客体属于同一时间，而且此时间与内在性经验对象的"现实的"内在性时间相符一致。

关于一想象体验的再忆（在"内意识"中的再忆），我们可以说，想象虚构具有"被知物"的特征，即存于想象内再忆之想象态度中。

但是对内在性想象的再忆如何呢？它们并未在所说的意义上被连接在一起？在想象中我想到一曲调（不是作为再忆，因此不是作为已知的现实曲调），我同时回忆一想象，在其中我想到另一曲调。这两个曲调应该必然具有一时间统一性吗？它们的相对时间位置呢？当然，一切都是在双重意义上被内在性地理解的，即应相关于内在性对象和该想象中的"对象"，带有一"感性上"属于它们的意向性的时间性。对此问题显然应予否定。这些想象一般来说没有关联性。

另外，我们理解知觉（不论其层阶为何）关系和想象关系不同的理由。一切意向性关联域都是知觉内一现实的关联域。在此它是直接被给

357

予的，是直接被构成的，也就是既对未变样意义上的知觉如此，也对准知觉如此。一切不在一知觉（或准知觉）统一体内的直观关联域都关涉到现实直观中的关联域结合体，并因此在本质上使我们诉诸连续的再忆（或准再忆），后者直观地重又给予了该连接体①。但是属于一自我之知觉本质者是，它们只出现于连续的连接体中。一自我统一体展开的程度，其可能展开的程度，只随着我们具有一内意识统一体而定，而且就此而言，一切作为内在性对象出现于其中的知觉也都应当构成一时间关联域，后者与行为的内在性时间关联域相符一致。每一知觉和每一再忆，作为一知觉的再产生，应当为其对象提供一时间关系。

358　　对想象来说则不同，它们像一切行为一样，被归入一自我的内意识统一体内。想象之本质并非在于它们必然出现于一连续的连接体内，此连接体作为统一体是想象连续体，而且它显然也不构成连续体。如果它以这样的方式构成了连续体，即内意识作为内知觉连续体被一连续的内想象所伴随，那么出现于此想象内的想象知觉（像现实知觉一样，它们以构成的方式出现于内意识中）也应该构成一想象时间统一体。而且如果就一现实的记忆关联体之实际的内意识而言，两个分离的想象通过一想象记忆关联体必定相关于想象体验本身，被结合起来，产生了关联性，那么我们将在连续的进程中使一与其想象对象关联的想象时间获得直观。但情况并非如此，而且被分离的诸想象先天地不具有必然的关联性，而且通常在我们的事实的内经验中也无此关联性。因此在这样的情况下提出这样的问题并无意义：一个想象中的对象与另一个想象中的对象何者在前，何者在后。一切存在于关联性外的想象提供着其想象时间，而且存在或可能存在多少想象（因此是无限多的想象），就存在多少彼此不可相互比较的（不谈一般形式问题和具体本质问题）对象。一想象的绝对状况绝不可能与另一想象的绝对状况等同；而相对的差距、时间段等等属于具体本质的时间形式则是可比较的。

---

① 此现实的直观物预先显示着新的现实直观，而此预先显示即预先期待，按照另一侧说即向后记忆。

§5. 在经验时间与想象时间之间的"相符",以及在不同经验时刻之间的"相符"。相符仍不意味着时间的同一性

因此,只要每一想象对象和与其平行的现在对象在时间上(通过其想象之时间媒介,因此即间接地)被设定为一个时间,在不相关联的诸想象对象之间就始终只存在一种"可能的时间关系"。但就此而言,仍然须做如下补充:一虚构物时间,如一被想象的曲调的时间,一被想象的半人半马怪舞蹈的时间,在一确定的时间段上,与实际现在的时间"相符一致",此时间段是由诸想象行为之开端与结尾加以限定的。但是一直观再忆的时间与实际现在之时间不是客观上直接相符一致的吗?而且一直观上被期待的对象之时间不也是如此吗?因此,这可以支持如下判断:此相符性中并不存在任何现实的同一化,而且就再忆而言,我们并不具有任何中性的行为,而是只有设定性的行为!人们不应说,再产生的显象(显现的对象)是现在的,具有一现在的时间,即它与知觉对象一致,除了它相关于过去的显象之外。这是根本错误的。因为一现在显现的对象是一被知觉物,而且此关系行为应如何加以实现,如何被充实呢?然而我们在此不需费力对此继续思考了。

此外我们应该说,当下被想象的半人半马怪的舞蹈与我昨日讲课的时间具有何种时间关系呢?此过去的事件与此虚构物具有一种关系吗?显然没有。除非我们决心认真地考虑与实际现在的"相符性"关系。当实存在虚构物中时我只有虚构物的时间,而另一时间并不属于它,而且与它没有任何关系。

这使我们记起内在性的质素材料的时间,此质素材料正是形成了封闭的"世界"。如果我们将此时间等同于作为内知觉统一体的体验之时间,那么我们当然也未获得真正的同一化①。但是我们在两侧仍然有"现实的"对象而无虚构作用,因此在两侧都有现实的时间,而且二者不可分离地彼此相结合,并在结合中彼此"相符一致",不是相符为同一者,

359

360

---

① 在何处进一步展开论述?我目前尚不理解。

而是在最内部的意识流之同一构成性统一体中彼此不可分离地相结合的两侧，相符为一相同的形式。

对于想象和被想象者本身，以及对于再忆和被再忆者本身，也是同样，除了被想象者是一非现实物而该想象则是一现实物外，而且除了再忆是一现在物而被再忆者是一过去物外。我们在一种情况下有现实物与准现实物的一种相符性，在另一种情况下有现在物与过去物的一种相符性。

此相符性当然是"内容"上的或全部具体本质的相符，至少是时间时刻上的相符，但此相符性仅只产生了相同性。我们有现实的同一性相符，当一对象（直观地按照其延存的不同时间段不同的）在两个行为中被意识，如当我将一物、一个我现在看见的箱子与我先前看见的一个箱子等同化时（尽管箱子有了变化），或者当我具有关于同一对象的以及直观上相关于其具体存在之同一时间的两个再忆时，因此就有了再忆之重复。在此对象的显现按照时间内容的相符性或者是完全的或者不是完全的，当我仅只思考直观的内容时。但是所意指的对象并不是此直观时段的对象，而是在意向性上达至更远，即达至两侧，而且此相符性相关于整个被意指的对象。但是如果对象的延存在意义上限定于直观上给予的对象的直观的延存，那么内容就在两侧上相符，而且时间也相符。时间在此被同一化为绝对同一者，正像内容一样，它们也应该是同一的。我们在此具有纯粹的和现实的同一性意识以及对被意指者的数量统一体的直观，而在上例中我们只有两个对象的必然的相继关系，其中每一个都有其时间，以至于这两个时间是对应而相符的。只是在此本质是实际上同一的。

VI

关于再忆的现象学

Nr. 21　记忆的不同种类及其重复

§1. 重复的构成性记忆，突现记忆及对再朝向具有其
刺激力的晦暗沉积

1）我知觉 a，我原初地在其"现在"中，在其作为当下的原初的开 361
端中，在其后沉入原初的刚刚曾在和更远曾在中，在其连续原初的持续
延存中（如此等等）把握 a。而且甚至无把握行为时，在构成着时间物的
体验连续体之元流动中此原初的延存被构成着，此体验连续体本身不合
逻辑地在时间上被构成并在知觉上被意识。

2）我再记忆 a：我当下有一体验（此体验本身是知觉上构成的），在
体验中 a 以新的方式被意识，在"被再忆者"或在先过去者（相对于通过
知觉在原始延存之具体意义上的"现在"）的特性中。此记忆体验本身是
对 a 的知觉之体验的一变样化，即在自身中而非通过一比较。而且在其中
a 的知觉是在被再忆者的特性中被意识的。

3）我第二次记忆 a，$E_2(a)$，而且该 E_2 同时即 $E_2(W(a))$。此记忆如
具有重复的记忆之特征，那么我也记忆起前此记忆，即对 E_1 的记忆。我
同时（但也可能相继地）体验着：

$$E_2(a) + E_2(E_1(a))$$
$$E_2(W(a)) + E_2[W(E_1(a))]$$
$$后者 = E_2[W(E_1(W(a)))]$$

4）我第三次记忆 a，而且将其也体验作新的重复。

$$E_3(a) \ + E_3(E_2(a)) \ + E_3(E_2[E_1(a)])$$

而且为了引入 W 我于是将保持着相应复杂的及容易设立的公式。

每一新指数表示一新的意识之当下，第一个以及在一切括号中之前者表示一原始的意识之当下，存在于括号内者表示记忆之变样化，而且按照加括号的层阶而有非常不同的层阶。

这种表达法看起来非常复杂，而且对于不可能反思地观看者来说，非常困难，的确极难理解。但是，因此，此多重再忆现象就完全充分地被描述了吗？在某种限定内是的，但需在非常本质的方面加以精细化。可以看出，此现象远非如在此"复杂化"表达式中看起来的那么简单。

例如我记忆起行进中的士兵，他们昨天唱着歌曲《我有一战友》，而且同时出现了许多关于行进中的士兵的记忆，他们正在唱着该歌曲。因此我对于同一事物有一个记忆系列。然而这并不是我们的事例，尽管它要求类似的研究和会产生类似的结果。

因此我也记忆着这样一支唱着歌曲的行进队伍，并同时记忆起我重复地记忆着这些过程。这些记忆本身出现着。但此现象可能采取不同的形式：记忆 E(a) 出现着，而且与此一致地形成一串列，例如以突现的再忆方式带有不确定的再忆结尾（开放的结尾，我不能正确说出会有多少个）。在一突现的再忆中（或者也在一纯重复中）我理解活跃性再忆之对立面，或理解在严格的意义上再产生的、再生产着时间对象的、再次在其延存中构成着时间对象的再忆。在后一种情况中，我们于是如此记忆着以至于对象"重又"作为当下而开始，重又"继续延存着"，于是带有确定本质内容的对象以一永远更新的当下延伸着，虽然它在此"重又记忆"的样式中充实着一当下，一可能沉入"刚刚曾在"中的当下，并在其继续延存结束后，沿着其完全被充实的曾经之延存，一再重复地完完全全沉入"刚刚曾存在性"中。此构成性的活跃的记忆以突现方式对立于再忆样式，并当然也不同于与原初性构成相连接的保存〔Präservation〕样式，即从后一观点看，在歌曲或其部分完全沉入晦暗中后，某种意义上它仍然存在着，我仍然可能返回它，向后"看见"它。它从晦暗中对主体产生着刺激，或者它的一部分激起对它的新朝向。最初其他刺激的作用可能更为强烈，但障碍可能被排除，而且该刺激被增强，在此过程中在晦暗背景中的相关的因素（特殊的音段）浮出，而后经受着意识转向。

我们不应将此晦暗中的具体存在和此或多或少的浮出视作再忆。它们是属于原初性意向视域的样式。人们或许可以说，与原初构成性的知觉和持存相对立，它们形成着一特殊的持存样式，对象是一呆滞形式，它是在每一体验时相中的、作为其延存的全部时间段的时间对象，它不再被构成延存者，而是成为一突现的单一者，并仅在一能够转变为再忆的潜在性方式以及一统一性的同一化方式中包含着原初被构成者本身。一切被构成者，不论它们是在一原初时间构成过程内，还是此外一般来说在诸过程中，甚至在综合性的行为关联域中被构成，都除了原初构成性的以及原初给予客体的样式之外，具有一第二意向性或意识的样式，一晦暗的或模糊的静态沉积之样式，此沉积在这样一种意识的每一相位中都是某种完成者，并其后可在一瞬间注意力射线中被把握，在一"Dass*"的特殊意义上被把握，这表明，此 Dass 显示于一新的产生性的构成中，一动态的构成中。

于是也可能是，一再忆具有从晦暗的过去视域中浮现的特征，它作为某种存在物和始终留存物浮现，它起着一种第二感性的作用，对自发朝向性进行刺激并当我们"深入"此意向时进而产生又一构成性的记忆，有如在记忆性的再意识变样化中知觉之更新，在再意识样式中事件被准原始性地再构成为一延存者统一体。于是，一再次突现的晦暗的、呆滞的记忆链起着一致性的刺激作用并转变为一构成性的再忆链。

364

§2. 对同一个别过去对象之多个不同种类记忆之间的同一性相符

在呆滞的和活跃的构成性记忆之间的同一性相符现象是具有特殊性的，无论我们随意地或非随意地使活跃的时间段的晦暗视域的呆滞记忆

---

* Dass 为从句连接词。——中译者注

之一"转变为"一构成性的再忆,还是我们将一突然浮现的记忆过程或在构成性再忆中的一被记忆的延存客体予以准现在化。在重复的行为中我们对个体被意识的一切情况进行相符性描述都很困难,不论问题相关于对其穿越而延存着的同一对象之时段,还是相关于同一完成的对象或一延存段的重复性记忆。在内意识中,在呆滞的记忆和构成性的记忆属于它的一时间形式中,我们有分离的时段,而在相关的行为现象中我们有"相符性"。如果我们已经使得对同一物的多个呆滞记忆浮现,那么我们就有一体验序列,但诸对象是处于相符性中的。而且的确,我们是难以在此相符性方向上描述全部体验的。在某种意义上我们仍然有重复的多个体验,而且每一体验本身都有一意向性对象。在"同一化"标题下,从一体验或意向性对象向另一体验或意向性对象过渡的意识,一种意识连接,是否归入"同一性意识"标题下呢?

体验作为一"链接"〔Kette〕而出现。这一标称是适当的,当我们注意行为侧,注意体验时,此体验正好在相同的时间中有其位置,在体验中实行着构成。但是就"对象"而言,我们并无一链接,而且此外并无任何"同一化",而是只存在一对象,此对象在不同的体验中多次出现。实际上,这并非像是在一"感性的"相同性意识中那样,如当三次相同钟声相继鸣响着,或者在持存中,也许在呆滞的持存中被意识到,在其中我们有三种现象,一个三合一〔dreieiniges〕现象,一个链接,在此过程中的每一现象里都有一相同的对象被意识到,但在内容上是三个对象,因为它们具有同一化的本质,彼此相关而相互并无比较。如果我听到一声音并特别多次返回该声音,那么诸次行为是不同的,但如该声音以不同的方式显现着,它仍然并非显现三次,而是显现一次,不过是在不同的显现方式中而已。

而如果我将一呆滞记忆转变为一再构成的记忆时,情况就不同了吗?我只是朝向同一对象,并只对我自己说明它,我重新获得一构成的直观,此直观通过其在延存中的展开追踪该对象。然而在此应该慎重。现在我们已经重复地进行了新的"试验",并再次达至完全相反的结果。

先前我听见双重钟响。如果我再次并多次返回它,更新着直观,那么在每次更新中我都有"该"钟声,但在更新链中我应有类似的现象,如果我已相继三次听到钟声，除了仍然再次存在着本质性的差异性外，一次是一相同性意识，另一次是对同一物的意识，带有同一时间位置的 366 一双重钟声，而先前三个不同的时间位置则属于不同的钟声。

而且在从晦暗中的重复出现里，并非已经存在着一个链接内的三种现象，而是只存在一个同一性链接？

但是对我而言困难的原因何在呢？如果我重复着一记忆并在记忆中重复着被记忆者本身（因此在其一定的个别性所与性样式中，即在其中它被知觉的一侧），那么一新的体验就随着每一重复出现，而且我未反思我作为现象学家应如何对待它，而是体验着并朝向记忆对象。在新的重复中同一性意识，因此同一个体的意识，当然再一次穿过链接。在此我并不必然积极保持着先前被重复者；在被动性中保持它就足够了，即作为消退的、成为被动的主动性。因此我在此意识朝向中只发现了单一者〔Eins〕，而且如果我之后可以反思其序列中的体验，我就发现了复多者〔Mehreres〕。同样，如果在晦暗中一曾经存在者重复出现，而且我的目光转向它，那么它就成为单一者〔eins〕。但是如果我将反思的目光朝向晦暗的体验，朝向该刺激现象，那么我就有了复多者〔Mehreres〕。如果我体验于同一化中，即体验于包含着诸单一记忆的意识中，而且此记忆的每一次都具有朝向该曾存在者的意识样式，按照同一化的意义，这正是一者〔eins〕。但是如果我进行反思，那么我就发现了多个体验，在每一体验中发现其意向性对象，被记忆者，而且在每一体验中都发现对被记忆者之朝向，并无所不包地发现"同一"意识统一体。的确不可能是其他情况。于是这仍然是一自身形成的困难。每一重复性都有一独自的现象的内容，一特殊的"被意念者本身"，而且由于同一化综合，仍然是同一被意念者。重复地记忆一个被意念者，正如变化地或不变地发现在其延存中重复的一被意念者，例如作为同一侧的及其后不同侧的同一空间客体，这意味着，正是一原初的同一性意识体验着，在其中一确定本 367 质的体验复多体以如此如此方式达至统一性。一个别性统一体正是一知觉的相关项，而且由于此知觉，它正是在同一化的准现在化中诸相互关联的开放链接之观念可能性系统。

§3. 总结：对同一事件记忆之重复的不同种类

让我们返回我们的主要思考。

同一物（在记忆更新的意义上）的一重复性记忆链可能是：

1）作为诸晦暗闪念的一记忆链。

2）作为一重复构成性记忆链，此记忆在此序列中自行产生，只要在每一新记忆中也存在对前一记忆的回涉。它仍然是在已下沉样式中被意识的，而且新的记忆自行出现。在此应思考活动性的区别，我关心在先被知觉者，它起着对该晦暗记忆的刺激作用，我转变目光朝向并重又实行构成，它再一次进行其刺激，而且我通过对不断再更新中的意向进行充实而再次接应其刺激。

3）但是情况可能是，一作为闪念的记忆出现，立即变为构成性的再忆，而且与此同时一昨日完成的对同一物的记忆或一再忆被"唤起"，而且因此出现一记忆，它不属于我的直接时间场及时间体验场。

这些区别性显示，所给予的形式的呈现并不足够，而且我们刚刚指出的可能的及重要的复杂化并未被考虑。以下情况应当是不同的：首先，$E_1(a) + E_2(a)$ 是否具有意义，E_1 是过去发生的闪念，而现在 E_2 作为其充实性的活跃化仍然继续存在着，它是再构成的成就，或者，E_2 先出现，而后被唤起，于是出现了一个属于"先前时间段"的 E_1；其次，一闪念

368
本身过渡为另一闪念，并在意向性上自行相符，或者，我主动地朝向更新，并从刺激意向中形成一主动意向，如此等等。因此，所有这些现象最终都应加以深入探讨。

附录 XVII　在再忆过程内的预存与持存。无限的过去与未来（相关于 Nr. 21）

再忆不仅是序列的一准被更新的退逝，而且在此准退逝中每一先前时相都在预存的方向上朝向其后的退逝。每一时相都有被变样的特征，但每一时相都包含着一预期，此预期朝向最近的时相并穿越其之后朝向

整个序列："现在应当到来者为此，之后为彼，如此等等。"这不是对"先前预存"的再忆，而是属于作为再忆过程（不是作为任意的过程）之再忆，而且在此过程中再忆本身，"作为被再忆者"的被再忆序列，具有一在连续被充实的"预期"样式中的流逝特征。这正是非常令人惊讶的特征并须加以分析，正如想象中的期待也须加以分析一样。

　　如果再忆永远一再地穿越再产生的退逝，例如，如果"现在的退逝者"唤起了对一在先过去的记忆，后者将再次流逝，如果此唤起过程中的再流逝通向在先的过去，那么这将触动如下的统握：一般来说，在记忆中被给予者或现在者之前某物曾经存在并已流逝，在此之前亦同样如此等等。于是这意味着，每一再忆，如果它并非已经具有了一持存的视域，就采取了这样的视域，也就是在一于再忆中的预存形式上，此再忆在其意向性内容上必定通向所与的再忆。另外，如果人们成功地经历了再忆并直到继续通往现在，于是就应该促动这样的统握，以至于每一记忆时相不仅本身指涉一新的记忆时相，而且每一事件也无限地指涉着未来者。每一事件时相和每一全部事件都有其无限的未来视域，而且每一时相都带有一预存，后者穿越着一预存连续体。然而在此需要援引再忆吗？

　　我们是否应当说：在元过程中的序列促动着新的序列？此过程不仅是过程，而且是过程之意识，而且属于它的是一必然的预存动机化，它规定着过程作为意识之必然元形式的方式〔Stil〕。

　　（因此有"不死性"——但是经验合法性的空隙以及再忆之终结，即我们达到再忆，它带有不确定的、经验上不可能确定的过去视域。）柏拉图的《斐德罗篇》：（第 24 章："一切灵魂都是不死的。因为任何永远在运动中者是不死的。"* ）

　　生命运动之无止性。

369

---

* 此句为希腊原文，中译本转译自哈克特（Hackett）版英文《柏拉图全集》〔约翰·库珀（John M. Cooper）编，1997〕第 523 页。希腊原文及本卷德文编者小注，中译本皆从略。——中译者注

附录 XVIII　对于记忆理论的重要注解：
在先者之出现（相关于 Nr. 21 的 §1）

为此我们将不理解原初的持存。每一记忆都指涉着原初的记忆，就像指涉着知觉，因为知觉本质上过渡到原初的持存，而且在变为晦暗过程中过渡到习惯性滞留的持存；与之相应，原初被给予者，被知觉者（其本身具有"主观的"当下样式），过渡到同一持存，它处于"刚刚曾在"样式中，并之后处于"更早曾在"样式中，后者连续地朝向不断成为更先前的方向变化着，并"无意识地"始终停留在此连续变化的样式中。通过影响自我和"有意识地再浮现"，它出现于记忆样式中。

在此浮现者（再产生地被意识者）是此"在先"样式中的"在先者"，它当然是连续变化着的。在此应注意，正像原初知觉所与者不是"当下点"而是连续性现在一样，在先曾在者和被知觉的曾在者不是一个事件点，而是一个时间段。

作为一在先者之意识的再忆之本质，不同于持存的"刚刚意识"，它必然首先具有浮现形式。在浮现的时刻，整个在先者，在先者之时间样式中的一全部延存，在未区分的统一体内被意识，而且对于意识的每一时间时相均如此，此意识具有浮现之特征。但属于一浮现的在先者之本质的是：它被说明着，它可以在一准原初性方式中变为一构成性的"似乎知觉现在"〔Wahrnehmungsgegenwart-als-ob〕。每一再忆有二样式，浮现之样式，模糊的、未被说明的再忆之样式，以及被再产生的、被再更新的知觉的被说明的再忆之样式。而且此浮现必然发生于前。

附录 XIX　本质与"观念"。精确同一性本质之观念化
与直观。重复性记忆之明证性作为同一性意识
明证性之前提（相关于 Nr. 21 的 §2）

如果在个别性直观的变化中，在其相继性中，或者在由于任意性变化而始终未被关注的因素之变化中，我突出了一共同者并使我提高至艾

多斯，后者在一永远不变的或相同的因素中被单一化，正如我之后可以肯定，该相同性是完全的相同性，而且我有一确定同一的本质，此本质之后在相同的因素内实际上被单一化？我为具体的本质以及为其抽象的因素提出此问题，此抽象因素是最低的种差①。

因为，我能否知道，任何被直观者实际上都在知觉中，以及甚至在如此不定的想象中，提供了相同者，而且如果我在同一例子中把握了一艾多斯，它在两侧被单一化，并因此只在相同的两侧被单一化，以至于其一是另一的单纯"重复"——于是非常可能的难道不是：我在此有错，我忽略了细小的种差（我所极为注意的遇到者），而且因此，不谈较大的类似性，什么都不存在？因此我从何处知道"最低种差"的呢？我能够"重复地思考"一切，这如何有助于此呢？因为正是其本身可能为一错误，因此我应从何处知道重复即重复呢？它本身是如何能够被给予的呢？

因此，最低种差和确定的单一因素是"观念"。我在知觉中以及在想象中直观地发现的每一相同性，都是通过其中无差距存在的"相符性"如是给予的；但是无差距的相符性是一极限、一观念。确定的因素（此因素在其不变化的延存中也是观念）作为观念，也同样作为最低一般项之观念，与其相对应。 371

而且如果我先空洞地思想，之后直观地思想，而且如果我一般地使一非直观的意向与一直观的相符，那么我如何能知道该非直观的意向是否在相符之前及在相符中实际上按其"意义"始终不变及自身一致，并与直观之意义相符？事后我的确可以经常观察到，该直观按其意义是变化的，该空意向被归予了新意义，如此等等。如果我们研究本质理论，如现象学，我们在此也在观念的态度中移动。本质研究，正像几何学研究一样，是"观念科学性"的。但是我们并不将观念理解为现实中被构成的相同性或同一性的一般化，而是将其理解为由直观情况和情况综合所判定的观念之直观；作为纯粹本质直观的观念直观具有其明证性。

我有时直观地意识到一变化，有时则直观到一不变化，同样，我直观地意识到两个或多个分离的客体之相同性，例如一声音系列。

---

① 相关于记忆明证性的疑问问题，即同一被记忆者的重复问题。

我有具特征性的感性的相同性现象并过渡到一相同性关系之构成，于是我返回 a，之后返回 b，因此在重复的向后回忆中将作为同一者的 a 和作为同一者的 b 等同化，之后我使 a 与 b 达至重叠性相符。我如何能知道，该重复性的被记忆者 a 永远正好呈现为同一者，而且我其后使其相符者实际上是最初原始地被给予的同一个 a？

在反思中我只能说：在展开于重复性记忆中的意识里，就记忆而言起支配作用的是一同一性意识统一体，而且它持续地被设定于同一性形式中，如果我之后在重复的记忆中将 b 予以同一化。在同一性相符中显露出差别，而且只有从此差异中凸显的"相同者"部分才具有一致性，如此形成的诸整体，在与其"相同的"方面，并不是同一的，而是相同的。如果我如此过渡到 c 并返回 a，之后 a 可能显示为"≠d"吗？如果我在外知觉中或在感觉材料形式中给予了 a b c d，在此情况是，我知觉 a，之后知觉 b，之后再次知觉 a，并同时在此意识中，存在着同一 a，这是我在记忆中所有的刚刚曾在者或被知觉者。之后在记忆中保持着 a 之同一性时我过渡到我在再忆中予以同一化的 b，并如此继续下去，于是最后我再次返回 a，将其再次同一化，并发现 a 与 c 不同，此 c 本身又与自身同一化。

我如何知道，在这样的自同一化中（此自同一化在此作为普遍前提），不仅与自身的同一性事实上被意指着，而且事实上存在着？我如何知道，被记忆的 a 实际上与当下被新知觉的 a 是同一的，即如果这是一个体，它按其在时间上全部展开的本质是同一的？

"现实的同一性"和纯假定的同一性之间的区别是如何发生的，以及同一性直观作为实际上原始给予的、充分的直观是如何被显示出来的？或者，对于现实的同一性之论断是如何被证明为正确的？

附录XX　重复和记忆：以时间构成性意识连续性为根基的记忆所与者与再所与者的不同种类（相关于 Nr. 21）

记忆所与者和再所与者或自所与者：

1) 再产生的所与者意义上的再所与者，类似于自所与者。自身不是实际的自身，而是准现前的自身。

2) 在实际的（未变样的）原始所与者意义上的再所与者，是随着第二次的、重复性的意识被给予的。被再认知。因此是印象式的及同时在被记忆中"自所与的"。

a) 对于个别性客体：对同一客体的重复性关注，重复地返回一继续中的过程。最初被给予者与再被给予者是个体上同一的：它延存着并已延存过。时间统一体包含着二者。

b) 对于本质客体：重复的所与者。再认知的意识，被认知者的意识。已经被给予者。在不同时间中被给予者是在时间中被给予的，但本身不是时间性的。一切本质把握假定着个别性现象。被给予性〔Gegebensein〕是时间性的，被给予者与时间性有关系，但它在一切时间中是一致地同一者〔identisch dasselbe〕，而不是在延存、变化意义上的同一物〔Identisches〕，如此等等。

对所与者的记忆。我记忆一过程：此过程作为准现前者存在于那里，于是我可以说，"它曾存在"（在相对于实际当下中已过去的）。我记忆一句子，记忆概念 S。此概念作为准现前者存在于那里，例如在非真正的记忆中。或者它通过"被再实现"的方式存在于那里，作为被给予的及曾被给予的。或者作为"曾被给予的"，但它在这里等同于"被给予的"。

在此应对诸多问题进一步研究。

再所与者意识，作为对先前所与者的记忆意识，可能是真正意义上的重复意识。我在记忆中一步步进行证明。我一步步地记起，我正是那样做的。每一步骤都是一"重复"、再忆。或者也是在非真正的、"象征性的"、模糊的意义上的重复意识。但正像在一切记忆中那样，在此存在不同的程度性。

我重又进行证明并返回我已经进行了的一证明部分，一推论关系。"现在它似乎已被证明了，等等。"我再次返回在统一意识内继续着的关系链接或关系线，并在再意识中统握一链接或一链接部分，但并无完全的重复。于是在每一统一流逝的过程中，对于开端和对于某一部分的一

373

种"保持"及目光朝向，这是可能的。

与此不同，再忆是在统一意识中断后，对于几年前我曾经历过而今又再次对我突现着的事情之再忆。再次突现对立于流逝中的或已流逝的线索之保持，对立于对某一部分的目光朝向，在这些部分中目光可能是清晰的或不清晰的。此链接"又一次"逐节逐节地，或以直观的方式或以非直观的、模糊的方式，（在记忆意识中）为我掌握，如此等等。

我们于是也可以说，当最初的"再准现前化"开始时，它本身就是一现实的当下，而且属于其本质的是，此被准现前化者具有过去样式，它对立于此当下。或许过去者甚至不是像一原始意识那样确定的，它有一记忆系列之不确定的晕圈，此记忆系列相对于"现实当下"前行，再忆本身也是属于该现实当下的。我们应该补充说，对一"曾在者"的"返回"永远具有相同的一般特征，不论当"活跃的"持存仍然继续时我返回任何一种"曾在者"，即如果我准现前着，还是我实行着任意其他的再忆。大体上我具有时间构成性意识的仍然活跃的流逝。但是活跃而连续的流逝构成着某种时间性客体，即在一连续变化的"流逝样式"中。一切被构成者均可不断更新地流过（最初在一简单目光中被把握），

374 而且这重又假定，在新的开始时，一切均被意识，在再设定开始时，一向前朝向的意识展开着，而且此意识伸展于直到现实当下之全部流逝时段上（甚至在空的流逝时段上，如果时间性客体已经完全流逝了的话，因为甚至空时段也是某种被构成物）。每一再忆都有一类似的特征。被再忆者作为具有一过去样式的某物存在着，而且此过去者与现实的当下具有其流逝过程中的连接。属于一时间点本质的是，其流逝样式无限地被变样化。属于一再忆本质的是，它具有向曾经时间上已被构成的某物"返回"之特征。属于对同一物两个再忆的本质的是，它们虽然再忆着同一物，但第二次的被再忆者正由于内在性的"时间差距"改变了其客观的流逝样式，此时间差距是两次再忆作为现实的时间事件彼此之间具有的。

因此应该研究原始的内意识或作为时间构成性现象连续体的时间构成性意识，在其中时间性在其客观的流逝样式中被构成，而且应该研究

准现前化的内意识（以及一切其他意识方式），在其中时间物以另一种方式在其流逝样式中被意识，即作为现实物被意识或作为想象物被意识，如此等等。在此还应补充说，正如每一时间构成性的意识具有其无限的过去视域一样，它也具有无限的未来视域。注意的目光可以深入当下，而且在此过程中向前朝向永远更新的"当下流"，过去时段在此本质上属于意识，但目光并不深入其内。但是也可能"向后"转向并投向被构成的全部过去，以便在任何时间点上把握住（一相反的穿越行为：作为连续性的穿越是可能的吗?）。但这只是可能性，因为在完全确定的预存之外，还有或多或少确定的或不确定的预存被给予，后者带有现实当下的构成行为。

人们也可以这样说以代替流逝样式：类比于空间方位样式的时间定向样式，如一者根据于流逝持存，另一者根据于空间的"远近"关系。

附录XXI 意识流统一体之所与性。可能记忆 与期待系列之动机化（相关于 Nr. 21）

375

"过去的内在性者"不是一适合于纯想象可能性或记忆之标题，而是适合于被变样的可能性之标题。

从现实知觉和知觉现在中将过去者想象为我曾经知觉者，可能存在无限多的想象可能性。但是一唯一可能的记忆系列应标志为真实的和现在的记忆系列，与其对应的是一作为我曾知觉者之过去。一记忆是一准现前的、设定的意识，而且一直观的记忆使得一过去者成为直观性的。但是对过去的存在者的直观和设定的直观（它将此存在者设定为过去的）并非直接地为设定的直观，它使得在其记忆中之过去内的过去者（因此作为被知觉的曾在者）成为真正的所与物，因此获得显示〔Ausweisung〕。在某种意义上一切记忆都将过去者设定为并使其成为直观的曾经被知觉者；但是属于此所与性意识本质的是一指涉的〔hinausweisenden〕意向之连续性：被记忆者沿着此被构成的时间系列指涉着继后的被记忆者，并如此连续下去直到当下，而且当此记忆系列出现时，此记忆及其每一继后记忆均被确认和显示，并在现实的现前中，在原始的（最初的）

记忆及其流动的终点（即现实知觉时相）内，发现其最终具体的基础。

但是，记忆的变样化，按其主题，按其强化〔Bekräftigung〕之有根基的可能性，也朝向于相反的方向，虽然在此充实化（作为强化）起着另一种作用；如果目光朝向再前之过去视域，那么后者不可能被连续直观地穿越，而是对一浮上的更早过去之事件的每一把握都通向一强化作用，在此确认中一序列事件连续体被穿越，直到达至相关的记忆对象。在此穿越中，不仅是最终记忆，而且全部被穿越的系列，按其一切时相和按其一切在记忆特性中现实直观存在者，均经受了其强化作用。（一更准确的描述在此将导致相当的复杂化。）就未来和期待而言，还需要平行的论述。按此方式，因此"过去的内在性者"，对于认知主体，不再意味着一进行再忆的单纯想象可能性，而且这样一种内在性者，一般来说，不是现实的记忆所与者，而是一过去视域属于每一"体验中的现在"之本质，而且此外，本质法则——此视域被明证地说明为观念，以至于直观可见地存在着一种不是空洞的而是受促动的、产生有秩序的记忆系列的可能性，此记忆系列永远一再地被相继肯定着。

我谈到一意识流，因此我将其归之于过去与未来中之延伸。与此相联系的是先天性：属于一所与意识、一原始被把握者之本质的是一确定结构，一现在意识及一"第一记忆"时段[1]。还不止此，属于此的还有一视域，一无限的、一般来说可空洞地被设想的视域，但此视域可包含通过诸单一再忆之呈现方式而被充实的可能性[2]。本质法则在于，属于每一视域的是一单维连续体以及诸可能再忆的唯一单维连续体，诸再忆可通过确认，通过连续的充实从任意一点延展至现实的当下或延展至认知主体的现实知觉。但是人们能够虚构一个又一个的、任意多个的再忆连续体，只为了完全任意地聚集一连续性过去的记忆直观统一体吗？不能！可以先天地肯定，对于每一知觉，对于每一现在意识，如果我们假定其有完全具体性以及连带着其主体和其空视域，就只可能有唯一完全确定的记忆系列，与此记忆系列对应的是在一切方面被肯定的并终止于当下

---

① 以及应该加上"第一期待"。
② 同样，对于未来视域可用"前期待"来取代再忆。

的一再忆之观念。

但是，体验流未来和期待视域充实流未来的情况如何呢？然而期待起的作用与记忆起的作用并不相同，而且属于未来的先天性似乎具有和属于过去的先天性本质上不同的内容。独一性的期待系列作为提前记忆连续体（直观上当然）具有的特征是，它通过现实的知觉继续被充实，而且一期待系列必定具有此特征。我们通过记忆来穿越记忆，而且充实存在于此记忆关联体内，除了此期待系列必定终止于现实的知觉内之外。但是其自身并不真正地进行充实——在这样的意义上，在记忆序列流逝中每一新的较迟之过去的每一设定，都在连续在前的过去中被充实。我只能够等待着未来，而且我并不是通过纯期待获得未来的。未来并不在此期待中被给予我。那么过去是在记忆中达至所与性的吗？过去从来也不被给予，它是已经被给予的。但是过去性本身原初地成为意识，并肯定在过去者的直观时间意识的作用中。未来者本身如何原初地成为意识的并直观地确定的？仍然存在着直观的期待，它从现在开始展开于被确认的系列中；仍然存在这样的可能性，我如此构建着未来的一部分，以至于其中绝无虚构，而且一切组成部分都在未来的同时及相继出现中相互依持。如果我如此一直继续着并可如此建构着不断更新的未来，以至于在历程中一切都是被促动的，那会怎么样呢？未来如何可能在期待中被促动？只是从过去的路径中吗？在过去本质中或在记忆意识本质中存在的是，先天性确定内容及其形式具有对于未来的一种动机化的力量。过去的路径为未来规定着法则，一般的法则，但也是单一的规定〔Festsetzungen〕，正如意志所为的那样。

未来作为在未来视域之充实中通过现实知觉原初地被给予。因此未来所与者作为 terminus a quo（起始点）以现实经验为前提，但之后从此经验过渡到新的经验：新来者的意识对立于刚刚曾在者，刚刚曾被知觉者。在一个侧面，我从新来者、原始被知觉者过渡到旧存者，过渡到被知觉的曾在者；在另一个侧面，我从现存的新来者过渡到一出现的新来者，而现存的新来者成了曾在者。如果我始终在期待中，那么我就实行着对未来之预期，我预先把握着、预期着还不存在的知觉。如果我始终在记忆中，那么我就实行着再忆，我向后把握着曾经存在的知觉。在预

377

视目光中〔Vorblick〕，在过渡向新知觉的预存中，我发现此新来者作为预视目光之充实化，在此相当于起始点的新来者成了旧存者。在以持存或再忆为根据的回视目光中〔Rückblick〕我发现旧存者作为再次被意识者，作为再次似乎存在者，而且该充作出发点的现在物成了未来物，后者曾经是现在。

Nr. 22　对作为充实之记忆进行的现象学分析

§1. 对于一个别过程的记忆之渐进明证性：对于更精确规定及其观念性界限的意向

为了通过比较综合性地把握相同性，我须重复地回顾同一主题，回顾比较项 a 以及同样重复地回顾比较项 b。为了综合地进行同一化，为了综合性地将同一者把握为同一者，我须在同一性意识的"直接"实行之后再次返回先前被意识者和其后同一被意识者，并将二者综合地设定为一。

重复地返回同一者，我们立于记忆基础之上。在此提出问题。对于记忆的明证性应予以探讨①。

1）对于以下判断我是否有明证性：我先前实际知觉到被记忆者，而且它实际上已存在？

2）如果第一个明证性存在，我对于如下判断是否也有并如何有明证性：先前被知觉者作为曾经如此被知觉者，正如当下在记忆中作为先前被知觉者的浮现者一样，或者，曾经如此这般存在的曾在者，是否正是在记忆中作为曾在者而当下浮现者？对于作为曾如是存在的或者作为曾如是被知觉的"如是存在"〔Sosein〕的明证性。

---

①　对于作为"曾经存在"〔Gewesensein〕之"存在"的明证性。

我们倾向于选择在完全具体性中假定的个体或个别过程的当下记忆。如果我再次产生一记忆，或者如果我"沉浸入"一记忆，虽然它"仍然"继续着，或仍然流逝着，作为"空意向"的过程之直观性仍然继续存活着〔fortlebt〕，或者被记忆者仍然始终被牢固地把握着，如果我再次产生记忆，因此即开始一新的记忆，它与有效"继续存活者"〔fortlebenden〕相符一致，并促动其所含有的充实化倾向，使我更接近被记忆者，并在一再重复地、更新重复地产生记忆行为中使我更靠近被记忆者——如果我这样做，那么我就能"看见"并表达这个过程，此延存者实际上是某种不同于我在原初记忆中所意念者。那个人没有黑头发，而有棕色头发，或者我想到的是黑头发，但靠近仔细一看（进一步记起）他有完全不同的金色头发。于是注意的方向不同，性质规定就不同。

因此已经表明了在重复的记忆中，并同时在作为重复性链接的记忆中"逼近"〔Näher-bringung〕的基本现象。行为属于链接，链接构成了一特殊的和确定的"视场"或时间场。重复记忆的同一物说明也属于此逼近作用。在此应在现象学上区分作为曾存在和曾被知觉的未被分析的被记忆者之全部特性与被说明者的特殊特性。也就是在这些将全部被记忆者排入部分同一化秩序中的因素中，从现象学角度，区分该全体中的"真正被记忆者"和具有替代者特征者。而且在此，对于后者而言，应再次区分最一般性的形式或属和可能具有不同特性的确定的特殊项，此最一般的形式或属使得秩序化成立，其本身必然属于"现实的"被记忆者之惯习（如同在我们的头发颜色例子中，颜色一般来说是特殊化的属范畴）。也就是，它实际上被刻画为具有现实被记忆者特征，却或许完全不曾存在过，或者虽然被刻画为具有被记忆者特征，但却是完全并非曾以如是方式存在的曾在者，如在强度上，如在某种品质性向上仍然与真实者有差距，如此等等。

在此我们的问题相关于连续变化中的对象和连续变化中的特征。真正的特征，真正的对象，如其曾现实地那样存在的对象，如其现实地被知觉的那样，乃是一"观念"，即我们将如是达到之：如前面已指出的，意向的某种渐进性和可能的充实化属于记忆意识。我们能够将被动性意向（作为被动性倾向）予以活跃化，将其转变为强化的努力。我们可能更加深入于记忆，使被记忆者在记忆中（在不断更完全的记忆中）"更靠近"我们。而且我们越靠近被记忆者，它就越具有如实曾存在的特征，但这也同时意味着，该意识是一纯"接近化"意识，因此即一或大或小的距离化意识，或仍然是"临近性"意识，因为此意识并不直接具有其相关项特征，此相关项具有如实曾存在的特征或"如其曾现实存在那样被记忆"的特征。但是，即使一意识摆脱了此纯接近化或纯临近性特征，如差距并不过于显著，那么仍然可能努力于在同一进程方向上提高意向的活动性，而且可导致，一新的记忆赋予其相关项以较大完全性特征并赋予先前的相关项以"仍然只是一接近化"特征。此处所描述的事件是现象学的，它们标志着在可能记忆本身上的特殊本质事件。

因此，对于记忆意向本质中的此种程度性而言，它完全类似于这样一类统觉的特性，后者自然也联系于记忆事件，在该统觉中我们把一颜色把握为红色，即在纯粹红色观念下将其把握为红色，只要我们将其把握为非常红，把握为纯粹红；或者将一直线把握为相当直的，把握为完全直的，在此我们可以作为例示提供新的现象，在其中此直性更加接近于"现实的"直性。在此统觉中（此统觉作为对所与者的统握，在此所与者中我们应该看见一纯粹者或现实物的不完全的体现）也存在着一种我们能够使之活跃化的意向性倾向，一种我们可按其继续前进的深入之方向，在此过程中此意向之充实化通向统觉系列，在其关联域中存在着一种程度性，一种朝向越来越完全性的前进和朝向一终点处界限的靠近，与此界限的"距离"则越来越缩小（在此我们并无真正的距离，因为此界限本身并不是感性的所与者）。诸过渡系列永远可作为中介者越来越扩大地朝向一汇聚位置而汇聚，此汇聚位置本身是一观念的被假定者，并不作为单一现象被给予。因为当一感性的单一物在现实物和纯粹物意识中被给予时，始终不断地朝向更加深入化和更为接近化敞开的可能性。因此一开放的无限性属于每一界限。

在此方式上，因此在对相关于一"曾在者"（此曾在者本身作为一连续的可变者容许一现实化的程度性）之意向的具体个体记忆中，也存在一观念的界限。我们可将此空的记忆称作一纯潜在性〔δύναμις〕，此潜在性在直观的记忆中具有现实化的程度性，而且在此具有作为一相对的

381

"实现"的被记忆者；但是"如实的、现实的曾存在"本身是作为观念的绝对意义上的实现。当然人们可以从不同侧面及在连续性的不同直线上，沿着部分上直线的、部分上无次序的性质连续体，接近相同的特征以及同样地接近整个个体，此个体作为整体存在于连续性中。接近化程度本身不应与内容的连续性相混淆，例如从"具有类似外观的"（不是几何学上相似的）图像过渡到类似的图像，或者从颜色过渡到颜色，如此等等。另外，内容的连续性对于我们在此描述的那样一种接近化是一个前提。人们同样在内容的连续体中移动，而且达至直观者接近着曾存在物本身，因为直观是对某物之直观，此物在此连续体中与被意向者具有实质的距离，而且是一应缩小的距离；随着距离的缩小包含在记忆中的意向实现化的非完全性意识也逐渐缩小。

§2. 在记忆充实化过程内的非清晰性与非规定性之不同种类。记忆中的被动性展开与主动性展开

但是，在记忆中还须区分程度性的另一种样式，即清晰记忆和晦暗记忆间的区别。完全的清晰性也是一观念；在记忆中被刻画为曾在者即如实曾在者，如果它在完全的清晰性中将该曾在者实现为连续体中被意向的汇聚位置的话。

还应考虑很多更准确的现象学特征。如果我们说：我记起 X，但对我尚未清晰的是，它是大还是小，是金色的还是黑色的，等等，那么在第二种意义上清晰性可能存在，只要在我的记忆中浮现出一现实的"图像"，在记忆目光前它对我直观地存在。我在一身量和一发色中设想着 X，但其清晰性并不像被记忆的颜色。通常此颜色并非始终是固定的，它来回变动着并或许突然变为非常不同的颜色，而且并无颜色像曾在者的颜色、像自己记忆中的颜色那样呈现，而且甚至并不存在对现实颜色的"接近化"。

如果它被给予为颜色或近似的颜色，被给予为几乎是被记忆的客体的颜色，这样出现的是什么呢？我们显然应该回答：在记忆中被直观给予的人正是在记忆中被刻画为"先前曾存在者"。因此一被充实的意向在

此出现，但这是一不完全的被充实者。此意向本身具有其意义，而且此
意义是被充实的意义，只要可说明的直观因素包含着特殊记忆特性（直
观被给予的对象本身的组成成分）。但是此替代性因素并不指示相应意义
组成成分的任何充实化，而是按此观点该意义或意向并未按其意义被充
实。准确地说，此意义是按照属的因素被充实的，此属的因素是由意义
的一般结构被预先规定的，但不是按照种差被充实的，种差应该作为任
何充实着属形式者存在着，而且种差存在着，但不是作为按其意义对记
忆意向的充实化。情况可能是，在此方向上记忆意义是不确定的；但情
况也可能是，记忆意义是确定的而仅只是未被充实的。但在后一情况，
确定性可能是相对的，因此是相对不确定的和相对确定的。

383

　　但是这些可能的情况需要进行现象学的澄清。一记忆的不确定性，
即就属充实化之特殊性而言的完全非确定性，无论如何都不是任意的可
确定性。在记忆中我们完全并非处于任意性领域，像是在纯想象中那样。
在想象中也可能出现不确定性，例如，被想象的半人半马怪的未看见的
背面如何是始终开放的，而且即使某物是按照前侧的样子被确定的，我
也不可能问，在靠近看时此半人半马怪的所有侧面是什么样子。这是在
意向中不确定的，是可在想象中加以任意充实的。在记忆中其不确定性
具有另一种特点。它指示着一可能充实化的面向，但在此面向内指示着
一确定的方向，后者只是还未凸显出来。被记忆者就其颜色说是不确定
的，但"它在现实中有一确定的颜色"，而且对此我仍然"可能"想起
它。此不确定性是一可确定性。此意向于是具有这样的性质，它不是可
被任意充实的，而只可能是通过具有某种更准确的、按其意向被确定的
意义被充实的，或是可被带入充实化渠道中的。因此，不确定性指示着
一种潜在性，它也是闯入意向的潜在性，是使被意向者更接近的潜在性。
因此使靠近的特征是由意向或意向性意义的更准确规定性的一可能过程
决定的。

　　但是这不只相关于直观的记忆，而且也相关于非直观的记忆，因此
即那些一开始作为空的记忆意向者，但在其空性中仍有其意义，此意义
有时是较完全的意义，有时是较不完全被规定的意义。较大的确定性在
直观性出现前已经具有一意向充实化特性。但与纯想象意向对立的记忆

384

意向是一"带有受约束的行进路线"的意向，或者是一无图像的意向，它一般来说不仅有其意义并按其意义规定着直观化的途径，以及因此规定着对被意向的真实物之接近化，而且是一意义，它也按其开放的位置规定着对更准确意义的进一步规定，以至于它在全部不确定性中朝向一完全确定的清晰轴，朝向作为假定是如实曾在者的曾在者。此外应进一步补充说，并非一切不确定者在此均可被排除，只要它们不可能被记忆本身所充实。也就是，在先的知觉本身所包含的不确定性，从记忆的观点看始终是开放的不确定性。但在先的知觉在现象学上意味着作为现象的完全记忆，后者是一定的知觉本身的意识之观念。因此严格来说这是一种同语反复。也就是，记忆按其自身本质要求着最终充实化的观念，而且属于此观念的可能是不确定者维面，此不确定者本身于是正是应该带有着记忆特征。

我们所论述者既适用于与一所指出的属范畴之特殊化有关的完全不确定性情况，也适用于相对不完全性情况。我们的记忆是相对不确定的，如果我对此肯定，即记忆中确实存在这样的组成成分：该人有胡须，但不确定的是，他有什么样的胡须样式。

但是，此完全的确定性在某种意义上是真正的相对不确定性。除了摇摆的边界是确定的外，即在此相关的是该任意性，它使人们有可能随意充实该典型的属范围，却并不因此使人们更靠近被记忆者（只要不与此一致地导致意义的进一步规定，但此意义的进一步规定仍然应该能够清晰地产生）。我准确知道该人曾存在。我对他有一准确记忆，一完全确定的（虽然一时间或许空的）意义的记忆，如果我"在意义中"有一确定的汇聚位置或其围绕范围，它使我以"更满意的"方式接近被记忆者。一般来说问题并不在于我能够达到尽可能高的准确度及最终达到绝对准确度，被记忆者本身在严格意义上赋予我的准确性是处于无限性中的一观念。因此差别性不应被误解。"有胡须"标示着一模糊的广泛类型，但作为类型它具有其特征，其中插入有这样的组成成分的意义，此组成成分是相应模糊的并在一相应的宽度上是可充实的。但典型宽度的惯习和此宽度的可充实性类型，本质上不同于"准确确定的"类型，即在通常纯粹意义上准确确定的（属于此的是使得任何实践性态度"满意的"现象学类型），此类型包括"不再相关的"更小种差范围。但是在此背后存在"精确观念""观念性精确"，后者在此标志着严格意义上的"如实曾在"本身的界限。

问题重复地相关于深入记忆的可能，即对已被记忆者越来越准确、越来越清晰、越来越增加完全性的"记忆可能"。记忆可能是一记忆被动性，记忆可能作为突现行为逐渐前进，在此规定性程度会逐渐增加其清晰性。但是如我们已经说过的，也可能变为一主动性媒介。在完全性意义上的从记忆向记忆过渡的消极性倾向，可能逐渐松弛"而无我们的额外施作"；如果该倾向足够有力，它将自行松弛，而我们只需跟随其"倾向"。但是此变化具有其主观性，而且像一切主观性因素一样，其特征属于可能的自由区域，因此一种"我能够"属于此自由；我可能不仅是跟随该倾向，我可能自由地使其松弛，我可能闯入意向，可能为我自己分析及更正确地规定其意义，以达至清晰性并前进至被记忆者本身。自由之"我能"，在此正像在他处一样，并未排除障碍、兴趣的偏离、"怠惰"之障碍等。但是属于记忆，以及属于相关于其本质的、对"完全的"记忆接近化之可能无限系列的（一无限的系列，它按其性质为一观念，为一本质上属于记忆本身的观念），本质上也有一可能自由的以及对于克服一切相反倾向的可能松弛化力度的另一观念，在其中此无限的系列被穿越着，而且在对此目的的接近化中，此目的越来越充分地"被达到"。

§3. 在记忆中与在知觉中在向一对象接近时的实践态度与精确态度间的一般区别。不同的兴趣对应于不同的充分化〔Adäquation〕形式

如果我们回顾到此为止的讨论，就会倾向于强化对所提出的区别的认识。

自我记忆是对一"对象"、对被知觉的曾在者的意识，而且"对对象的朝向性"即存在于此记忆生命〔Leben〕（我赋予此词以特殊意义）中。在此对象是此朝向性的目标。对象本身，现实的对象，是一观念，是一完全达至目标的观念之相关项。但是我们不应该区分实践态度和精确态

386

度吗？前者以作为实践性观念，即作为实践性目的〔Telos〕的对象为其目标（在每一记忆中蕴含着实践性的行动力〔Dynamis〕，它作为实践的实现力〔Entelechie〕被归予记忆），但后者以作为康德意义上的观念的对象为目的，此对象存在于"严格的""精确的""最终的"真理中。作为关心实践性者，我不会朝向精确者；作为关心精确性者，我不会朝向实践上的同一物。在此人们将诉诸另一意向，此类比性适合于此意向，当然正像适合于知觉一样。

387

知觉朝向对象。知觉在如下最完全的意义上才是知觉，即当其"达到"对象并对对象是"充分的"之时。对于持实践态度者来说，当他如此看见对象，正像他在实践中应看见它的那样，当他看见并如此看见对象之状态，正像他想要看见它的那样，或者正像他对于对象充分满意时那样，那就是完全意义上的知觉。我作为实践态度的人，完全地看见一房屋，当我从任何距离看时，此距离将房屋状态指示我，它相关于我在通常实际的情况下关心者或相关于我当前特别主要的实际关心者。我继续走近时，就看见一切"细微的"粗糙点、颜色的差异，等等，它们对我来说无所谓，而且并未构成房屋完全的知觉，我所获得的种差并未使我的房屋形象改变，因此其作为实用性的身份并无改变。此一般知觉客体按其规定内容来说是实用上的最佳者。超出后者的进一步规定的种差，在实践层面上并不是种差。这些种差要求一种新的关切，不是对该同一物的实用上的关切，此同一物使得实用上的 adiaphora（偏好随意性）之不可能无所遗漏的充实性保持开放，而是"理论上的"关切，后者以相同的方式关注一切被知觉者，而且它留心一切与具有如此性质的规定相关的区别。朝向于知觉性意向的实践性关切或最佳者是变化的。对于一种实践性态度是本质性的区别，对于另一种实践性态度则是一随意性偏好，反之亦然。理论性态度包含着一切可能的实践性态度，因为它以同样的关切包含着一切规定性，包括一切在对象中可区别者，并包括可经验作应归予它者。此关切不是相对的和不在本质之外的，而是一纯然对对象本身的关切，对作为特性之基底的对象的关切。

于是一切知觉，和一切汇聚为知觉统一体的知觉，都是不完全的，而对象成为目的，此目的作为观念存在于无限性中，并在某种意义上仍

388

然再次存在于有限物中。也就是，只要知觉敞开着对象之完全新特性的可能性，此对象绝未预先受到促动并不断更新，那么我们就有一无限的视域，一开放的、未知的视域。另外，每一敞开的视域，每一已经有其动机化的视域，都规定着一定经验的朝向，并在直观的理论经验中进入此朝向，我们就不断接近于按此观点被规定的对象；而且在此朝向中对象的规定是一观念性的界限，但它不是存于无限物中，只要对其无限的靠近被规定为观念（无限的度量等等）。

当然，人们不可能从每一观点上将知觉的不完全性和记忆的不完全性置于相同的平面上。知觉以对象为目的，如同它存在着，而且完全的知觉由此被对象的完全经验所形塑，此对象经验以活动的方式左右着知觉的无限性，左右着被实际实行的（并在记忆中再产生着的）知觉的无限性以及可能知觉的无限性，并可自由支配每一无限的物规定性。但完全的记忆是完全接近化之观念或被记忆者之完全达成，如同它曾被知觉时那样。

当然，如果我要从（超出记忆的）经验来规定曾在者本身，那么记忆的完全性就不会增加。

逻辑学自然是精确性领域，是在精确意义上的关于存在者的本质理论。对于一切范畴概念，在实践上同类的概念和实践上等同的、不变的、精确同一的、精确不同的概念之间，存在着以上指出的区别。

对于一实践上的相同性来说，以下公式并不适用：$a = b = c \Rightarrow a = c$。适当的区别可构建于不适当的区别之上；它们不是空无，而是无关紧要的琐细因素，从中却可积累起并非无关紧要的重要结果。

附录XXII 作为一种知觉的持存与再忆之明证性 （相关于 Nr. 22 的 §1）

关于"过去是过去的现在"之明证性意味着，通过联系于一相符意识的再忆"置换入"持存上原初性被意识的过去是可能的。在现前场内我们已连续地调节了被元现前化的现在点，并由此与任何目光中把握的持存中的过去拉开了距离。此一出于现前内的时段（或距离），即在此作为形式及并非按照充实性内容而被视为对于"客观的"时间之片段（对于时间段本身）的"统握内容"。

时间实在之知觉在连续元现前化流的被动同一化中或相符性中被实行，而且在持存之恒定相符性中沿着持存侧被实行，任何时间的元现前化都沉入持存中，而且在任何（含有持存的变化的）瞬间现前的每一持存的时段的连续相符性中也是如此，在此持存变化中此时段本身流逝着。每一持存的时段都是过去之"知觉"，而且它不是存在于其瞬间现前之抽象中，而是存在于瞬间现前之连续相符性中，因此此知觉是持存的时段的连续相符连续体。如果我们取一完全退沉了的对象或过程，但它还在现前中，那么我们就在此持存统一体中，即在其恒定的意义上自相一致的流动中，具有过去的"知觉"，此知觉本身在与一更新的再忆相符一致中对此准现前物、准现前的具体对象赋予一"过去值"，并对该原初性过去赋予一变样化的"现在值"（后者尚未完全清晰表达）。

对于现在样式中的时间客体来说，通常意义上的知觉 ＝ 原初赋予性的意识，因此即关于实在物的现在意识。但是此"延存的现在"之流动性"现在点"的连续性综合，假定着原初性持存的恒定的连续性综合，此原初性持存作为持存连续体，因此属于一正常知觉的完全具体的体验内容。如果我们在广义上称知觉为在其时间性样态中实在物之原始意识，那么不仅现在知觉是知觉，而且持存也是知觉，即在其过去样态中的过去之知觉——对此还应有更精确和更清晰的讨论！

"胡塞尔著作集" 完成感言

　　自从 2004 年我与中国人民大学出版社建立了合作关系以来，出版社即成为我组织自己其后十几年的学术研究与写作工作的"基地"之一。几十年来，我在国内外遭遇多次出版挫折与不顺后，竟然在晚年有幸遇到了这样一家通情达理的出版单位，可谓平生之幸事。特别是在游学海外期间，没有料到还可与出版方形成这样纯洁而顺畅的合作关系。对我来说其意义何在呢？不妨说，作为著、译者，在此之前我还从来没有遇到过可以对其完全信赖，甚至可从其获得真诚鼓励的出版方。自此之后，我再也不需要花费时间去揣测和处理与编辑部的各种可能的"纠结"了。当作为著、译者的我本人感觉到在作者、出版方和读者之间确实形成了三位一体的正派一致的业务关系后，之前不时会有的疑虑和犹豫随之消除，从此得以安心地投入各项著、译计划的实行之中。随之我亦感觉到，出版方上上下下诚心地希望我的著、译工作进行得越顺利越好，作品越成功越好，对学术界的贡献越大越好。在我与出版方的交往中不会有国内外习见的各种"关系学因素"（例如，出版方从来没有因我的"学历""职称""头衔""社会关系"等而对我有所区别对待）。此外，今日全球处于商业化大潮时代，功利竞争主义无处不在，而且我长期以来从事的跨学科、跨文化的研究方向，更是难以符合各种学科本位主义原则的"固定规范"而较少获得出版机会。就此而言，从我有限的国内外出版事务的经验来看，人大出版社所具有的开阔的学术眼界和对探索性学术新方法的开放态度，竟然在某些方面明显超出了世界出版界的以营利为原则的俗规。如今在交付了长达 14 年的合作计划中的最后一部稿件时，请允许我再次认真提及一个事实：不论是我出版于 9 年前的《儒学解释学》（两卷本），还是前不久刚面世的《〈论语〉解释学与新仁学》（两卷本），都是海内外任何一家其他正规出版社（自费出版社不计）不会接受出版的，因为这两本书的跨学科、跨文化探索方向不符合控导着今日世界人文科学界学科本位主义权威之方向（如果这两本书以英文写出，国外正规出版的机会将等同于无。在我的经验中，不合汉学主流的新观点是绝对不会被接受的），而这正是 40 年来一贯主张跨学科人文理论科研方向的我本人与国内外学界主流渐行渐远的本质性原因之一。

2011 年是 21 世纪以来国内人文学术界非常活跃的一个年头。我在此前不久完成了专著《儒学解释学》的出版并参与完成了《列维-斯特劳斯文集》和《罗兰·巴尔特文集》的总序撰写及部分翻译工作后，有感于人大出版社对于人文学术理论出版事业的热心和彼此良好的合作关系，遂提出了独力翻译一套胡塞尔文集的设想。那时我已逾"古稀"之年，没想到出版社领导迅速批准了计划。我也不知道领导们心里是如何估计这一计划实施的可行性的，毕竟译者年龄已长，胡塞尔著作的卷数过多，文字又如此艰涩。从出版社的角度看，承担这样的赢利极低的纯粹理论作品的翻译计划，会妨碍其他更具市场需求的计划。当今日终于完成了全部翻译计划之后回顾起来，出版社的领导和责编们需要怀有多么诚挚的促进学术事业发展的精神才能使此多卷本翻译计划得以如此顺利地完成！（在今日的西方学术书店中极少能看到胡塞尔的纯粹理论作品的陈列，可见其"市场价值"的有限。）如果从更高的角度看，在今日全世界人文理论事业普遍趋于式微，西方学界逐年砍削人文教育学术经费的年代，中国的出版社竟然仍怀有这样的与物利追求无关的高端精神目标，这是多么引人感慨与深思的现象！当我每次走进人大出版社的编辑室，看见编辑们各自埋头于与功利主义世界无关的精神事业建设的工作中时，敬意不觉油然而生，对于人类人文学术之未来不觉又增强了信心。（因为我在号称具有人类顶尖智慧的硅谷地区的媒体中每日所闻所见，除了理财还是理财，除了影星、球星还是影星、球星！这岂非已成为今日世界文化的大方向？似可以公式表之为：幸福 ＝ 赚钱＋吃喝玩乐。）

在"胡塞尔著作集"的翻译工作结束之际,我想再解释一下的是:我早自1960年代即开始倾向于胡塞尔学,并于1980年在《哲学译丛》主编杜任之先生主持的文集中发表《胡塞尔》一文(这是我平生写出的第一篇学术性文章,完成于"文化大革命"后的1978年),在之后两年的欧美游学期间亦为回国后翻译胡塞尔的第一代表作《纯粹现象学通论》进行了专门准备,并在1988年二度赴德访学前将编辑完成的该译稿交付了商务印书馆待印。然而,我虽然在这几十年一贯地倾注于胡塞尔现象学研究,但我却从来没有成为(严格意义上的)胡塞尔学专家的抱负。与西方学术职场的专家们不同,我的非科班的自学经历也使我从来没有将研学与就业挂钩的念头。我是纯粹按照自己的学术思想发展脉络来进行有关学术主题、计划内容、深度广度目标等个人学习计划的。任何专业性知识资料的选择都是在个人学术生涯的整体规划内"安插"的,并不是为了顺应学界职业化格局而进行的安排。面对着如此重要又如此艰涩的胡塞尔学的庞大资料,我一贯的动机就是,按照我个人的兴趣,以增加个人对胡塞尔"心学义理"之悟解力为目的。随着研读的进行,也随着个人跨学科、跨文化认识论—方法论思考逐步趋于成熟,我明确认识到自己不仅没有客观条件和主观能力成为胡塞尔学的技术层面意义上的"专家",而且根本不觉得自己有志趣成为胡塞尔学的真正专深的学者。我满足于成为胡塞尔思想的尽量忠实的"读解者",然后希图将其部分思想成果有效地纳入自己的跨学科、跨文化方向的"人类伦理学革新思考"的框架内。一方面,本人并不具备作为胡塞尔学专家所必具的高等数学、逻辑学等知识条件;另一方面,本人更没有一个借胡塞尔学专长到国内外专业职场内谋求地位的意愿。(海外专家们则无不怀此目的。)在此认知下,我之所以在晚年急于系统地译介胡塞尔学(除"胡塞尔著作集"外,还有同样由人大出版社出版的《胡塞尔思想概论》、《现象学:一部历史的和批评的导论》和《胡塞尔词典》),是希望在与我没有任何学术关系的国内现象学界(他们与国外现象学界一样均将现象学研究与职场经营事业结合起来,而这样的"学派经营职场观"却与我的学术志趣相去甚远)领域之外,为学界提供一套更具完备性的胡塞尔核心理论的资料,同时此一系统译介过程也是本人"活到老,学到老"的一个研读现象学的机会。此外，其中隐含的一个尚未被海内外现象学界充分了解的个人心愿是：意图在此过程中进一步探索胡塞尔心学与王阳明心学的可能的伦理学关联（这是早自 30 年前我即与瑞士的耿宁先生畅谈过的）。对我来说，无论是胡塞尔学还是新阳明学，都是在新世纪人类伦理学思想革新探究的总目标下的"伦理思想的两个分支学"。

对于上述后一目标，可以说海外大多数现象学专家在其职场功利主义意识下是根本没有的。按照毕生研读胡塞尔思想的体悟，如我曾指出过的，胡塞尔是一位具有特殊"内省分析能力"的"特异功能者"。虽然其哲学独一无二地将诸近代哲学传统在"逻辑学—心理学"的组织平面上加以创造性的综合，从而一举使现代西方哲学思想的有机生命脱离了德国古典哲学，但其独特的理论创造性却主要体现于其本人所具有的超强的内省分析能力上。此种内省分析能力的高度，不仅在他之前不曾存在，在他之后也很难期待会再次产生，因为人类社会文明的大方向已经根本改变了，由科技工商主导的文明时代已然不可能再次提供第二次世界大战前的一两百年间出现过的特定的教育与科研环境了。几十年来的当代西方胡塞尔学，作为一种职场学科，的确在超脱了海德格尔、萨特的非理性主义思潮的泛滥后，全面恢复了对于胡塞尔本人严格学术的深入研究，并正在取得重要的进展。但是，在欧美各国的胡塞尔学论著中我们看到的都是对于胡塞尔文本的细致解读成果，而根本看不到任何沿着胡塞尔本人的思维方向向前推进或提升的创造性发展。自然，专家们对于胡塞尔文本的解读正是我们最需要研习的，所以我们当然要不断向其学习。而对于职场竞争主义环境下所产生的各种所谓"新胡塞尔学"，所谓将胡塞尔学与英美分析哲学等相结合的"创造发挥"，正像他们根据欧洲原创思想进行的"符号学发展""精神分析学发展"等学术创造一样，都是某种"偏离原始方向"的行为主义—实用主义之变形产物，其学术理论价值其实是有限的，其本质原因在于：其中欠缺着认识论上的"一以贯之"的品质（毕竟环境条件决定着思维成果）。而今日西方学界的"心的研究"主要是自然科学方向的，其认识论基础来自行为主义—实用主义—实验主义立场。

中国传统的哲学思维方式与西方不同，因此中国的现象学学者比西方现象学家更难以参与胡塞尔学本身的发展,但绝对可以成为合格的胡塞尔学的读解者和应用者。对于前一任务,我们必须与西方学者采取相同的方式认真参与推进(首先要向其学习);而对于后一任务,则所谓"应用"必定相关于学者对前提、语境和目标等特殊参量的处置,因而,对于中国学者来说,必定会采取科学批评性立场。而正是在这些方面,中国的深入研究者也必定会与西方的专家们发生认识论和方法论上的"冲突",并难以为其同情和理解。(在更深的动机上,如果立场不同,对其认知得越深,则反而可能更有能力产生不合某些权威们利益的、对其具有挑战力的学术意见,故易于为其所排斥!)同时,归根结底,不同的治学态度相关于学者不同的人生观,按照中华仁学价值观,学术本应为天下之公器,理论创造一旦产生,就属于全人类所有,何须如今日世界学术市场上那样强调"民族所有权"问题?此种态度必然诱导急功近利的学者要以"弘扬"本民族学术产品为目的而采取学术民族本位主义的"学术垄断"策略。(在当代法国人文理论界此种坚持语言本位主义的理论解释垄断权至为明显,而跨学科、跨文化的新科学方向必然要强调"创造专利权"与"解释自由权"的并存性。)何况胡塞尔学早已成为高级学术社会中的共同的课题,今日德语地区的学者不再可能表现出对之还会具有的那种特殊的发展潜力了。(虽然他们具有编辑胡塞尔手稿的文字识别的技术性能力,但一位专深的胡塞尔文献学家,却反而可能在各种综合学术思想判断能力上表现平平!"忠实读解胡塞尔文本的能力"并不直接促使一般理论思想能力的提升。对此现象,我在西方有颇多体会,特别希望中国学者对此有所了解。)同理,就相关的解释和应用来说,更其如是。这是我们在百年来留学文化传统下,今日特别需要强调独立治学观的深层理由所在。简言之,本人的胡塞尔学的"读解策略观"在于:胡塞尔学的专深研究属于西方专家们的任务,大多数中国现象学学者的主要任务仅在于对之进行"既忠实又批评的读解"和对之进行创造性的"应用"。(所以本人长期译介胡塞尔作品正是为"现象学专业"外的广大学者提供研读的方便。而少数专业学者自然需要据原文研读,对于他们来说现象学译著仅起着辅助性的启发和参考作用。)

本人60年来对于胡塞尔现象学的长期体验,并非如瑞士的耿宁先生所误解的那样，以为我是沿着西方学界的制度、目的、框架和"路数"，自行根据北京图书馆可能收藏的鲁汶胡塞尔档案馆的出版物，在 1970 年代进行科班式研学的结果（他在 1990 年代末于美国出版的《国际现象学百科全书》中这样描述过，我读后急于更正而未果），更非如爱尔兰的莫兰先生所猜测的那样，以为我是在德游学期间跟随德国现象学学会前会长瓦登菲尔斯学习的结果。反之，作为百分之百的自学者（当然，在一切知识领域本人都是纯粹自学者），我是基于自己的认知环境和民族文化背景而一贯地进行仅只是选择性的专业研读的。对此我已多次解释过。至于参与译介工作，目的在于在中文学界引介和推广胡塞尔的理论思想，向人文学界理论工作者和青年理论爱好者提供胡塞尔学的特殊思维方式的原始资料。本人在译介过程中试图运用英法译作互证的方式为各界理论学者提供一套胡塞尔思想的中文翻译资料，并按照自己拟制的暂行的术语译名系统使本人的翻译作品具有表述的一致性。本人持续了整整 40 年的"胡塞尔学著译工作"，目的主要在于为人文学界理论爱好者有效地开启一扇通向"逻辑心学"（对比于中国的"实践心学"）的窗扉。为此，我并不认为各界读者可以仅根据中文的译本来进行对于胡塞尔学的进一步的专深研究。由于胡塞尔独特的思维方式，任何有志于专业化深研的读者必须根据德文来进行，并当然要按照国际学界标准程序按部就班地进行。在我心目中，中国存在两类胡塞尔学的读者：一类是有志于成为更为专深的胡塞尔学学者的青年人，另一类则是人文学界的广大理论爱好者。其实，本人译介胡塞尔作品的主要目的是给各领域的理论家和青年读者们提供体察和应用胡塞尔理论思想的方便。

从胡塞尔学的研习技术性角度看，我想趁此机会指出一个重要的个人体会。胡塞尔学尽管内涵宏富，却绝非可供后人据以直接进行新的理论营建的"已完成的哲学体系"。一方面，50 年来我们在西方学界没有看到沿着胡塞尔理论路线的理论思想的实质性提升；另一方面，我还推测，胡塞尔思想本身已然随着哲人的永逝而告终结。但是胡塞尔学的价值不在于其体系的认识论完整性和普适的知识论完全性，而在于其提供了对于作为精神生命基底的意识世界的深刻细腻的结构性描述。我之所以称其为一种泛心理（他本人偶尔称用的）"实证主义"，而非标志以他所标榜的本质主义，就是认为，与西方两千多年的哲学史相比，胡塞尔思想的一切内容都是具有永久性价值的实证性"心理现象"（与之前之后的哲学家相比，无任何玄想和迷信话语掺入胡塞尔的思想话语中），这些由他所独自发现和描绘的"心理事实及心物关系事实"，正是人类任何人文科学理论建设所必需的"心的事实材料"。这些由其细致测绘的心理逻辑地图，对于人类的人文科学理论，特别是对于新伦理学的建设来说，具有作为"心理逻辑实证性知识"的永恒价值。对其所蕴含的认识论价值的客观估计，必须相关于现代人类人文科学理论发展之态势以及人类未来科学理性展望之全局，因此也只是人类文明发展至今（特别当中国传统文明之现代研究介入人类科学全景视域后）尚待全面建设的事业的重要资源之一。正是这样的理论视野，使得我们的观点和目的不可能等同于国际胡塞尔学专家们的狭义的西方哲学史视野。他们的理论视野根植于他们的学术传统和当前职场制度性格局，而在这样的视野中并无"非西方精神文明传统"的参与，其胡塞尔学学术的认识论一偏性，首先即与他们的人文学术知识库的此一先天性短缺有关（特别在历史学、伦理学、文艺学等重要领域）。此一状态当然不是西方学界的各种专家们可以把握的。专家们总是将其眼界限制于其专业框架内，并企图借助其专业的"功利主义动机学窄化战略"，在学界竞争环境内谋求积极生存和事业发展。这样的功利主义治学态度与中华仁学价值观并不相合。

我在去年年底于香港出版的繁体版《学灯》辑刊的文章《中西哲学互动问题刍议——论必须建立独立自主的中国人文科学理论体系》中，对于中西人文理论互动发展的背景和方向给予了比较全面的论述，继续强调了中华文明传统在今日的全球化时代应该怀有统理全人类人文学术遗产的抱负，因而首先必须认真掌握各主要文明传统产生的人文理论资源。但在构想和实施此一人类人文文化复兴的大计之时，必须先端正自身的治学态度，树立独立自主的、批评性的"实践学系统"，因此必须在百年来基本上为被动性的人文教育留学传统中，避免对于国际学术潮流的亦步亦趋，避免简单化地按照"国际标准"和"国际程序"顺势而为，逐利而行。今日所谓复兴中华文化精神，首先即指复兴学者的真心诚意的治学精神。另外，在对待国外学术思想遗产方面，永远存在着在原著文本研习的技术性层面上彼此的统一性或一致性，而在原著文本思想的理解和应用方面则存在着认识论、价值观、实践观、目的性等方面的文化差异性，此外还存在着在职业制度化功利主义治学观和科学理性主义治学观之间的规范系统、程序系统方面的差异性。后者主要指：从理想上说，应当避免卷入任何隐形的拉帮结派、学势营建等"以学求利"的学术生态中。对于胡塞尔学来说当然也是如此。而国外的专家们总是以为中国的西学者应该完全被纳入国际规范系统中去接受统一的学术思想秩序化历练（在掌握西学理论方面，他们是永远的导师，我们是永远的学生），这是具有独立治学观的我本人与西方专家们永远难以合作无间的根本性原因。而当我们要将胡塞尔学最终纳入跨学科、跨文化的革新方向加以"应用"时，应该说此后的任务可能与国际专家们的学术实践方向和实践方式非常不同了。一致性的全球化和国际化，应该主要适用于科技工商领域，在此物化世界中的确存在着跨文化的全球普遍性价值观（数理化、科技化、商业化，的确必定处处一致）；但在精神文化建设领域，特别是在人类未来伦理学革新发展的使命上，彼此的差异性应该引起国人充分的注意。不可因为在今日世界中主要是东方人学习西方语言，而少有西方人学习东方语言，遂以为所谓"国际标准"必定最终表之于西方语言，即据此推论说一切高端学术思想均应通过西方语言予以统一推进。在人文科学和文化领域绝非如此。据几十年的多国思想理论研读的经验，本人坚信在人类精神文化世界中至少存在着四种主要语言，它们对于人文科学的发展具有各自不可替代的创造性功能，除英、德、法语外，以漫长奇妙汉字史为根基的汉语，无疑为另一种永远不可被取代的人类优秀语言（通过词语内部的重组即足可使其表现力趋于"现代丰富化"，足以用之表达中国古代所欠缺的任何现代抽象类思想。本著作集以及本人的一切理论性翻译都属于汉语现代化表现力创造性努力的一部分），而且未来的中国跨文化人文科学的推进，必须以汉语作为永恒的工作语言，绝对不可误以为理论工作者都须用西方语言进行表达。何况，中国的人文科学在未来获得进一步发展的外在标志是：中国学者的高端理论对话应该主要在汉语世界内进行，因为只有在汉语地区，人文学界未来才有技术性条件进行全面的"古今中外理论实践"汇通工作。西方人没有深度掌握汉语的条件，因此，文化全面性、跨学科高端性、探索性的人文理论讨论，只能在汉语地区进行。我在长期从事国际人文学术交流的经验中，甚至隐约地感觉到，一些西方专家们由于突然意识到此一固有的语言能力的局限性而对于国际人文理论交流的目的犹豫起来。四种主要学术理论语言各有不可取代的独特优点，由之可以预示，人类的人文科学在全球化时代的发展，应该在此四大语言地区平行地进行，尽管英语始终会是国际交流中的主要公用语言，但学术理论的创造过程必然应该实现于各自的本国语言系统内。

本人在 1978 年时撰写首篇文章《胡塞尔》的基本动机，尚非着眼于当时尚无条件考虑和推动的提高学术知识本身的问题，而是关注于通过介绍第二次世界大战前曾经存在过的"以学求真"的哲人人格典范，以鼓励"文化大革命"刚结束后人文学界的知识分子立志向学（特别是朝向理论性思维）的心态。但是，当时根本不曾想到时已进入科技工商主导的功利主义时代，国际人文理论思潮与学者及其派系集团的自利追求，已然成为世界上普遍存在的人生观和治学观的基础。更没有想到，当胡塞尔的高尚学术人格成为国际学界借以追求学科职业化成功的功利主义手段后，还会在学术商业化、市场化的今日世界，产生出一系列"副作用"。在国际学术竞争环境内，胡塞尔学在技术上的逐年扩大、提高是其积极的方面，而学者在技术性成就之外的"功利主义动机"则是由社会风气煽发起来的消极方面。本人不断地提醒胡塞尔学研习者不可将其人其学当作新的"膜拜对象"（就像当初国际上一窝蜂地煽发萨特热、海德格尔热、德里达热那样，结果表明其中充斥着哗众取宠的宣传因素）加以"变相利用"，将胡塞尔塑造为继萨特、海德格尔之后另一潜在的"派系教主"，对其予以无限拔高，渲染膜拜，最终使其成为派系功利主义追求的"新道具"。学界派系的"专业化"往往体现为话语技术上的"术语化"，而在功利主义人生观的支配下，后者可能被分离地演化为学界市场竞争中的形式主义"工具"。其商业流行化，可能反而使得"术语话语系统"本身取代了"学术思想"实体，致使一些急功近利的学者们可能以为一旦熟悉了"术语系统"及其"使用语法"，就相当于掌握了现象学"思想"（因为这样的"技术性掌握"已足以在职场敷衍局面，照本宣科，支撑其教学职业）。近年来我越来越发现，在理论术语熟悉度和掌握术语所表现的思想的真实度之间，在职场环境内存在着普遍的"功能性差距"。严格意义上的此一人文学界的"名实不符"的现象，基本上是人文学术职业化生态的产物。我们甚至可使此一人文学界由于职业化的超前扩大化发展而带来的高级的"名实不符"的现象，回溯至孔子时代所说的"正名观"。"正名观"的本质正是相关于学者的治学心态的（通过用"名"乱"实"，以获誉取利。今日世界人文学界内的"学派势力营建法"就是靠着这类"以名乱实术"）。在今日现象学、符号学、解释学等前沿性人文理论领域内，此一"名实不符"的现象在国际学界可谓尤为凸显。

此外，尽管胡塞尔的理论值得我们认真系统地进行研究，但要同时防止将其"明星化"，更不应将其视作现成完整的"理论系统"（如同早先人们膜拜康德、黑格尔时那样，将之视为个人建立思想理论系统的现成的逻辑基础）。还有一个重要的原因：胡塞尔是伟大的新思维方向的探索者，这是他自称是一名"永远的开始者"的深意所在。他只是在各个相关论域进行着个人创造性的思想探索。他在各次探索实践中所记录的"手稿"，自然都是可供后人不断研习的重要理论思维资源，但不要忘记，这些"活跃的思想记录"都是属于"进行式"的，都是有待于不断继续深化、改进和完善的，所以不能将其视为任何新思想建构的现成的基础。此一由其本人诚实宣告的"永远的开始者"意象，其实是人类人文思想理论发展史本身应当具有的内在特征。与自然科学和社会科学相比，人文理论思想虽然在西方历史上开始得最早，但其发展成熟却最晚，不妨说今日之所以说是人类人文科学迈上革新发展新征途的时期，正是因为只能在自然科学与社会科学发展之后才能在"新科学"的大方向上和强化的理性生存氛围中继续革新前进。人文科学理论家们都应该有这样一种不断重新探索的内在冲动。对于胡塞尔学也是如此。然而，事实是，时代已经发生了胡塞尔及其之前百年来的诸多大思想家都未曾想象到的高科技的发展，人类文明正处于朝向"科技工商价值观"全面转化的新历史时期，加之胡塞尔所擅长的内省分析能力几乎难以期待再次出现。此外，即使具备了胡塞尔这样的细密深邃的内省分析能力，学者们还有一个与数十个其他社会、文化、学术、思想领域进行相互有效沟通的任务（胡塞尔学本身在认识论上是高度"封闭性的"，故其与他学的直接"可对话性"甚低，与他学的有效汇通不是胡塞尔学本身的任务，这需要另外一种创造性的科学思维和实践态度）。有鉴于此，我们，特别是东方学者，忠实研读其人著述为一事，而将其中相关部分与我们的新时代诸多精神文化课题加以创造性汇通，则为完全不同的另一回事。为此，除了少数有志于成为胡塞尔学专家的学者外，大多数人文理论家们更加不必泥执于文本的未来技术性发展的问题，反而应着重于感悟和把握其独具一格的、富于启示性的思路本身。这样的"逻辑心学"体悟本身就是非常重要的思想财富之获取。因为人文科学的内涵就是"心之学"。虽然思想内容涉及内外世界，而无不因为对象为"人"，目的为"人"，故均须最终还原至人之所以为人的"心"的世界。后者在全球化"物学"大发展的今日却正在被全世界主流思想界所忽略。当此之际，独一无二地具有五千年连续人文精神文化志趣的中华民族（作为三千年的"文学之国"），岂非正应在全球化的新时代，在西方科技工商文明体之外，独立自主地积极投入人类人文精神文化发展的伟大事业中去？（并请参见拙文：《从"文学"到"人文科学"——论中华精神文明史上的人文学术类型之转换》，载山东社科院《国际儒学论丛》2017 年第 2 期。）

李幼蒸

2018 年旧历新年初三于旧金山湾区

德、法、英、中现象学用语对照表

（李幼蒸 编制）

本对照表参照《胡塞尔全集》（卢汶）、《现象学研究丛书》（卢汶）、英文《胡塞尔著作集》（Kluwer）及相关德、英、法研究著作中有关术语的说明和注释制订，并特别参照了以下著作：

Paul Ricoeur：*GLOSSAIRE*，*Idées directrices pour une Phénoménologie*

Dorion Cairns：*Guide for Translating Husserl*

A. de Manralt：Analytical Index，*The Idea of Phenomenology*

H. Spiegelberg：Index of Subjects，*The Phenomenological Movement*

B. Gibson（tr.）：*General Introduction to Pure Phenomenology*

F. Kersten（tr.）：*Ideas Pertaining to a Pure Phenomenology and to a Phenomenological Philosophy*

以上参考著作列举于 1986—1987 年。现增加以下关于胡塞尔学和相关哲学词语解释的参考书如下：

木田元、野家启一、村田纯一、鹫田清一：《现象学事典》，弘文堂，1994

J. Ritter，K. Gründer，G. Gabriel：*Historisches Wörterbuch der Philosophie*，B. 1-B. 12 Schwaber & Co，1971 – 2004

S. Auroux：*Les Notions Philosophiques*，T. 1-T. 2，PUF，1990

J. P. Zarader：*Le Vocabulaire des Philosophes*，T. 1-T. 4，Ellipses，2002

J. J. Drummond：*The A to Z of Husserl's Philosophy*，The Scarecrow Press，2010

D. Moran，J. Cohen：*The Husserl Dictionary*，Continuum，2012

以下对照表中，德、法、英三种词汇内的一些希腊语、拉丁语或具希腊语、拉丁语词根的语词，因大致相同故只列出德语部分。

abbilden/depeindre，copier/depict/映象、描绘

Abbildung/copie/depiction/映象、描绘

Abgehobenheit/relief/saliency/突出、凸显部分

abgeschlossen/clos/self-contained/封闭的、完结的

Ablehnung/refus/refusal/拒绝

Ableitung/dérivation/derivation/派生（项）、偏离

abschatten/s'esquisser/adumbrate/侧显

Abschattung/esquisse/adumbration/侧显（物）

Abstraktum/abstrait/abstractum/抽象物

Abstufung/gradation/different levels/层次（组）、分级

Abwandlung/mutation/variation/变异、变体、派生项

abweisen（sich）/（se）démentir/reject/中断

achten/observe/heed/注意、注视

Achtung/observation/respect，attention/注意、注视

Adäquatheit/adéquation/adequateness/充分性、相符性、相应性

Adäquation/ adéquation/adequating/相符、相符作用、相应、充分

Affektion/affection/affection/触发

Affirmation/affirmation/affirmation/肯定

Aktive/activè/active/ 主动的、积极的、活动的

Akt/acte/act/行为、作用

Aktivität/activité/activity/主动性、活动

Aktualität/actualité/actuality/实显性、实际、现实性

Aktualisierung/actualisation/actualization/实显化、现实化

Allgemeinheit/généralité/universality/普遍性、一般性

Animalia/être animés/psychophysical being/生命存在、有生命物

Anknüpfung/liason/connexion/联结

anmuten/supputer/deem possible/推测

Anmutung/supputation/deeming possible/推测

Annahme/supposition/assumption/假定

annehmen/admettre/assume/假定

Ansatz/supposition/supposed statement，starting/假定、开端

Anschaulichkeit/intuitivite/intuitiveness/直观性

Anschaung/intuition/intuition/直观

ansetzen/supposer/suppose，start/假定、开端

Anweisung/directive/directive/ 指示

Anzeich/signe/indication/标志、指示

Apodiktizität/apodicité/apodicticity/确真性

Apophansis/命题判断

Apophansistik/apophansistique/apophantics/命题逻辑、命题学

Apperzeption/apperception/apperception/统觉

Appräsenz/ appréntation/appresentation/连同现前、连同呈现

Appräsentation/appréntation/appresentation/现前化、连同现前化

apriopri/先天地

Art/espèce，sorte，maniere/sort，species，manner，character/种、种类、方
式、特性

Artikulation/articulation/articulation/（分节）联结、联结作用

Assoziation/联想（作用）

Attention/attention/attention/注意

Attribution/attribution/attribution/属性归于、赋予

Auffassung/apprehension，conception/apprehension，conception/统握、
理解

Aufhebung/suspension/suspension，abolition/终止

Aufmerksamkeit/attention/attention/注意

Ausbreitung/étendue/spread/扩大

Ausdehnung/extension/extension/扩展、广袤、广延

Ausdruck/expression/expression/词语、表达

ausdrücklich/expressive/expressive/表达的、明确的

Ausfüllung/remplissement/filling/充实（化）

Aussagesatz/énoncé，proposition enonciative/statement，predicative
sentence/陈述

ausschalten/mettre hors circuit/suspend，exclude/排除、中断

Ausweisung/légitimation/showing，demonstration/证明、明示

Bau/structure/structure/结构

Beachten/vermarquer/heed/审视

bedeuten/signifier/signify/意指、意味

Bedeutung/signification/significance，meaning/意义、意指、意味

Begehrung/desir/desire/欲望

Begründung/fondation/grounding/基础

Behauptung/assertion/assertion/断言、主张

Bejahung/affirmation/affirmation/肯定

bekraftigen/confirmer/confirm/断言、证实、加强

bekunden（sick）/s'annoncer/evince/显示

bemerken/remarquer/notice/注意、指出

Beschaffenheit/propriété/quality/性质

Beschlossensein/l'ĕtre-impliqué/includedness/蕴涵

Beschreibung/description/description/描述

beseelen/animer/animate/使活跃、赋予活力、激活

Besinnung/médiation/contemplation/深思

Besonderung/particularisation/particularity，particularization/特殊化、
特殊性

（das）besondere/le particulier/the particular/特殊项、特殊物

Bestand/composition/composition/内容、组成（成分）、性质

Bestände/composantes/components/组成成分

Bestandstück/composantes/component/组成成分

bestätigen/confirmer/corroborate/证实

Bestimmtheit/détermination/determination/规定、规定性

Beurkundung/s'y annonce/primordial manifestation/ 元显示、证实

Bewährung/vérification/verification/证实

Bewusstsein/conscience/consciousness/意识

bewusst/dont on a conscience/conscious/有意识的

bewusstseinsmässig/en rapport avecla conscience/relative to consciousness/相
　关于意识的

beziehen/mettre en relation/relate/使相关

Beziehung/relation/relation/关系

beziehend/relationnel/relating to/（有）关系的、使相关的

Bezogenheit/reference/relatedness/相关性

Bezeichnung/désignation/designaion，denotation/标记、名称

Bild/portrait/image，picture/形象、图像

bildlich/en portrait/pictorial/形象的

bilden/construire/form/形成

Bildung/construction/formation/形成、形成物

Blick/regard/regard，glance/目光

Blickstrahl/rayon du regard/ray of regard/目光射线

bloss/simple/mere，bare/简单的、仅仅、纯

Bürgschaft/garantie/guarantee/保证

Charakter/caractere/character/特性

Charakteisirung/caracterisation/characteristic/（表明）特性

Cogitatio（nes）/我思思维、我思行为

Cogitatum/我思对象、被思者

Cogito/我思

darstellen/figurer/present/呈现、描述

Darstellung/figuration/presentation/呈现、描述

Dasein/existence/factual existence/事实存在、定在

decken（sich）/coincider/coincide/符合、相互符合、一致

Deckung/coincidence/coincidence/符合、符合作用

Denkstellungnahme/position adoptee par 1a pensee/cogitative positiontaking/思
　想设定

Description/description/description/描述

Deutlichkeit/distinction/distinctness/清晰性

Dies-da/ceci-la/this-there/此处、这个

Diesheit/eccéité/thisness/此、此性、此物性

Differenz/difference/difference/差异

(niederste) Differenz/difference ultime/ultimate difference/种差

Ding/chose/thing/物、事物

Dinggegebenheit/donne de chose/physical thing data/所与物、物所与性

Dinglichkeit/chose/physical affairs，thingness/物性、物质事物

Dingwelt/monde des choses/world of physical things/物世界、物质世界

disjunkt/disjonctif/disjuctive，mutually exclusive/相互排斥的、析取的

Doxa/信念

doxisch/doxique/doxic/信念的

durchstreichen/biffer/cancel/抹消

echt/authentique/genunine/真正的

Echtheit/authenticité/genuineness/真正（性）

Eidos/艾多斯、本质

eidetisch/eidétique/eidetic/本质的、艾多斯的

Eidetik/eidetique/eidetics/本质学、艾多斯学

eigen/propre/own/特有的、固有的

Eigenheit/spécificité/ownness/特殊性

Eigenschaft/proprieté/property/特性

Eigentumlichkeit/trait caracteristique/peculiarity/特性、固有性、真正性

Einbilden/feindre/imagine/虚构、想象

Einbildung/fiction/imagination/虚构、想象

eindeutig/univoque/univocal/单义的

Eindeutung/indication/indication，meaning into/（解释性）指示、把握

Einfühlung/intropathie/empathy/移情作用

Einheit/unité/unity/统一体、统一性、单一体、单元

einheitlich/unitaire/unitary/统一的

Einklammerung/mise entre parentheses/parenthesizing/置入括号

einsehen/voir avec evidence/have insight into/明见、洞见、领会

einseitig/unilateral/one-sidedly/单面的

Einsicht/évidence intellectuelle/insight/明见、洞见、领会

Einstellung/attitude/attitude/态度、观点

Einstimmigkeit/concordance/accordance/一致（性）、和谐性、协同性

Einzelheit/cas individuel/single case，singleness/单一（体）

Empfindnis/impression/sensing/感觉状态

Empfindungsdata/data de sensation/data of sensation/感觉材料

Entkräftigung/infirmation/refutation/使无效

Entrechnung/invalidation/invalidation/（使）无效

Entschluss/decision/decision/决定、决断

Entstehung/genèse/origin/产生

Epoché/悬置

erblicken/regarder/regard/注视

Erfahrung/expérience/experience/经验

erfassen/saisir/grasp/把握

Erfassung/saisie/grasping/把握

Erfüllung/remplissement/fulfilling，fulfilment/充实（化）、履行、实现

Erinnerung/souvenir/memory/记忆

Erkenntnis/connaissance/cognition/认识、知识

erkenntnismassig/cognitif/cognitional/认识的

erkentnis-theoretisch/epistemologique/epistemological/认识论的

Erlebnis/le vécu/lived experience，mental process/体验、心理经验

Erlebnis-strom/flux du vécu/stream of experience/体验流

erscheinen/apparaitre/appear/显现

Erscheinung/apparence/appearance/显现、显相（象）

ershauen/voir/see/看

erzeugen/produire/produce/产生、生产〔行为〕

Erzeugung/production/production/产生、生产〔性、作用〕

Essenz/essence/essence/本质

Evidenz/évidence/evidence/明证（性）

exakt/exact/exact/精确的

Extension/extension/extension/广延

faktisch/de fait/de facto/事实性的

Faktizität/facticité/factualness/事实性、事实因素

Faktum/fait/fact/事实

fern/remote/distant/离远的

Fiktion/fiction/fiction/虚构、假想

Fiktum/fictum/figment/虚构

fingieren/feindre/phantasy/虚构、想象

fingiert/fictif/phantasied/虚构的

fingierende Phantasie/imagination creatrice/inventive figment/虚构的想象

Folge/consequence/consequence/后果

Folgerung/consecution/deduction/推论

Form/forme/form/形式

Formalisierung/passage au formal/formalization/形式化

Formung/formation/forming/形成

Formenlehre/morphologie/theory of forms/形式理论

fortdauern/perdurer/last/持续

fraglich/problematique/questionable/成问题的

Fülle/le plein/fullness/充实（性）

fundierend/fondatrice/founding/根基性的

fundierte Akt/actes fondés/founded act/有根基的行为

funktionellen Problemen/problems fonctionnels/functional problems/功能的问题

Gattung/genre/genus/属、种属、类、类型

gebende Akt/acte donateur/giving（presentive）act/给予的行为

（originär）gebende Anschauung/intuition donatrice originaire/original giving intuition/（原初）给予的直观

Gebiet/domaine/province/（领）域

Gebilde/formation/formation，structure/形成物、构成、构造

Gefallen/plaisir/pleasure/喜悦

Gefühl/sentiment/feeling/感情、情绪

Gegebenheit/donnée/givenness，something given，data/所与性、所与物

Gegennoema/contre-noéme/conternoema/对应诺耶玛

Gegenstand/object/object/对象

Gegenstand schlechthin/objet per se/object pure and simple/对象本身、
纯对象

gegenständlich/objectif/objective/对象的

Gegenstandlichkeit/objectivité/objectivity，something objective/对象（性）

Gegenwärt/présence/present/现在、现前

gegenwärtig/present/present/现在的

Gegenwärtigung/presentation/presentation/呈现、现前化

Gegenwesen/contre-essence/conteressence/对应本质

gegliedert/articulé/articulated/有分段的、分节的

Gehalt/contenu/content/内容、内包

Geltung（Gultigkeit）/validité/legitimacy/有效（性）、妥当、正当

Gemüt/affectivité/emotion/情绪

Generalthese/thèse general/general thesis/总设定

Generalität/généralisation/generality/一般、一般性、一般项

Generalisierung/généralisation/generalization/一般化

Genesis/genèse/genesis/发生（作用）

Genetische/genètique/genetic/发生的

Gerichtetsein（auf）/dirigé sur/directedness to/指向

Geschlossenheit/consistance/consistency/自足一致性

Gestalt/forme，figure/formation，structure/构形、形态

Gestaltung/configuration/configuration/形成物、形成

gewahren/s'apercevoir/perceive attentively/觉察

gewährleisten/garantir/guarantee/保证

Gewicht/poids/weight/重（量）

Gewissheit/certitude/certaity/确定性

Glaubensmodalität/modalité de la croyance/doxic modality/信念样态

gleichsam/quasi/quasi/准（的）

Glied/membre/member/组成项、肢

Gliederung/articulation/articulation/分节、分段

Grenze/limite/limit/界限

Grenzepunkt/point limite/limit/限制

Grund/fondement/ground/根基、基础

gültig/valable/valid/有效的

Habe/possession/possession/具有（物）

Habitulität（Habitus）/habitus/habitus/习性、习态

handeln/agir/act/行动

Handelung/action/action/行动

Hintergrund/arriere-plan/background/背景

hinweisen/renvoyer a/point to/指示、指出

Hof/aire/halo/光晕、场地

Horizont/horizon/horizon/视域、边缘域、视界（野）、界域、伸缩域、
延展域

Hylé/质素、素材

Hyletik/hyletique/hyletics/质素学、素材学

Ich（ego）/je（moi）/I，ego/我、自我

Ichpol/ ego pol/ego pole/自我极

Ichsubjekt/sujet personnel/ego subject/主体我

Ideal/理想、观念

Idee/idee/idea/观念

ideal/ideal/ideal/观念的

ideel/ideel/ideal/观念的

Ideation/ideation/ideation/观念化、观念化作用

Identifikationssynthesen/syntheses d´identification/identifying synthesis/

同一化综合

Immanenz/immanence/immanence/内在（性）、内在物

Impression/impression/impression/印象

Inaktualität/inactualité/non-actionality/非实显性、非活动性

individuel/individuel/individuel/个体的

Individuum/individu/individual/个体

Inhalt/contenu/content/内容

Intention/intention/intention/意向

intentional/intentionnel/intentional/意向的、意向性的

Intentionalität/intentionalité/intentionality/意向性、意向关系、意向体、意向界

Intersubjektivität/intersubjectivité/intersubjectivity/主体间性、主体间关系

Introjektion/introjection/introjection/摄入、投射

Intuition/intuition/intuition/直觉

Iteration/redoublement/reiteration/重复

jetzt/present/present/现在

Kategorie/catégorie/category/范畴

Kern/noyau/core/核（心）

Klarheit/clarté/clarity/明晰（性）

Klärung/clarification/clarification/阐明、澄清

Kollektion/collection/collection/集合、集聚

Kolligation/colligation/collecting/汇集

kolligieren/colliger/collect/汇集

Komponent/composante/component/组成成分

Konkretum/concret/concretum/具体项

Konkretion/concretion/concretion/具体化

Konstitution/constitution/constitution/构成

Körper/corps/body/身体、物体

Körperlichkeit/corporeité/corporeity/身体性、物体性

Korrelat/correlat/correlate/相关项、对应项

Korrelation/correlation/correlation/相关（关系）

lebendig/vivant/living/活生生的、生动性的

Leerform/forme vide/empty form/空形式

Leervorstellung/representation vide/empty objectivation/空表象

leibhaft（ig）/corporel/in person/躯体的、身体的

Leistung/effectuation/production/ 成就、施行、施作、施行成就、成效、实行、运作（同一意思随语境不同而可有不同的"意素"搭配）

Mannigfaltigkeit/le divers，multiplicite/multiplicity，manifoldness/复多体、多样性、多种多样

Materie/matiere/material，matter/质料、实质

meinen/viser/mean/意念、意指、意欲

Meinung/la visée/meaning/意念、意指

Menge/groupe/set/集合

Mengenlehre/theorie des groupes/theory of set/集合论

Modalität/modalité/modality/样态、模态

Modalisierung/modalisation/modalization/样态化、样态作用

Modifikation/modification/modification/变样、改变

Modus/mode/mode/样式

Möglichkeit/possibilité/possibility/可能性

Moment/moment/moment/因素、机因、要素

monothetisch/monothetique/monothetic/单设定的

Morphe/形态

Motivation/motivation/motivation/动机化、动机作用、动机、激动作用

Nachverstehen/compréhension/comprehension/解释性理解

Nähe/proximité/nearness/靠近、近距

Neutralisation/neutralisation/neutralization/中性化

Neutralität/neutralité/neutrality/中性（体）

Neutralitatsmodifikation/modification de neutralite/neutral modification/中性变样

nichtig/nul/null/无效的、极微的

Noema/noéme/noema/诺耶玛、意向对象

noematisch/noematique/noematic/诺耶玛的、意向对象的

Noesis/noèse/noesis/诺耶思、意向作用、意向行为、意向过程

Noetik/noetique/noetics/诺耶思学、意向行为学

noetisch/noetique/noetic/诺耶思的、意向行为的

Nominalisierung/nominalisation/nominalization/名词化

Objekt/objet/object/客体

Objektivität/objectivité/Objectivity/客体（性）

Objektivation/objectivation/objectivation/客体化、对象化

ontisch/ontique/ontic/存在的

Ontologie/ontologie/ontology/本体论

Operation/operation/operation/实行、运作、程序

Ordnung/ordre/order/秩序、级次

originär/originaire/original/原初的

Originär gebende Erfahrung/experience donatrice originaire/original giving
   experience/原初给与的（呈现的）经验

Parallelism/parallelisme/parallelism/平行关系、类似性

Passivität/passivité/passivity/被动性

Person/personne/person/个人、人格人

Persönlich/personnel/personal/个人性（的）、人格性的

Personalität/personnalité/personality/个人性、人格（性）

Phänomen/phenomene/phenomenon/现象

Phantasie/image/phantasy/想象

phantasierend/imageant/phantasying/想象着的

phantasiert/imaginaire/phantasied/想象的

Phantasma/phantasme/phantasma/幻影

Phantome/幻象

Plural/plural/plural/多数的

polythetisch/polythetique/polythetic/多设定的

Position/position/position/设定

Positionalität/positionalité/positionality/设定性

positionnal/positionnel/positional/设定的

potential/potentiel/potential/潜在的

Potentialität/potentialité/potentiality/潜在性

Prädikat/prédicate/predicate/谓词、谓项、属性

Prädikation/predication/predication/述谓（作用）

prädizieren/prediquer/predicate/述谓化、论断

prinzipiell/de principe/essential/本质的、必然的、原则的

Production/production/production/产生、实行

Protention/protention/protention/预存

Qualität/qualité/quality/性质

Rationalisierung/rationalisation/rationalization/理性化、合理化

Rationalität/rationalité/rationality/合理性

real/réel/real/实在的

Realität/realité/reality/实在（性）、现实

Rechtsprechung/juridiction/legitimation/判定

Reduktion/réduction/reduction/还原

reell/réel/real，genuine/真实的

Referent/objet de reference/referent/所指者

Reflexion/réflexion/reflection/反思

Regel/régle/rule/规则

Regellung/regulation/regulation/调节

Regung/amorce/stirring/引动（者）

Representation/représentation/representation/表象、代表、再现

Reproduktion/reproduction/reproduction/再生、复现

Retention/rétention/retention/持存

richten（sich）/se diriger/direct to/指向

Richtung/direction/direction/方向

Rückbeziechung/rétro-reférence/backward relation/自反关涉

Rückerinnerung/rétro-souvenir/reminiscence/回忆

Sache/chose/matter，matter in question/事物、实质、问题本身、有关问题、真正问题

sachhaltig/ayant un contenu/having material content/质实的、实质的

Sachlage/situation/state of affairs/状态、事况、所谈事项

sachlich/objective，concret/material/事物的、实质的、质料的、事实上的

Sachlichkeit/ensemble de choses/materiality/全体事情、事物性、实质性

Sachverhalt/état de chose/state of affairs/事态

Satz/proposition/proposition/命题

Schachtelung/emboitement/encasement/套接

Schatten/ombre/shadow/影子

Schauen/voir/see/看、注视

Schein/simulacre/illusion/假象

Schichte/couche/stratum/层

Schichtungen/stratification/stratification/分层

sehen/voir/see/看

Sein/être/being/存在

Seinscharakter/caractere d'etre/character of being/存在特性

Selbst/soi-meme/it itself/自身

selbständig/independant/independent/独立的

Selbstbeobachtung/introspection/self-observation/自省

Setzung/position/position，positing/设定

Sichtighaben/avoir un apercu/sighting/察看

Singularität/singularite/singularity/单个性、单个体

Sinn/sens/sense/意义、意思

Sinnesdaten/data sensuels/sense data/感觉材料

Sinngebung/donnation de sens/sense-bestowing/意义给予

Sinnlichkeit/sensibilité/sensuality/感性

Spezialität/specification/specificity/特殊性

Spezies/espéce/species/种

Spontaneität/spontanéité/spontaneite/自发性

Steigerung/accroissement/enhancement/增加

Stellungnahme/prise de position/position-taking/采取设定

Stoff/matiére/material/质料、素材、材料

Strahl/rayon/ray/射线

Struktur/struacture/structure/结构

Stück/fragment/piece/片段、部分

Stufe/niveau/level，degree/层阶、段、度

Stufenbildung/hierarchie/hierarchical formation/层阶系统

Subjekt/sujet/subject/主体

Subjektivität/subjectivité/subjectivity/主体（性）

Substrat/substrat/substrat/基底

Synkategorematika/syncategorematiques/syncategorems/互依词、非独
立词

Syntax/syntaxe/syntax/句法

Synthesis/synthese/synthesis/综合（设定）

Tatsache/fait/fact/事实

Teil/partie/component/部分

Thema/thème/theme/主题、论题

Thematisierung/thematisation/thematization/主题化

These/thèse/theses/命题、论点、论断

Thesis/these/thesis/设定、论题、论断

thetisch/thetique/thetic/设定的

Transzendenz/transcendance/transcendence/超验（者）、超越

transzendental/transcendantal/transcendental/先验的

treu/fidel/true/忠实的

Triebe/impulsion/impulse/冲动

triftig/valide/valid/有效的

Triftigkeit/validite/validity/有效性

tun/agir/do/做、行动

Typik/typologie/set of types/类型分化

Übertragung/transfert/transfer/转换、转移

Umfang/extension/sphere，extension/范围、外延

Umformung/transformation/transformation/变形、转换

unselbständig/dependant/dependant/从属的、非独立的

Unterschicht/intrastructure/lower stratum/基层、基础结构

Unverträglichkeit/incompatibilité/incompatibility/不相容性

Ur-aktualität/proto-actualité/protoactuality/元实显（性）

Urdoxa/croyance-mere/proto-doxa/元信念、原信念

Urform/forme-mere/primitive form/元形式、原形式

Urmodus/mode-primitif/primitive mode/元样式、原样式

Urpräsenz/ archi-présence/ primal presence/元现前、元呈现

Ursprung/origine/origin/起始、始源、原初性

Urstiftung/fondation original/originary foundation/元设立

Urteil/jugement/judgment/判断

Verallgemeinerung/generalisation/universalization/普遍化

Verdunkelung/obscurcissement/darkening/暗化

Vereinzelung/individuation/singularzation/单一化

Verflechtung/entrelacement/combination/联结体、介入、交织

Vergegenständlichung/objectivation/objectification/准现前（化）、再现

Vergegenwärtigen/présenter，représenter /presentify/再现、使现前化、准现前（化）

Vergegenwärtigung/presentification/presentiation，re-presentation/准现前（化）、现前化、再现、准现前物

Verhalt/état de chose/state of affairs/事态

Verknüpfung/liaison/connexion/联结（体）

vermeinen/viser/mean/意指、意念、意向

vermutung/conjecture/deeming likely/推测

Vernichtung/aneantissement/annihilation/消除

Vernunft/raison/reason/理性

Vernunftigkeit/rationalité/rationality/理性、合理性

Verworrenheit/confusion/confusion/含混

Vorerinnerung/pro-souvenir/anticipation/预期记忆

Vorfindlichkeit/faits decouverts/facts/呈现物、事物

Vermeinte/visé/meant/（被）意念者

vollständig/integral/complete/完全的

vorschwebend/flotte en suspens/hover before us/〔心中〕浮动的

Vorstellung/représentation/objectivation，representation/观念、表象、
呈现、再现

vorzeichnen/prescrire/prescribe/指示

vollziehen/opérer/effect/实行、运行

Vollzug/opération/operation/实行、运行

waches Ich/moi vigilant/waking ego/醒觉自我

wahr/vrai/true/真的

wahrnehmbar/perceptible/perceivable/可知觉的

Wahrnehmung/perception/perception/知觉

Wandlung/mutation/change/改变

Weise/mode/manner/方式

Wert（sach）verhalt/etat de valeur/value-complex/价值事态

Wertung/evaluation/evaluation/评价

Wesen/essence/essence/本质

Wesensbestand/fonds eidetique/essential composition/本质内容、本质构
成因素

Wesenserschauung/intuition de I'essence/seeing essences/本质看

Wesensverhalt/relation essentielle/eidetic relationship/本质事态

Wesenszusammenhänge/connexions essentielles/essential interconnections/本
质关联、本质关系、本质关联体、本质关联域

Widersinn/absurdité/absurdity/悖谬

Wiedererinnerung/re-souvenir/recollection/重忆、再忆

wirklich/reel/actual/现实的、真实的、实在的

Wirklichkeit/realité/actuality/现实、真实、实在

wissen/savoir/know/知道

wollen/vouloir/will/意愿

Wortlaut/mot prononcé/sound of words/字音

Wunsch/souhait/wish/愿望

Zeichen/signe/sign/记号

Zeit/temps/time/时间

Zeitbewusstsein/conscience de temps/consciousness of time/时间意识

zufällig/contingent/accidental/偶然的

Zusammengehörigkeit/appartenance/belongingness together/关联性、相关性

Zusammenhang/connexion/connexion，interconnexion/关联体、关联域、联结体、〔相关、相互〕关系

zusammenhöngend/coherent/coherent/一致的

zusammenschliessen（sich）/s'agréger/join together/聚合

Zustand/etat/state/状态

Zustimmung/assentiment/assent/同意

zuwenden（sich）/se tourner/turn to/朝向

Zuwendung/conversion/turning towards/朝向

Zweifel/doute/doubt/怀疑

胡塞尔著作集（李幼蒸 译）
Edmund Husserls Werke (übersetzt von Li Youzheng)

图书在版编目（CIP）数据

贝尔瑙时间意识手稿/（德）胡塞尔著；李幼蒸译 .
—北京：中国人民大学出版社，2019.8
（胡塞尔著作集；第 8 卷）
ISBN 978-7-300-27128-6

Ⅰ.①贝… Ⅱ.①胡… ②李… Ⅲ.①时间-研究
Ⅳ.①P19

中国版本图书馆 CIP 数据核字（2019）第 140320 号

胡塞尔著作集　第 8 卷
李幼蒸　编
贝尔瑙时间意识手稿
李幼蒸　译
BEIERNAO SHIJIAN YISHI SHOUGAO

出版发行	中国人民大学出版社			
社　　址	北京中关村大街 31 号		**邮政编码**	100080
电　　话	010 - 62511242（总编室）		010 - 62511770（质管部）	
	010 - 82501766（邮购部）		010 - 62514770（门市部）	
	010 - 62515195（发行公司）		010 - 62515275（盗版举报）	
网　　址	http://www.crup.com.cn			
经　　销	新华书店			
印　　刷	北京宏伟双华印刷有限公司			
规　　格	160 mm×230 mm　16 开本		**版　　次**	2019 年 8 月第 1 版
印　　张	24.75 插页 2		**印　　次**	2019 年 8 月第 1 次印刷
字　　数	351 000		**定　　价**	79.80 元